图书在版编目(CIP)数据

地热开发数值模拟理论、技术与应用/许天福等编著. —上海:华东理工大学出版社,2022.9
(新时代地热能高效开发与利用研究丛书/庞忠和总主编)
ISBN 978-7-5628-6645-9

Ⅰ.①地… Ⅱ.①许… Ⅲ.①地热能-资源开发-数值模拟-研究-中国 Ⅳ.①P314

中国版本图书馆 CIP 数据核字(2022)第 156824 号

审图号:GS(2021)8305 号

内 容 提 要

全书共八章,系统论述了地热资源开发数值模拟的理论、技术和现场应用等内容。第 1 章首先回顾了地热开发数值模拟技术的研发历程及其应用现状。第 2~3 章对地热开采系统的传热-流动-力学-化学(T-H-M-C)多场耦合过程和控制方程进行论述和刻画。第 4 章对部分在地热开发领域应用较为广泛的数值模拟软件进行回顾。第 5~7 章基于国内外较为成熟的数值模拟方法和计算程序,选取国内外典型地热开发场地作为实际应用案例进行教学式介绍。第 8 章对未来地热能开发相关的数值模拟技术进行展望。书中内容囊括了作者及其科研团队近十年来的大量研究成果,也涵盖了国内外相关研究的最新进展。

本书可供从事地下多相流理论和地下新能源开发等方面研究的科学技术人员、本科生、硕士与博士研究生参考。

项目统筹 / 马夫娇　李佳慧
责任编辑 / 马夫娇
责任校对 / 陈　涵
装帧设计 / 周伟伟
出版发行 / 华东理工大学出版社有限公司
　　　　　 地址:上海市梅陇路 130 号,200237
　　　　　 电话:021-64250306
　　　　　 网址:www.ecustpress.cn
　　　　　 邮箱:zongbianban@ecustpress.cn
印　　刷 / 上海雅昌艺术印刷有限公司
开　　本 / 710 mm×1000 mm　1/16
印　　张 / 22.75
字　　数 / 375 千字
版　　次 / 2022 年 9 月第 1 版
印　　次 / 2022 年 9 月第 1 次
定　　价 / 238.00 元

新时代地热能高效开发与利用研究丛书编委会

总序一

地热是地球的本土能源,它绿色、环保、可再生;同时地热能又是五大非碳基能源之一,对我国能源系统转型和"双碳"目标的实现具有举足轻重的作用,因此日益受到人们的重视。

据初步估算,我国浅层和中深层地热资源的开采资源量相当于 26 亿吨标准煤,在中东部沉积盆地中,中低温地下热水资源尤其丰富,适宜于直接的热利用。在可再生能源大家族里,与太阳能、风能、生物质能相比,地热能的能源利用效率最高,平均可达 73%,最具竞争性。

据有关部门统计,到 2020 年年底,我国地热清洁供暖面积已经达到 13.9 亿平方米,也就是说每个中国人平均享受地热清洁供暖面积约为 1 平方米。每年可替代标准煤 4100 万吨,减排二氧化碳 1.08 亿吨。近 20 年来,我国地热直接利用产业始终位居全球第一。

做出这样的业绩,是我国地热界几代人长期努力的结果。这里面有政策因素、体制机制因素,更重要的,就是有科技进步的因素。即将付印的"新时代地热能高效开发与利用研究丛书",正是反映了技术上的进步和发展水平。在举国上下努力推动地热能产业高质量发展、扩大其对于实现"双碳"目标做出更大贡献的时候,本丛书的出版正是顺应了这样的需求,可谓恰逢其时。

丛书编委会主要由高等学校和科研机构的专家组成,作者来自国内主要的地热研究代表性团队。各卷牵头的主编以"60后"领军专家为主体，代表了我国从事地热理论研究与生产实践的骨干群体，是地热能领域高水平的专家团队。丛书总主编庞忠和研究员是我国第二代地热学者的杰出代表，在国内外地热界享有广泛的影响力。

　　丛书的出版对于加强地热基础理论特别是实际应用研究具有重要意义。我向丛书各卷作者和编辑们表示感谢，并向广大读者推荐这套丛书，相信它会受到我国地热界的广泛认可与欢迎。

中国科学院院士

2022 年 3 月于北京

总序二

党的十八大以来,以习近平同志为核心的党中央高度重视地热能等清洁能源的发展,强调因地制宜开发利用地热能,加快发展有规模、有效益的地热能,为我国地热产业发展注入强大动力、开辟广阔前景。

在我国"双碳"目标引领下,大力发展地热产业,是支撑碳达峰碳中和、实现能源可持续发展的重要选择,是提高北方地区清洁取暖率、完成非化石能源利用目标的重要路径,对于调整能源结构、促进节能减排降碳、保障国家能源安全具有重要意义。当前,我国已明确将地热能作为可再生能源供暖的重要方式,加快营造有利于地热能开发利用的政策环境,可以预见我国地热能发展将迎来一个黄金时期。

我国是地热大国,地热能利用连续多年位居世界首位。伴随国民经济持续快速发展,中国石化逐步成长为中国地热行业的领军企业。早在 2006 年,中国石化就成立了地热专业公司,经过 10 多年努力,目前累计建成地热供暖能力 8000 万平方米、占全国中深层地热供暖面积的 30% 以上,每年可替代标准煤 185 万吨,减排二氧化碳 352 万吨。其中在雄安新区打造的全国首个地热供暖"无烟城",得到国家和地方充分肯定,地热清洁供暖"雄县模式"被国际可再生能源机构(IRENA)列入全球推广项目名录。

我国地热产业的健康发展,得益于党中央、国务院的正确领导,得益于产学研的密切协作。中国科学院地质与地球物理研究所地热资源研究中心、中国地球物理学会地热专业委员会主任庞忠和同志，多年深耕地热领域，专业造诣精深，领衔编写的"新时代地热能高效开发与利用研究丛书"，是我国首次出版的地热能系列丛书。丛书作者都是来自国内主要的地热科研教学及生产单位的地热专家，展示了我国地热理论研究与生产实践的水平。丛书站在地热全产业链的宏大视角，系统阐述地热产业技术及实际应用场景，涵盖地热资源勘查评价、热储及地面利用技术、地热项目管理等多个方面，内容翔实、论证深刻、案例丰富，集合了国内外近10年来地热产业创新技术的最新成果，其出版必将进一步促进我国地热应用基础研究和关键技术进步，推动地热产业高质量发展。

特别需要指出的是，该丛书在我国首次举办的素有"地热界奥林匹克大会"之称的世界地热大会WGC2023召开前夕出版，也是给大会献上的一份厚礼。

中国工程院院士

2022 年 3 月 24 日于北京

丛书前言

20 世纪 90 年代初，地源热泵技术进入我国，浅层地热能的开发利用逐步兴起，地热能产业发展开始呈现资源多元化的特点。到 2000 年，我国地热能直接利用总量首次超过冰岛，上升到世界第一的位置。至此，中国在 21 世纪之初就已成为成为名副其实的地热大国。

2014 年，以河北雄县为代表的中深层碳酸盐岩热储开发利用取得了实质性进展。地热能清洁供暖逐步替代了燃煤供暖，服务全县城 10 万人口，供暖面积达 450 万平方米，热装机容量达 200 MW 以上。中国地热能产业在 2020 年实现了中深层地热能的规模化开发利用，走进了一个新阶段。到 2020 年年末，我国地热清洁供暖面积已达 13.9 亿平方米，占全球总量的 40%，排名世界第一。这相当于中国人均拥有一平方米的地热能清洁供暖，体量很大。

2020 年，我国向世界承诺，要逐渐实现能源转型，力争在 2060 年之前实现碳中和的目标。为此，大力发展低碳清洁稳定的地热能，以及水电、核电、太阳能和风能等非碳基能源，是能源产业发展的必然选择。中国地热能开发利用进入了一个高质量、规模化快速发展的新时代。

"新时代地热能高效开发与利用研究丛书"正是在这样的大背景下应时应需地出笼的。编写这套丛书的初衷，是面向地热能开发利用产业发展，给从事地热能勘查、开发和利用实际工作的工程技术人员和项目管理人员写的。丛书基于三横四纵的知识矩阵进行布局：在横向上包括了浅层地热能、中深层地热能和深层地热能；在纵向上，从地热勘查技术，到开采技术，再到利用技术，最后到项目管理。丛书内容实现了资源类型全覆盖和全产业链条不间断。地热尾水回灌、热储示踪、数值模拟技术，钻井、井筒换热、热储工程等新技术，以及换热器、水泵、热泵和发电机组的技术，丛书都有涉足。丛书由 10 卷构成，在重视逻辑性的同时，兼顾各卷的独立性。在第一卷介绍地热能的基本能源属性和我国地热能形成分布、开采条件等基本特点之后，后面各卷基本上是按照地热能勘查、开采和利用技术以及项目管理策略这样的知识阵列展开的。丛书体系力求完整全面、内容力求系统深入、技术力求新颖适用、表述力求通俗易懂。

在本丛书即将付梓之际，国家对"十四五"期间地热能的发展纲领已经明确，2023 年第七届世界地热大会即将在北京召开，中国地热能产业正在大步迈向新的发展阶段，其必将推动中国从地热大国走向地热强国。如果本丛书的出版能够为我国新时代的地热能产业高质量发展以及国家能源转型、应对气候变化和建设生态文明战略目标的实现做出微薄贡献，编者就甚感欣慰了。

丛书总主编对丛书体系的构建、知识框架的设计、各卷主题和核心内容的确定，发挥了影响和引导作用，但是，具体学术与技术内容则留给了各卷的主编自主掌握。因此，本丛书的作者对书中内容文责自负。

丛书的策划和实施，得益于顾问组和广大业界前辈们的热情鼓励与大力支持，特别是众多的同行专家学者们的积极参与。丛书获得国家出版基金的资助，华东理工大学出版社的领导和编辑们付出了艰辛的努力，笔者在此一并致谢！

2022 年 5 月 12 日于北京

前　言

　　地热能是蕴藏在地球内部的热能,是一种清洁低碳、分布广泛、储量丰富的绿色能源,通常分为浅部水热型地热能、中深部干热岩型地热能及深部超临界型地热能。地热能的开发利用具有分布广泛、持续稳定、高效循环、使用灵活等特点,可减少温室气体排放、改善大气环境、减缓气候变化,在未来清洁能源发展中占有重要地位,有望成为能源结构转型的新方向。

　　目前,全球范围内主要利用的是浅部水热型地热资源,虽然其开发利用技术已较为成熟,但其仅是地热资源的极小部分。干热岩型地热资源的开发利用正处于试验研究阶段,以往集中于美国、法国、德国、日本、澳大利亚等发达国家,我国从"十二五"时期开始研究干热岩的勘查和开发。截至 2017 年年底,全球累计建设干热岩开发示范工程 30 余项,干热岩地热资源的巨大潜力和开发可行性逐渐得到国际认可。深部超临界型地热能的开发利用研究尚处于理论探索阶段。

　　地热能的开发利用随着深度的增加,开展实际场地研究的难度显著增大,一方面是由于高额的钻井费用,另一方面是所涉及的物理、化学过程越来越复杂。因此,对于深部地热能的经济可持续开发,数值模拟技术已成为一种极为重要的研究方法。

　　地热开发的数值模拟最早可以追溯到 20 世纪 70 年代,当时由于模拟理论与计算机条件的限制,仅能对简单的水热流动过程进行模拟分析,且无法满足大规模场地尺度的数值运算。目前,随着地热研究理论的成熟以及计算机技术的飞速发展,地热能开发数值模拟技术逐渐成熟,这为优化水热产出和规模化地热开发方案设计提供了有效工具。

本书从地热能开发数值模拟相关的基本概念和理论入手,围绕地热开发过程中涉及的热传递(T)、流动(H)、岩石力学(M)、水岩化学作用(C)等多场耦合过程和控制方程展开论述和刻画,基于国内外较为成熟的数值模拟方法和计算程序,选取国内外典型地热田开发场地作为实际应用案例,并对未来地热能开发相关数值模拟技术进行展望。

本书共分为八章,第 1 章由许天福、冯波、袁益龙、封官宏共同完成;第 2 章由许天福、袁益龙、封官宏共同完成;第 3 章由许天福、封官宏、袁益龙共同完成;第 4 章由袁益龙、封官宏、姜振蛟、胡子旭共同完成;第 5 章由袁益龙、封官宏、梁旭、胡子旭、汪禹共同完成;第 6 章由袁益龙、陈敬宜共同完成;第 7 章由袁益龙完成;第 8 章由袁益龙、姜振蛟、胡子旭共同完成。全书由许天福主编,袁益龙和冯波完成审稿。书中部分章节内容引用了研究团队已毕业博士和硕士的研究成果,他们是雷宏武、杨艳林、那金、侯兆云。此外,本书引用了国内外许多学者和专家的著作中的观点与图表,在此也表示感谢。

本书的出版得到了国家重点研发项目"干热岩能量获取及利用关键科学问题研究"的特别资助,特在此表示衷心感谢。

由于作者水平有限,书中难免存在不足之处,敬请广大读者批评指正。

2021 年 9 月于长春

目 录

模型的建立,而不是如何使用软件。MODFLOW 系列比较流行的可视化界面有 Visual MODFLOW 和 GMS。而 TOUGH 系列相对来说,可视化界面开发历程要短一些,主要有 TOUGHer(Li et al., 2011)、pyTOUGH(Wellmann et al., 2012)、PetraSim(Yamamoto,2008)等。最近,吉林大学开发的 TOUGHVISUAL 软件具有强大的三维建模功能,能够处理井、岩性变化和断层等复杂地质体,同时也具备丰富的后处理过程(杨艳林,2014)。

大规模并行计算伴随着这些数值模拟软件应用于实际场地问题的研究。实际场地大的地质尺度和复杂的地质条件要求模拟软件具有很强的计算能力。Dong 和 Li(2009)基于 OpenMP 把 MODFLOW 的 PCG 求解器进行了并行化,得到了 1.40~5.31 倍的加速比。Zhang 等(2008)基于网格优化分割、并行求解、高效的信息交换等技术开发了 TOUGH2－MP,这种并行策略比 Dong 和 Li(2009)对 MODFLOW 的并行更彻底、更高效。

1.3.2　地热开采数值模拟应用现状

基于开发出来的数值模拟器,结合全球各处地热场地可用的地质数据,研究人员针对地热开采过程中的相关问题进行了大量数值模拟研究,并取得了许多有益的研究成果。现从地热开采数值模拟的不同耦合过程进行回顾,期望为今后的地热开发数值模拟及其发展方向提供参考。

1. 地热系统传热-流动(T－H)耦合模拟研究

传热-流动(T－H)耦合数值模拟在土壤水迁移(包括冻土)、浅层地热资源热泵换热研究和中深层地热资源开发利用等领域均有着广泛的应用。对于地热开采过程的 T－H 耦合模拟,通常依赖温度和压力的流体性质,如黏度、密度、导热系数等是主要的控制变量,因为这些参数决定着地热系统的热开采性能。过去,研究人员对地热储层 T－H 耦合模型的运行参数和储层参数进行了大量的数值模拟研究,他们的研究可依据以下因素进行分类,如裂隙间距、储层非均质性、储层地温梯度、储层流体盐度、注入温度、注入开采速率、区域流、井间距、布井方式等。

Guo 等(2016)调查了中国东北地区松辽盆地的地热发电潜力。他们采用

TOUGH2-EOS1 软件构建了三维 T-H 耦合模型,据此研究了不同质量开采速率条件下储层内部温度场和压力场的演化及其对地热能产出的影响。Zeng 等(2016)通过数值对比研究了裂隙型花岗岩储层在水平井和垂直井开采方案中的采热性能。他们的研究结果表明,与垂直井相比,水平井系统提高了产水速率、降低了储层阻抗系数。此外,由于热水存在浮力效应,导致水平井系统开采效率更高,可以有效减少外界的能源消耗。Yu 等(2018)应用 TOUGH-EGS 软件调查了中国台湾宜兰地区的地热开采潜力。通过对不同井间距进行参数敏感性分析表明,当注入井和生产井距离较小时,产出流体温度下降得较快,从而降低了地热储层的开采效率。Li 等(2016)利用数值模拟技术,考虑井间距、侧向长度、储层渗透率、储层多重裂隙级数等敏感性参数,通过优化质量开采速率,使得指定地热储层的开采效益最佳。Mudunuru 等(2017)基于 T-H 耦合模型预测了美国芬顿山 2 期地热储层的热开采性能。他们的研究结果表明,地热储层裂隙带渗透率在采热过程中起着重要作用。Zhang 等(2015)和 Hofmann 等(2016)的研究通过采用储层刺激来提高地热储层的导流能力,这样可以在低渗透地热储层内部形成多条水力裂隙,以提供更多的导流通道,进而增加流体与围岩地层之间的换热面积。这些基于多重裂隙型地热储层的研究结果表明,地热开采性能随着储层中裂隙间距的减小和裂隙数量的增加而升高。Chen 等(2018)通过在低渗透储层中考虑随机裂隙分布,建立三维裂隙热储开采模型。他们的研究结果表明裂隙壁面开度越大,生产井的产流温度下降得越快。Shaik 等(2011)数值模拟研究了裂隙地热储层中质量开采速率和载热工质传热系数对地热开采性能的影响。他们的研究指出,当载热工质有较大的传热系数时,在注入端可以获取更多的热量,并导致生产井附近的储层温度降低变慢。然而,Chen 等(2018)的研究指出,对于存在过高导热系数的开采方案,导致流体与固相界面温差下降较快,并最终导致生产井产流温度过快降低,不利于地热系统的长期稳定开采。

储层内部空间非均质性的存在,可能导致出现快速流动通道,从而显著降低参与流体换热作用的有效热储体积。Neuville 等(2010)研究了裂隙粗糙度对地热开采性能的影响。他们的研究结果表明,裂隙粗糙度是导致储层内出现快速流动通道并影响热开采性能的主要原因。花岗岩和碳酸盐岩储层中的裂隙通常表现为粗糙壁面,但是,少有研究人员通过数值研究分析裂隙粗糙度和非均质性对流场演化和热开采性能的影响。Vogt 等(2013)基于对断裂带热储实现的 400 组非均质对井开采系统,数值模拟研究了生产井温度和压力的动态过程。研究结果表明,断裂带地热储层的热提取速率受储层内部孔隙度、渗透率和导热系数非均质分布的影响较大。Hadgu 等(2016)研究了非均质储层中,相对于裂隙发育方向,不同布井方向对热开采性能的影响。他们的研究结果表明,定向水平井相对于定向垂直井更加有效,并导致储层降温变慢。Huang 等(2017)系统研究了储层非均质性对地热开采性能和地热系统寿命的影响。Willems 等(2017)的研究结果表明,布井方向平行于古河道流向方向可以有效降低地热流体的漏失。

地热开采过程中热储水位持续下降是深部热储资源开发利用所面临的严峻问题,地热尾水回灌是维持深部储层压力和实现可持续开发的重要手段,而低温水回灌会在井筒周围形成低温区域,并不断向储层内扩散。精准预测地热开采引发的水-热演化过程是地热开发系统管理和决策的关键。目前,已有很多研究采用不同方法探究回灌井附近水-热运移规律及其影响因素。其中,大多基于实际场地的水文地质条件建立 T-H 耦合模型,探究了不同地质因素(水文地质参数、热物性参数)、人工因素(井间距、注采速率、井位布局)对热储层温度场和压力场的影响,以指导工程实践和优化系统运行参数。刘学艳和项彦勇(2012)为探究地下深部花岗岩岩体核废料处置场地中裂隙水-热运移演化规律,利用 TOUGH2 建立等效孔隙介质水-热耦合模型,分析了裂隙开度、裂隙流量及热源换热量对岩体渗流场和温度场的影响。Ghassemi 和 Kumar(2007)建立了双重介质(裂隙-基质)T-H 耦合模型,裂隙和岩石骨架仅考虑热传导作用,而在裂隙中的水-热运移包含热对流、热传导和水平面上的弥散作用。高俊义和项彦勇(2017)建立了稀疏不规则裂隙岩体的离散元 T-H 耦合模型,该模型能够考虑裂隙水同围岩的非平衡换热过程,裂隙水流动受控于立方定律,水岩换热通过傅里叶定律进行求解。根据实际问题需要,"采灌模式"下的储层 T-H 耦合模拟主要应用在目标参数优化、井位优化布局和产能预测等方面。Hamm 和 Lopez(2012)依据实际地层岩性非均质分布特征,开展对回灌井 T-H 耦合数值模拟,探究了不同注采模式和非均质性对回灌井处低温分布带的影响。Ganguly 等(2015)通过建立二维非均质热储 T－H 耦合模型,探究了回灌井注采条件下热储温度场演化规律,模拟结果表明非均质性对储层瞬态温度分布及冷锋运移具有重要影响。Aliyu 和 Chen (2017)建立了一个三维非均质 T－H 耦合模型,该模型热储层中存在一条倾斜离散裂隙,利用有限元法进行求解,探究人为控制参数(回灌流速、回灌水温和水平井距)对储层热开采产能的影响,并进行了目标参数优化。

在以水为载热工质的地热开采系统中,水的损失是地热开采系统面临的一个主要挑战(Wang et al., 2018)。这主要是由于严重的水损将显著增加地热开采系统的外部消费,并导致地热开采净利润降低。此外,以水为载热工质的地热开采系统,由于注入水与储层矿物存在强烈的地球化学反应,矿物溶解与沉淀可能导致热储层形成流体短路,并堵塞井和地面设备,这可能会严重降低地热系统的运行性能。为避免上述问题,CO_2 被提出作为一种有利的载热工质,用于地热能开采,即使地热开采系统运行期间发生 CO_2 漏失,也可以实现 CO_2 的地质封存。更重要的是,CO_2 并不是一种离子溶剂,因此,化学反应带来的问题并不会出现在基于 CO_2 为载热工质的地热开采系统中。除此之外,相比于以水作为载热工质的地热开采系统,CO_2 还具有运动黏滞度低(流动性强)、热膨胀性高、密度随温度变化较大进而减少或消除泵送需求等优点。考虑到以 CO_2 作为载热工质的优点,一些研究人员基于数值模拟对以 CO_2 为载热工质的地热开采系统的 T－H 耦合过程进行了数值模拟分析(Pan et al., 2014；Pan et al., 2016；Borgia et al., 2017；Wang et al., 2018；Pan et al., 2018)。

Brown(2000)率先使用超临界 CO_2 对 EGS 储层的热能提取进行了研究。他的研究指出,由于注入井与生产井之间存在较强的浮力作用,降低了流体循环系统的功耗。Pruess(2006)的数值分析结果显示,给定注入井和生产井之间的开采压差,CO_2 的质量开采速率是水的 5 倍,并导致热能提取速率提升50%。Randolph 和 Saar(2011)的研究结果显示,水基增强型地热系统(EGS)和 CO_2 羽流地热系统(CO_2-plume geothermal system, CPGS)在 25 年开采周期内的发电量均可达到 5.2 MW,但 EGS 的储层温度为 150℃,而 CPGS 的储层温度仅为 98.2℃。Luo 等(2014)对多层双井地热系统中的质量开采速率的影响因素进行了数值研究。他们的研究结果表明,与水基地热系统相比,利用 CO_2 作为载热工质的地热开采系统,其热能提取量是水基系统的 2 倍。Adams 等(2015)对不同深度地热储层的 CPGS 和卤水地热系统进行了综合研究。他们的研究结果表明,CPGS 在几乎相同的质量流量下产生了更大的采热功率和更小的压降。Wang 等(2018)研究了储层渗透率对热提取速率和 CO_2 封存的影响,比较了相同储层渗透率条件下,水基和 CO_2 基地热系统的运行结果。他们的研究结果表明,CO_2 基地热系统的累计发电量远远大于水基地热系统。值得注意的是,Pruess 等(2009)的研究指出,在 CO_2-EGS 地热系统中,CO_2 驱替咸水过程会引起 CO_2 后缘出现明显的盐沉淀,堵塞储层孔隙通道,并导致热提取效率显著降低。Borgia 等(2012)通过数值模拟定量分析了这种影响,结果表明,地热储层在高盐度情况下,CO_2 注入一年后会引起热储层出现严重的堵塞问题。

2. 地热系统传热-流动-化学(T-H-C)耦合模拟研究

化学刺激在石油和水热型地热储层中已有 30 多年的应用历史了,主要用于增强井附近注入或生产能力,同时解决地热开发后期生产井附近矿物沉淀引起的堵塞问题,最近被应用到 EGS 的储层刺激。然而,由于高温水岩作用过程复杂,EGS 的长距离穿透性要求,以及 EGS 的各种不确定性,导致了化学刺激技术还未在 EGS 中广泛应用,目前仅有几个 EGS 场地进行了储层化学刺激,因此有关的 EGS 化学刺激数值模拟研究就更少见。Portier 和 Vuataz(2010)利用传热-流动-化学模拟器 FRACHEM 评价了 Soultz 场地 GPK4 井的化学刺激过程。Xu 等(2009)提出了一种新的化学刺激剂用于储层改造,如高 pH 溶液中加入螯合剂(如 NTA 或 EDTA),这种刺激剂对硅酸盐矿物、方解石均具有溶蚀能力,并利用 Desert Peak 场地数据和 TOUGHREACT 模拟器分析了这种刺激剂的潜在效果。Rosenbauer 等(2005)提出用对岩体矿物溶蚀能力较弱的 CO_2 作为化学刺激剂,以避免化学刺激剂在近井筒区域就消耗殆尽的问题,进而增大储层化学刺激范围。Xu 等(2010)利用传热-流动-化学耦合软件 TOUGHREACT 数值模拟分析了 CO_2 作为化学刺激剂的可行性。

地热开采过程中向地热储层注入冷水会增强储层水-岩反应,从而引发溶解/沉淀过程,改变储层的孔隙几何形状,进而导致地热储层的水力输运性质(如孔隙度和渗透率)发生改变。近年来,研究人员对在地热开采期间地球化学作用对储层孔隙度和渗透率演化的影响进行了大量数值模拟研究。研究结果表明,传热-

流动-化学过程引起储层渗透率变化的速率取决于储层矿物组成、温度和注入条件,如质量流量、注入温度等。Jing 等(2002)对花岗岩干热岩储层初始岩石温度对渗透率演化的影响进行了数值研究。研究结果表明,随着储层温度增高,引起水-岩化学相互作用增强,导致储层渗透演化更为显著。Kiryukhin 等(2004)对日本和俄罗斯不同地热储层的 T – H – C 过程进行了数值模拟研究。他们的研究结果表明,储层孔隙度的降低速率主要依赖储层的矿物组成、温度和流体流动条件(如质量流动速率、单相或两相条件)。基于 Soultz 增强型地热系统场地条件,Rabemanana 等(2003)、Bächler 和 Kohl(2005)、André 等(2006)研究了花岗岩(主要由方解石、白云石、石英和黄铁矿组成)由于溶解和沉淀作用引起孔隙度和渗透率的演化过程。研究结果表明,注入井附近孔隙度和渗透率的增加主要是由于方解石的溶解作用,但是其他矿物(如石英和黄铁矿)的反应速率较慢。Pandey 等(2014)对裂隙性石灰岩储层进行了数值模拟分析,发现储层裂隙导水性能的演化对注水温度和注入水中溶解矿物的浓度较为敏感。针对欠饱和注入方案和过饱和注入方案,由于储层溶解度和反应速率的快速变化,导致石灰岩储层裂隙的导水性随时间变化并不是单调的,且注水温度越高裂隙的导水性演化越快。Pandey 等(2015)的研究认为,花岗岩储层有利于地热能开采,因为冷却作用降低了花岗岩储层矿物的溶解度。Pandey 和 Chaudhuri(2017)的研究进一步指出,在碳酸盐岩储层中,裂隙的非均质性在快速流动通道演化中起着很小的作用,且它们对地热开采过程的影响并不明显。这些研究结果表明,方解石较快的反应速率导致其流动模式与硅酸盐岩储层形成了鲜明的对比,这表明碳酸盐岩储层存在强烈的水-岩相互作用。然而,在花岗岩储层中,注入较低温度($<70℃$)的淡水或未饱和水可以有效提高热提取速率,因为矿物的溶解导致形成更长的流动路径。此外,在硅酸盐岩储层中,溶解作用并不会造成流体短路,相反增加了地热开采效率。

对于以 CO_2 为载热工质的地热开采系统,在 CO_2 注入深部咸水层后,地下水 pH 值降低,周围岩体产生溶解和沉淀作用,同样可能导致热储层孔隙度、渗透率及矿物组分等物理和化学性质发生改变,进而使储层渗流场发生较大变化,影响 CO_2 与水的两相驱替过程,使系统的运行及热量提取产生不稳定性,这是 CPGS 实际实施中的一个关键科学问题。Ueda 等(2005)进行了花岗闪长岩在 200℃ 环境下和水、CO_2 发生化学反应的室内实验,结果表明 CO_2 使花岗闪长岩中的斜长石和钙长石释放 Ca^{2+},促进次生碳酸矿物的沉淀。Xu 等(2006)利用一维砂岩-页岩系统模型模拟了地质储层中注入的 CO_2 与储层矿物发生的化学反应过程,以及对储层环境的影响。研究结果表明,在砂岩环境下,CO_2 主要被方解石所固定,而方解石的沉淀导致孔隙度减小,进而造成热储渗透率减小。

3. 地热系统传热-流动-力学(T-H-M)耦合模拟研究

对于低渗透地热储层,通常需要借助工程手段对储层进行改造,以获得可观的地热开采效率。水力压裂是 EGS 工程中增强渗透率的主要方法,与石油工程中的目的不同,EGS 水力压裂的目标不仅需要增加渗透率,而且更重要的是增加热交换面积。那么,单一的高渗透性裂隙并不是期望的,而具有一定渗透性的复杂裂隙网络是 EGS 工程需要的。为了获得这种人工储层,并不需要很大的注入压力,而需要持续低于最小主应力注入流体。Pine 和 Batchelor(1984)最早认为 EGS 水力压裂中新的裂隙生成并不是主要过程,沿着局部最大主应力方向的天然裂隙发生剪切破坏才是渗透率增强的主要原因。Kohl 和 Mégel(2007)通过数值模拟研究了 Soultz 场地水力压裂过程,该模型采用随机裂隙网络,并考虑了流体压力变化引起的裂隙剪切变形导致裂隙开度变化和渗透率变化,其中的有效应力变化是根据初始应力状态和流体压力得到的。Shalev 和 Lyakhovsky(2013)利用开发的水动力-力学软件 Hydro-PED,联合破坏评价模型,模拟了水力压裂过程,认为储层破坏可分为初始破坏、破坏发展及破坏减缓三个阶段。Rutqvist 等(2013)采用 TOUGH-FLAC3D 模拟了 Geysers EGS 示范工程试验压裂阶段的水力压裂过程,利用注入数据和微震监测结果校正了模型,使模型能够预测储层压裂过程中的剪切破坏区域,同时也发现了存在的裂隙剪切破坏由温度下降导致岩石收缩和流体压力变化两部分引起。最近,Jeanne 等(2014)在 Rutqvist 的基础上,结合一年的注水刺激的压力、变形和微震监测结果,细化了 Geysers 场地传热-流动-应力耦合模型,利用该模型分析了压裂机理,并定量评价了储层渗透率增强效果。Dempsey 等(2015)利用 T-H-M-C 耦合模拟器 FEHM 模拟了 Desert Peak

场地井 27 - 15 剪切压裂的三个阶段,并系统分析了压裂过程中压力和温度的演化过程,以及压裂破坏区域体积。相对于认为裂隙剪切破坏是储层渗透率增强的主要模式,McClure 和 Horne(2013)的研究发现纯剪切破坏需要满足很多条件才能发生,他们认为水力压裂引起储层渗透率增强是新裂隙生成和原生的裂隙剪切破坏共同导致的结果,并开发了 CFRAC 程序模拟这种混合破坏过程。

　　地热储层开采过程中,由于储层冷却和流体超压作用,可能导致地热储层发生变形。其中,冷却作用引起热收缩,而流体超压导致储层骨架膨胀。注入和开采操作会引起储层中热应力和孔隙压力出现空间差异,并导致储层孔隙度和渗透率出现不均匀演化。这一方面产生了空间变化的储层导水性,甚至在储层内部产生快速流动通道;另一方面,孔隙度和渗透率的空间不均匀演化导致地热储层出现非均质各向异性。在裂隙地热系统中,考虑 T - H - M 耦合过程对储层热开采及流场演化的影响已被众多学者进行广泛研究。这些研究结果表明,储层内部的冷却作用和流体超压降低了储层有效应力,并引起裂隙热储层的导水性增加。Kohl 等(1995)建立了 2 - D 干热岩储层单裂隙传热-流动-应力耦合模型,利用非线性裂缝闭合规律对裂隙的变形进行了模拟分析。研究结果表明,裂隙开度增加可以有效降低储层流动阻抗,并导致产流速率增加。Ghassemi 和 Zhou(2011)的研究指出,在长期注采过程中,T - H - M 耦合过程引起地热储层裂隙开度的演化结果表明,孔-弹效应导致的裂隙开度演化在早期开采阶段影响较为显著,而热-弹效应导致的裂隙开度演化在整个地热开采过程中均较为显著。Gelet 等(2012)基于双重孔隙介质中非局部热平衡方法,研究了 T - H - M 耦合对裂隙热储层演化的影响。研究结果表明,由于冷却作用造成张应力增大,因此,注入点附近储层基质发生热收缩并导致裂隙开度增大,此外热应力引起的破裂被认为是创建新裂隙和形成裂隙网络的有效方法。Wang 等(2016)研究了注入温度和热膨胀系数对裂隙和基质渗透率演化的影响。研究结果表明,注入温度越低,热-弹效应和孔-弹效应对热储层的影响越强烈。Pandey 和 Vishal(2017)基于 3 - D 传热-流动-力学耦合模型框架,对储层参数和操作参数进行了敏感性分析。他们的研究结果表明,在低流动速率条件下,T - H - M 耦合导致生产井产流温度下降较快;对于较高的注入速率,相比于 T - H 耦合模型,T - H - M 耦合模型中生产井产流温度降低变慢,这主要是由于注入井周围大面积的裂隙开启,导致热储中用于流动换热的面积增大。Salimzadeh 等(2018)的研究表明,由于冷却区域裂隙/储层出现体积收缩造成接触应力降低,从而导致裂隙导水性增强。

综合以上传热-流动-力学(T-H-M)耦合模拟研究表明,降温冷却导致注入区附近产生较大的张应力,但随着时间的推移,裂隙/储层导水性的增加导致孔隙压力降低,从而降低了岩石发生剪切和拉伸破坏的风险。最近,一些研究指出,注入井周围的岩体冷却大大增加了剪切破坏和诱发地震活动的风险(Rutqvist et al.,2016;Jeanne et al.,2017)。大量数值模拟研究结果表明,诱发地震活动和裂隙的剪切破坏主要取决于区域应力状态、运动摩擦角和有效应力。

4. 地热系统传热-流动-力学-化学(T-H-M-C)耦合模拟研究

在实际情况下,地热开采过程中储层孔隙度和渗透率的演化受到水、热、力学和化学(T-H-M-C)过程的综合影响。目前,完全耦合 T-H-M-C 过程对地热储层演化影响的模拟研究较少。Taron 和 Elsworth(2009)提出了一种基于双重孔隙介质的 T-H-M-C 全耦合模型,该模型中水、热和化学过程基于TOUGHREACT,而力学过程则通过 FLAC3D 进行独立求解。数值模拟分析结果表明,注入井附近方解石的溶解使储层渗透率提高了一个数量级,此外,在 10 年后观察到非晶态二氧化硅出现沉淀。Rawal 和 Ghassemi(2014)数值模拟研究了冷水注入期间,基于 T-H-M-C 耦合条件下孔径演化对硅酸盐储层地热开采的影响,进一步调查了注水温度、矿物浓度(未饱和/过饱和)和节理刚度对地热开采性能的影响。他们的研究结果表明,在节理刚度较高的情况下,热-孔-弹过程对孔径演化的影响较小,且这一影响被储层温度降低引起高矿化反应和随后的溶解作用所抵消。裂隙内矿物的溶解/沉淀分别增大/减小了储层裂隙孔径,并导致裂隙面的刚度增大/减小,这些过程增加了节理面刚度的各向异性。Izadi 和 Elsworth(2015)构建了地热储层的离散裂隙网络模型,通过数值模拟研究了开采过程中的 T-H-M-C 耦合过程。研究结果表明,微震活动强度随着裂隙密度的增加和裂隙间距的减小而增加。在注水初期,热应力和孔隙压力对诱发地震和触发剪切滑变的影响最为显著;然而,在地热开采后期,由于热力和化学作用的影响导致储层内部仅形成较小的地震事件。Rühaak 等(2017)针对石灰岩储层冷水注入过程,完成了考虑 T－H、T－H－M、T－H－C 过程以及 T－H－M－C 过程综合作用的数值模拟研究。他们的研究结果表明,与 T－H－C 耦合模型相比,T－H－M 耦合模型使得储层早期注入能力增加较快;然而在注入后期,由于孔隙压力逐步稳定和冷却引起热应力的降低,导致 T－H－M 耦合模型中储层注入能力的增长几乎保持不变;但在 T－H－C 耦合模型中,由于冷却引起溶解度增加以及主要活性矿物方解石溶解速率的增加,导致储层注入能力随时间延长而持续增加。在 T－H－M－C 全耦合模型中,储层注入能力在早期热-孔-弹的综合因素和后期热-力学-化学过程因素的作用下随时间延长而显著增加。由此可以看出,由于不同物理化学过程的影响系数不同,因此,基于孔弹性、热弹性和地球化学反应的储层演化往往发生在不同的时间尺度内。对于地热储层长期开采的演化行为,孔弹性的影响主要作用在短时间尺度(数小时至数天)内;热弹性的影响在中等时间尺度(数天至数月)内显得很重要;地球化学反应的影响在长时间尺度(数月至数年)内显得更为重要。

参考文献

Aliyu M D, Chen H P, 2017. Optimum control parameters and long-term productivity of geothermal reservoirs using coupled thermo-hydraulic process modelling[J]. Renewable Energy, 112: 151－165.

André L, Rabemanana V, Vuataz F D, 2006. Influence of water-rock interactions on fracture permeability of the deep reservoir at Soultz-sous-Forêts, France[J]. Geothermics, 35(5－6): 507－531.

Bächler D, Kohl T, 2005. Coupled thermal-hydraulic-chemical modelling of enhanced geothermal systems[J]. Geophysical Journal International, 161(2): 533－548.

Borgia A, Oldenburg C M, Zhang R, et al, 2017. Simulations of CO_2 injection into fractures and faults for improving their geophysical characterization at EGS sites[J]. Geothermics, 69: 189－201.

Borgia A, Pruess K, Kneafsey T J, et al, 2012. Numerical simulation of salt precipitation in the fractures of a CO_2 enhanced geothermal system[J]. Geothermics, 44: 13－22.

Brown D W, 2000. A hot dry rock geothermal energy concept utilizing supercritical CO_2 instead of water[C]//Proceedings of the Twenty-Fifth Workshop on Geothermal Reservoir Engineering, Stanford University, pp. 233－238.

Chen Y, Ma G, Wang H, et al, 2018. Evaluation of geothermal development in fractured hot dry rock based on three-dimensional unified pipe-network method[J]. Applied Thermal Engineering, 136: 219 – 228.

Dempsey D, Kelkar S, Davatzes N, et al, 2015. Numerical modeling of injection, stress and permeability enhancement during shear stimulation at the Desert Peak Enhanced Geothermal System[J]. International Journal of Rock Mechanics and Mining Sciences, 78: 190 – 206.

Dong Y H, Li G M, 2009. A parallel PCG solver for MODFLOW[J]. Ground Water, 47(6): 845 – 850.

Ganguly S, Kumar M, Date A, et al, 2015. Numerical modeling and analytical validation for transient temperature distribution in a heterogeneous geothermal reservoir due to cold-water reinjection[C]//Proceedings World Geothermal Congress, Melbourne, Australia, April 19 – 25.

Ghassemi A, Kumar G S, 2007. Changes in fracture aperture and fluid pressure due to thermal stress and silica dissolution/precipitation induced by heat extraction from subsurface rocks[J]. Geothermics, 36 (2): 115 – 140.

Ghassemi A, Zhou X, 2011. A three-dimensional thermo-poroelastic model for fracture response to injection/extraction in enhanced geothermal systems [J]. Geothermics, 40(1): 39 – 49.

Gholizadeh D N, Abdel A R R, Rahman S S, 2016. A study of permeability changes due to cold fluid circulation in fractured geothermal reservoirs [J]. Groundwater, 54(3): 325 – 335.

Guo L L, Zhang Y J, Yu Z W, et al, 2016. Hot dry rock geothermal potential of the Xujiaweizi area in Songliao Basin, northeastern China [J]. Environmental Earth Sciences, 75(6): 1 – 22.

Hadgu T, Kalinina E, Lowry T S, 2016. Modeling of heat extraction from variably fractured porous media in Enhanced Geothermal Systems[J]. Geothermics, 61: 75 – 85.

Hamm V, Lopez S, 2012. Impact of fluvial sedimentary heterogeneities on heat transfer at a geothermal doublet scale[C]//Proceedings, Thirty-Seventh Workshop on Geothermal Reservoir Engineering, Stanford Univertisy, Stanford, California, January 30 – February 1.

Heinberg R, Fridley D, 2010. The end of cheap coal[J]. Nature, 468(7322): 367 – 369.

Hofmann H, Babadagli T, Yoon J S, et al, 2016. A hybrid discrete/finite element modeling study of complex hydraulic fracture development for enhanced geothermal systems (EGS) in granitic basements[J]. Geothermics, 64: 362 – 381.

Hu L T, Winterfeld P H, Fakcharoenphol P, et al, 2013. A novel fully-coupled flow and geomechanics model in enhanced geothermal reservoirs [J]. Journal of Petroleum Science and Engineering, 107: 1 – 11.

Huang W B, Cao W J, Jiang F M, 2017. Heat extraction performance of EGS with heterogeneous reservoir: a numerical evaluation[J]. International Journal of Heat and Mass Transfer, 108: 645 - 657.

Izadi G, Elsworth D, 2015. The influence of thermal-hydraulic-mechanical-and chemical effects on the evolution of permeability, seismicity and heat production in geothermal reservoirs[J]. Geothermics, 53: 385 - 395.

Jeanne P, Rutqvist J, Dobson P F, 2017. Influence of injection-induced cooling on deviatoric stress and shear reactivation of preexisting fractures in Enhanced Geothermal Systems[J]. Geothermics, 70: 367 - 375.

Jeanne P, Rutqvist J, Vasco D, et al, 2014. A 3D hydrogeological and geomechanical model of an Enhanced Geothermal System at The Geysers, California [J]. Geothermics, 51(1): 240 - 252.

Jing Z Z, Watanabe K, Willis-Richards J, et al, 2002. A 3 - D water/rock chemical interaction model for prediction of HDR/HWR geothermal reservoir performance[J]. Geothermics, 31(1): 1 - 28.

Kiryukhin A, Xu T F, Pruess K, et al, 2004. Thermal-hydrodynamic-chemical (THC) modeling based on geothermal field data[J]. Geothermics, 33(3): 349 - 381.

Kohl T, Evansi K F, Hopkirk R J, et al, 1995. Coupled hydraulic, thermal and mechanical considerations for the simulation of hot dry rock reservoirs[J]. Geothermics, 24(3): 345 - 359.

Kohl T, Mégel T, 2007. Predictive modeling of reservoir response to hydraulic stimulations at the European EGS site Soultz-sous-Forêts[J]. International Journal of Rock Mechanics and Mining Sciences, 44(8): 1118 - 1131.

Leake S A, Prudic D E, 1991. Documentation of a computer program to simulate aquifer-system compaction using the modular finite-difference ground-water flow model [R]. Open-File Report 88 - 482, U.S. Geology Survey.

Li T Y, Shiozawa S, McClure M W, 2016. Thermal breakthrough calculations to optimize design of a multiple-stage Enhanced Geothermal System [J]. Geothermics, 64: 455 - 465.

Luo F, Xu R N, Jiang P X, 2014. Numerical investigation of fluid flow and heat transfer in a doublet enhanced geothermal system with CO_2 as the working fluid (CO_2- EGS)[J]. Energy, 64: 307 - 322.

McClure M, Horne R, 2013. Is pure shear stimulation always the mechanism of stimulation in EGS? [C]// Proceedings, Thirty-Eighth Workshop on Geothermal Reservoir Engineering, Stanford University, Stanford, California, Feb.

Mudunuru M K, Karra S, Harp D R, et al, 2017. Regression-based reduced-order models to predict transient thermal output for enhanced geothermal systems [J]. Geothermics, 70: 192 - 205.

Neuville A, Toussaint R, Schmittbuhl J, 2010. Fracture roughness and thermal exchange: a case study at Soultz-sous-Forêts[J]. Comptes Rendus Geoscience, 342 (7 – 8): 616 – 625.

Pan C J, Chávez O, Romero C E, et al, 2016. Heat mining assessment for geothermal reservoirs in Mexico using supercritical CO_2 injection[J]. Energy, 102: 148 – 160.

Pan L H, 2007. User Information Document for: WinGridder Version 3.0[M]. Earth Science Division, Lawrence Berkeley National Laboratory, University of California, Berkeley.

Pan L H, Doughty C, Freifeld B, 2018. How to sustain a CO_2-thermosiphon in a partially saturated geothermal reservoir: Lessons learned from field experiment and numerical modeling[J]. Geothermics, 71: 274 – 293.

Pan L H, Freifeld B, Doughty C, et al, 2015. Fully coupled wellbore-reservoir modeling of geothermal heat extraction using CO_2 as the working fluid[J]. Geothermics, 53: 100 – 113.

Pan L H, Oldenburg C M, Wu Y S, et al, 2011. T2Well/ECO2N Version 1.0: Multiphase and Non-Isothermal Model for Coupled Wellbore-Reservoir Flow of Carbon Dioxide and Variable Salinity Water [M]. Earth Science Division, Lawrence Berkeley National Laboratory, University of California, Berkeley.

Pan L H, Oldenburg C M, 2014. T2Well — An integrated wellbore-reservoir simulator[J]. Computers & Geosciences, 65: 46 – 55.

Pandey S N, Chaudhuri A, Kelkar S, et al, 2014. Investigation of permeability alteration of fractured limestone reservoir due to geothermal heat extraction using three-dimensional thermo-hydro-chemical (THC) model [J]. Geothermics, 51: 46 – 62.

Pandey S N, Chaudhuri A, 2017. The effect of heterogeneity on heat extraction and transmissivity evolution in a carbonate reservoir: A thermo-hydro-chemical study[J]. Geothermics, 69: 45 – 54.

Pandey S N, Chaudhuri A, Kelkar S, 2017. A coupled thermo-hydro-mechanical modeling of fracture aperture alteration and reservoir deformation during heat extraction from a geothermal reservoir[J]. Geothermics, 65: 17 – 31.

Pandey S N, Chaudhuri A, Rajaram H, et al, 2015. Fracture transmissivity evolution due to silica dissolution/precipitation during geothermal heat extraction [J]. Geothermics, 57: 111 – 126.

Pandey S N, Vishal V, 2017. Sensitivity analysis of coupled processes and parameters on the performance of enhanced geothermal systems[J]. Scientific Reports, 7: 17057.

Parkhurst D L, Appelo C A J, 1999. User's Guide to PHREEQC (version 2): A Computer Program for Speciation, Batch-Reaction, One-Dimensional Transport, and Inverse Geochemical Calculations [M]. Water Resources Investigations Report 99 – 4259, Denver, CO, USA.

Pine R J, Batchelor A S, 1984. Downward migration of shearing in jointed rock during hydraulic injections[J]. International Journal of Rock Mechanics and Mining Sciences and Geomechanics Abstracts, 21(5): 249 - 263.

Portier S, Vuataz F D, 2010. Developing the ability to model acid-rock interactions and mineral dissolution during the RMA stimulation test performed at the Soultz-sous-Forêts EGS site, France[J]. Comptes Rendus Geoscience, 342(7 - 8): 668 - 675.

Poulet T, Karrech A, Regenauer-Lieb K, et al, 2012. Thermal-hydraulic-mechanical-chemical coupling with damage mechanics using ESCRIPTRT and ABAQUS [J]. Tectonophysics, 526 - 529: 124 - 132.

Pruess K, 2006. Enhanced geothermal systems (EGS) using CO_2 as working fluid: A novel approach for generating renewable energy with simultaneous sequestration of carbon[J]. Geothermics, 35(4): 351 - 367.

Pruess K, Curt O, George M, 1999. TOUGH2 USER'S GUIDE, VERSION 2.0[M]. Earth Science Division, Lawrence Berkeley National Laboratory, University of California, Berkeley.

Pruess K, Müller N, 2009. Formation dry-out from CO_2 injection into saline aquifers: 1. Effects of solids precipitation and their mitigation [J]. Water Resources Research, 45(3): W03402.

Rabemanana V, Durst P, Bächler D, et al, 2003. Geochemical modelling of the Soultz-sous-Forêts Hot Fractured Rock system: comparison of two reservoirs at 3.8 and 5 km depth [J]. Geothermics, 32(4 - 6): 645 - 653.

Randolph J B, Saar M O, 2011. Combining geothermal energy capture with geologic carbon dioxide sequestration[J]. Geophysical Research Letters, 38(10): L10401.

Rosenbauer R J, Koksalan T, Palandri J L, 2005. Experimental investigation of CO_2-brine-rock interactions at elevated temperature and pressure: Implications for CO_2 sequestration in deep-saline aquifers [J]. Fuel Processing Technology, 86 (14 - 15): 1581 - 1597.

Rühaak W, Heldmann C D, Pei L, et al, 2017. Thermo-hydro-mechanical-chemical coupled modeling of a geothermally used fractured limestone[J]. International Journal of Rock Mechanics and Mining Sciences, 100: 40 - 47.

Rutqvist J, Dobson P, Garcia J, et al, 2013. Pre-stimulation coupled THM modeling related to the northwest Geysers EGS demonstration project[C]//Proceedings, Thirty-Eighth Workshop on Geothermal Reservoir Engineering, Stanford University, Stanford, California, Feb.

Rutqvist J, Jeanne P, Dobson P F, et al, 2016. The Northwest Geysers EGS Demonstration Project, California - Part 2: Modeling and interpretation [J]. Geothermics, 63: 120 - 138.

Rutqvist J, Wu Y S, Tsang C F, et al, 2002. A modeling approach for analysis of coupled multiphase fluid flow, heat transfer, and deformation in fractured porous rock

[J]. International Journal of Rock Mechanics and Mining Sciences, 39(4): 429 – 442.

Salimzadeh S, Paluszny A, Nick H M, et al, 2018. A three-dimensional coupled thermo-hydro-mechanical model for deformable fractured geothermal systems[J]. Geothermics, 71: 212 – 224.

Shaik A R, Rahman S S, Tran N H, et al, 2011. Numerical simulation of fluid-rock coupling heat transfer in naturally fractured geothermal system [J]. Applied Thermal Engineering, 31(10): 1600 – 1606.

Shalev E, Lyakhovsky V, 2013. Modeling reservoir stimulation induced by wellbore fluid injection [C]//Proceedings, Thirty-Eighth Workshop on Geothermal Reservoir Engineering, Stanford University, Stanford, California.

Taron J, Elsworth D, Min K B, 2009. Numerical simulation of thermal-hydrologic-mechanical-chemical processes in deformable, fractured porous media[J]. International Journal of Rock Mechanics and Mining Sciences, 46(5): 842 – 854.

Ueda A, Kato K, Ohsumi T, et al, 2005. Experimental Studies of CO_2 – Rock Interaction at Elevated Temperatures Under Hydrothermal Conditions [J]. Geochem, 39 (5): 417 – 425.

Vogt C, Iwanowski-Strahser K, Marquart G, et al, 2013. Modeling contribution to risk assessment of thermal production power for geothermal reservoirs [J]. Renewable Energy, 53: 230 – 241.

Wang C L, Cheng W L, Nian, Y L, et al, 2018. Simulation of heat extraction from CO_2-based enhanced geothermal systems considering CO_2 sequestration [J]. Energy, 142: 157 – 167.

Wang S H, Huang Z Q, Wu Y S, et al, 2016. A semi-analytical correlation of thermal-hydraulic-mechanical behavior of fractures and its application to modeling reservoir scale cold water injection problems in enhanced geothermal reservoirs[J]. Geothermics, 64: 81 – 95.

Wellmann J F, Croucher A, Regenauer-Lieb K, 2012. Python scripting libraries for subsurface fluid and heat flow simulations with TOUGH2 and SHEMAT[J]. Computers and Geosciences, 43(4): 197 – 206.

White M D, Oostrom M, 2000. STOMP: Subsurface Transport Over Multiple Phases Version 2.0 Theory Guide [M]. Pacific Northwest National Laboratory, Richland Washington.

Willems C J, Nick H M, Donselaar M E, et al, 2017. On the connectivity anisotropy in fluvial Hot Sedimentary Aquifers and its influence on geothermal doublet performance [J]. Geothermics, 65: 222 – 233.

Wu B S, Zhang G Q, Zhang X, et al, 2017. Semi-analytical model for a geothermal system considering the effect of areal flow between dipole wells on heat extraction[J]. Energy, 138: 290 – 305.

Xu C S, Dowd P, Li Q, 2016. Carbon sequestration potential of the Habanero reservoir when carbon dioxide is used as the heat exchange fluid[J]. Journal of Rock Mechanics and Geotechnical Engineering, 8(1): 50 – 59.

Xu T F, Rose P, Fayer S, et al, 2009. On modeling of chemical stimulation of an enhanced geothermal system using a high pH solution with chelating agent[J]. Geofluids, 9(2): 167 – 177.

Xu T F, Sonnenthal E, Spycher N, et al, 2006. TOUGHREACT User's Guide: A Simulation Program for Non-Isothermal Multiphase Reactive Geochemical Transport in Variably Saturated Geologic Media[M]. Earth Science Division, Lawrence Berkeley National Laboratory, University of California, Berkeley.

Xu T F, Sonnenthal E, Spycher N, et al, 2012. TOUGHREACT User's Guide: A Simulation Program for Non-Isothermal Multiphase Reactive Geochemical Transport in Variably Saturated Geologic Media, Version 2.0[M]. Earth Science Division, Lawrence Berkeley National Laboratory, University of California, Berkeley.

Xu T F, Yuan Y L, Jia X F, et al, 2018. Prospects of power generation from an enhanced geothermal system by water circulation through two horizontal wells: a case study in the Gonghe Basin, Qinghai Province, China[J]. Energy, 148: 196 – 207.

Xu T F, Zhang W, Pruess K, 2010. Numerical simulation to study feasibility of using CO_2 as a stimulation agent for enhanced geothermal systems[C]//Proceedings, Thirty-Fifth Workshop on Geothermal Reservoir Engineering Stanford University, Stanford, California, February 1 – 3, SGP – TR – 188.

Yamamoto H, 2008. PetraSim: A graphical user interface for the TOUGH2 family of multiphase flow and transport codes[J]. Ground Water, 46(4): 525 – 528.

Yin S D, Dusseault M B, Rothenburg L, 2012. Coupled THMC modeling of CO_2 injection by finite element methods[J]. Journal of Petroleum Science and Engineering, 80(1): 53 – 60.

Yu C W, Lei S C, Yang C H, et al, 2018. Scenario analysis on operational productivity for target EGS reservoir in I – Lan area, Taiwan[J]. Geothermics, 75: 208 – 219.

Zeng Y C, Zhan J M, Wu N Y, et al, 2016. Numerical investigation of electricity generation potential from fractured granite reservoir by water circulating through three horizontal wells at Yangbajing geothermal field[J]. Applied Thermal Engineering, 104: 1 – 15.

Zhang K N, Wu Y S, Pruess K, 2008. User's Guide for TOUGH2 – MP: A Massively Parallel Version of the TOUGH2 Code[M]. Earth Science Division, Lawrence Berkeley National Laboratory, University of California, Berkeley.

Zhang Y J, Li Z W, Yu Z W, et al, 2015. Evaluation of developing an enhanced geothermal heating system in northeast China: Field hydraulic stimulation and heat production forecast[J]. Energy and Buildings, 88: 1 – 14.

Zheng L, Samper J, 2008. A coupled THMC model of mock-up test[J]. Physics and

Chemistry of the Earth，Parts A/B/C，33：S486 - S498.

Zyvoloski G A，Robinson B A，Dash Z V，et al，1999. Models and methods summary for FEHM application[M]. Los Alamos National Laboratory.

高俊义,项彦勇,2017. 裂隙岩体交叉水流-传热对温度影响的数值分析[J]. 地下空间与工程学报,13(S2)：598 - 604.

孔彦龙,黄永辉,郑天元,等,2020. 地热能可持续开发利用的数值模拟软件 OpenGeoSys：原理与应用[J]. 地学前缘,27(1)：170 - 177.

刘学艳,项彦勇,2012. 米尺度裂隙岩体模型水流-传热试验的数值模拟分析[J]. 岩土力学,33(1)：287 - 294.

陆川,王贵玲,2015. 干热岩研究现状与展望[J]. 科技导报,33(19)：13 - 21.

骆祖江,刘金宝,李朗,2008. 第四纪松散沉积层地下水疏降与地面沉降三维全耦合数值模拟[J]. 岩土工程学报,30(2)：193 - 198.

汪集暘,2015. 地热学及其应用[M]. 北京：科学出版社.

杨艳林,2014. 地质储存中地质特征实现技术与应用——以鄂尔多斯 CCS 示范工程为例[D]. 长春：吉林大学.

叶淑君,2004. 区域地面沉降模型的研究和应用[D]. 南京：南京大学.

郑克棪,潘小平,2009. 中国地热发电开发现状与前景[J]. 中外能源,14(2)：45 - 48.

中华人民共和国国家统计局,2018. 中华人民共和国 2018 年国际经济和社会发展统计公报[R]. 北京：中国统计出版社.

第 2 章

物理过程与数学模型

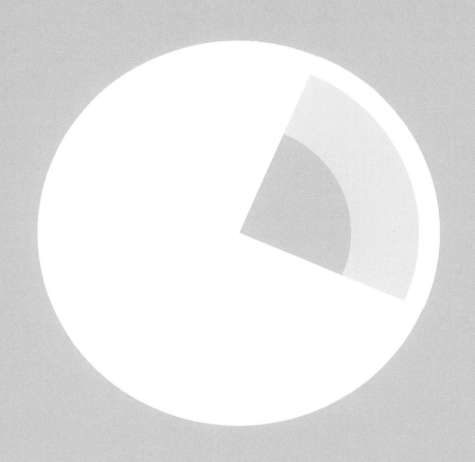

　　低速情况下的非达西渗流过程由于实验测试的困难,目前没有可靠的实验数据来定量研究该渗流过程,因此可近似采用启动压力来修正达西定律:

$$v = \begin{cases} 0 & \nabla p < I_{\text{ini}} \\ -\dfrac{\mu}{k}(\nabla p - I_{\text{ini}}) & \nabla p \geqslant I_{\text{ini}} \end{cases} \qquad (2-11)$$

式中,I_{ini} 为启动压力梯度,即当压力梯度低于 I_{ini} 时,流体不发生流动。

　　对高流速情况下(湍流)的非达西流动进行刻画时,广泛采用的是 Forchheimer 方程。Forchheimer 认为在给定条件下,压力梯度正比于速度的平方,因此提出了如下压力梯度与流速之间的关系式:

$$-\nabla p = \frac{\mu}{k}v + \beta\rho|v|v \qquad (2-12)$$

式中,β 为校正系数,$1/\text{m}$。据此,可求得渗流速度的计算公式如下:

$$v = \frac{-\mu/k + \sqrt{(\mu/k)^2 + 4\beta\rho\nabla p}}{2\beta\rho} \qquad (2-13)$$

　　虽然通过采用启动压力和 Forchheimer 方程能够刻画低速和高速非达西流动,但是由于需要根据给定的临界点去判断流动状态,这使得其在临界点可能出现数值不连续的现象。最近,Barree 和 Conway(Barree and Conway, 2004)提出了一个能够统一刻画达西流动和高速非达西流动情况下的流动速率和压力梯度关系的模型。该模型定义的流速计算公式如下:

$$v_\beta =$$

$$\frac{-\left[\mu_\beta^2 s_\beta\tau - (-\nabla\varPhi_\beta)k_d k_{r\beta} k_{rm}\rho_\beta\right] + \sqrt{\left[\mu_\beta^2 s_\beta\tau - (-\nabla\varPhi_\beta)k_d k_{r\beta} k_{rm}\rho_\beta\right]^2 + 4\mu_\beta\rho_\beta(-\nabla\varPhi_\beta)k_d k_{r\beta}\mu_\beta s_\beta\tau}}{2\mu_\beta\rho_\beta}$$

$$(2-14)$$

　　图 2-3 对比了达西和非达西模型中压力梯度和流速关系,从图中可以看出,在低速条件下各模型结果比较一致,但是在高速条件下非达西模型呈现出较强的非线性特征。

2.1.3　能量守恒方程与热传递理论

地下多孔介质中流体和岩石的能量守恒方程，可以仿照质量守恒方程的方式建立，且具有与式（2-4）相似的形式。只是相比于质量传递仅通过流体流动，能量的传递过程更为复杂，除了常规的能量传递，可能还包括能量的转化等。

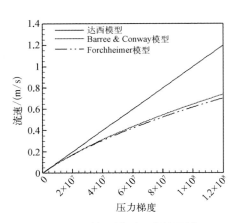

图2-3　达西模型和非达西模型流动特征对比

对于地热工程而言，能量守恒方程的建立至关重要。对于地热开发工程，常规的能量传递主要包括三种方式：对流、传导和辐射。下面分别对这三种热量传递方式展开论述。

1. 对流传热

关于对流项，是基于流体自身含有的能量，流体流动过程同时伴随着能量的传递。在此，依然以图2-1所示的典型单元体的一维流动为例，假定流体单位质量含有的能量即流体的内能为 U，则单位时间内 x 方向上流入和流出的能量差可以表示为：

$$(\rho_1 v_1 U_1 - \rho_2 v_2 U_2)\Delta y \Delta z \Delta t \qquad (2-15)$$

除流体自身携带的能量外，流体的流入和流出伴随着压力变化，将对单元体做功，其大小可以写作：

$$(p_1 v_1 - p_2 v_2)\Delta y \Delta z \Delta t \qquad (2-16)$$

将式（2-15）与式（2-16）合并，可得到流体流动带来的热量变化量 Q_T 为：

$$Q_\mathrm{T} = [(\rho_1 U_1 + p_1)v_1 - (\rho_2 U_2 + p_2)v_2]\Delta y \Delta z \Delta t \qquad (2-17)$$

根据 $h = U + p/\rho$，h 称为流体的焓值，标准单位为 J/kg。则对流传热计算公式（2-17）可简化为：

$$Q_\mathrm{T} = (\rho_1 v_1 h_1 - \rho_2 v_2 h_2)\Delta y \Delta z \Delta t \qquad (2-18)$$

需要指出,内能是指系统内所有粒子的全部能量,包括平动能、相互作用势能以及分子内部的能量,较为复杂,无法计算出系统内能的绝对值。考虑到内能是组分、温度、压力的函数,目前的数值计算通常是取内能的相对变化量,即可以任意选取一"基准点",假设基准点的内能为0,其余状态下的内能均为与基准点的差值。

2. 热传导

热传导过程的定义是物体各部分之间不发生相对位移时,依靠分子、原子及自由电子等微观粒子的热运动而产生的热量传输。对于热传导过程的描述,首要的就是热力学第二定律,即在自然条件下,热量从高温物体会自发地向低温物体传递,这一定义从根本上阐述了热传导的方向。至于热传导的量,可根据傅里叶定律进行计算,即单位时间内通过给定截面的热量,正比于垂直于该截面方向上的温度变化率和截面面积:

$$q_{\mathrm{C}} = -\lambda \cdot \nabla T \qquad\qquad (2-19)$$

式中,q_{C}为单位面积上的热流量,W/m^2,也称为热流密度;T为流体温度,℃;λ为导热系数,$W/(m \cdot K)$,是与材料性质有关的参数。自然界中几种常见物质的导热系数如表 2-2 所示。

表 2-2　几种常见物质的导热系数

材　料	$T/℃$	$\lambda/[W/(m \cdot K)]$
空　气	38	0.018
水蒸气	100	0.0245
水	20	0.604
纯　铜	20	386
纯　铁	20	72.2
沥　青	20~25	0.74~0.76
水　泥	24	0.76
玻　璃	20	0.78

材　　料	$T/℃$	$\lambda /[W/(m \cdot K)]$
大理石	25	2.08~2.94
松　木	30	0.112
石　棉	51	0.166

因此,在假设流体导热系数恒定的情况下,通过热传导方式,在单元体 x 方向上的热量的变化可以写作:

$$Q_C = -\lambda \left(\frac{\partial T_1}{\partial x_1} - \frac{\partial T_2}{\partial x_2} \right) \Delta y \Delta z \Delta t \qquad (2-20)$$

在地热工程中,热传导过程不仅发生在流体内部,更重要的是在流体与岩石骨架以及岩石骨架内部的热传导过程。上述能量方程的推导是针对流体的,并未考虑后两种传导过程。

对于流体与岩石骨架以及岩石骨架内部的热传导过程,均可以仿照式(2-20)给出,只需将流体的导热系数和温度梯度替换为岩石即可。将流体与岩石之间的热传导过程的数学模型称为局部热非平衡模型,建立模型时,需要同时考虑流体温度 T_f 和岩层温度 T_r 两个变量。这种模型适用于干热岩开发过程,即流体主要集中在裂隙流动,与基质没有充分接触,基质内的热量只能通过热传导过程逐步释放,如图2-4所示。

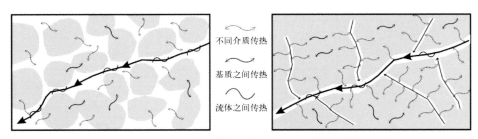

不同介质传热

基质之间传热

流体之间传热

图2-4　局部热平衡(左)与局部热非平衡(右)模型示意图

而对于孔隙分布均匀且存在一定渗透性能的多孔介质储层,流体与岩石充分接触,为简化热传递过程的描述,可认为流体与岩石的热量交换是瞬时完成的,也就是说流体和岩石之间没有温度差,这被称为局部热平衡模型。后续章节中能量方程的推导均基于局部热平衡模型。

3. 热辐射

生活中最为常见的热辐射传递是太阳照射。在地热领域中,最为重要的热辐射传递则是大地热流。大地热流是指单位面积、单位时间内,由地球内部向外散发的热量。大地热流是表征地球内部热状态的重要参数,也是进行岩石圈热结构、地球动力学研究和区域地热资源评价的重要参数(胡圣标等,2001)。地球内部蕴藏着巨大的热能,主要包括三部分: ① 地壳的放射性生热;② 构造、摩擦引起的热扰动;③ 岩石圈底部的地幔热流。一般在地热开采的模拟中,传导方式的热通量远低于对流传热,而辐射方式的热通量远低于传导传热,因此数值模拟研究中一般忽略热辐射项。

在不考虑动能、重力势能等机械能转化过程以及热辐射过程,且基于局部热平衡模型考虑的前提下,Δt 时间内单元体能量的改变量 ΔQ 计算公式如下:

$$\Delta Q = \phi \Delta(\rho U) \Delta x \Delta y \Delta z + (1 - \phi) C_R \rho_R \Delta T \Delta x \Delta y \Delta z \qquad (2-21)$$

式中,ρ_R 为岩石骨架的密度,kg/m^3;C_R 为岩石骨架的比热容,$J/(kg \cdot ℃)$。由于流体对流 Q_T 和热传导 Q_C 造成的能量变化可写作:

$$Q_T + Q_C = \left[(\rho_1 v_1 h_1 - \rho_2 v_2 h_2) - \lambda \left(\frac{\partial T_1}{\partial x_1} - \frac{\partial T_2}{\partial x_2} \right) \right] \Delta y \Delta z \Delta t \qquad (2-22)$$

将式(2-21)与式(2-22)合并,同时除以 $\Delta x \Delta y \Delta z \Delta t$,再加上可能存在的热量的源汇项 q,可以得到:

$$\phi \frac{\Delta(\rho U)}{\Delta t} + (1 - \phi) C_R \rho_R \frac{\Delta T}{\Delta t} = \frac{(\rho_1 v_1 h_1 - \rho_2 v_2 h_2)}{\Delta x} - \frac{\lambda \left(\frac{\partial T_1}{\partial x_1} - \frac{\partial T_2}{\partial x_2} \right)}{\Delta x} + q$$

$$(2-23)$$

将式(2-23)化为微分格式,同时考虑 $h = U + p/\rho$,可得:

$$\phi \frac{\partial(\rho h - p)}{\partial t} + (1 - \phi) C_R \rho_R \frac{\partial T}{\partial t} = -\frac{\partial(\rho v h)}{\partial x} + \lambda \frac{\partial^2 T}{\partial x^2} + q \qquad (2-24)$$

整理式(2-24),可得:

$$\phi\left(\rho\,\frac{\partial h}{\partial t} + h\,\frac{\partial \rho}{\partial t} - \frac{\partial p}{\partial t}\right) + (1-\phi)\,C_R\,\rho_R\,\frac{\partial T}{\partial t} = -\rho v\,\frac{\partial h}{\partial x} - h\,\frac{\partial(\rho v)}{\partial x} + \lambda\,\frac{\partial^2 T}{\partial x^2} + q$$

$$(2-25)$$

另外,根据质量守恒 $\phi\,\dfrac{\partial \rho}{\partial t} = -\dfrac{\partial(\rho v)}{\partial x}$,式(2-25)可化简为:

$$\phi\left(\rho\,\frac{\partial h}{\partial t} - \frac{\partial p}{\partial t}\right) + (1-\phi)\,C_R\,\rho_R\,\frac{\partial T}{\partial t} = -\rho v\,\frac{\partial h}{\partial x} + \lambda\,\frac{\partial^2 T}{\partial x^2} + q \qquad (2-26)$$

将式(2-26)推广到笛卡儿直角坐标系,并采用 ∇^2 代替拉普拉斯算子,可以得到空间三维坐标系下的能量守恒方程为:

$$\phi\left(\rho\,\frac{\partial h}{\partial t} - \frac{\partial p}{\partial t}\right) + (1-\phi)\,C_R\,\rho_R\,\frac{\partial T}{\partial t} = -\rho v\,\nabla h + \lambda\,\nabla^2 T + q \qquad (2-27)$$

式中, $\nabla^2 = \dfrac{\partial^2}{\partial x^2} + \dfrac{\partial^2}{\partial y^2} + \dfrac{\partial^2}{\partial z^2}$。

2.1.4 多相多组分系统渗流理论

1. 基本概念

上述过程的推导均是基于单相单组分流体系统的,例如只存在液态水的地热系统。而在实际的地热开发工程中,可能伴随着空气,或是深部气藏。在少数高温低压地热储层中,地热流体甚至会以气相形式存在。此外,对于高温地热的开采,在生产井中,随着压力降低,将出现气、液两相共存的状态。因此,对于天然实际的地热储层,或是更广泛的自然界中,多组分多相流动是更为通用且实际的状况。

要研究多相多组分流动,首先要对"相态"和"组分"有清晰和明确的认知。一种物质、一种分子就是一种组分;而相态是指物质在一定的温度和压力条件下所处的相对稳定的状态,例如气、液、固三种常见相态。除此之外,常见的还包括油相、水合物相等。一种相态可能含有一种组分或多种组分,但组分的分布是均匀连续的。整个相态具有均一的物理性质,例如密度、动力黏度、焓值等。同时,一种组分也可能赋存于不同的相态之中,例如水-气两相系统,气体会溶解于水中,同时水也会以水蒸气的形式存在于气相之中,这也就是生活中常见的蒸发现象的根本原因。水蒸气作为一种气体均匀混合于空气之中,是不可见的。平常烧水时所见到的"水蒸气",是气相水遇冷形成的小液滴。这里需要注意的是,"水气互溶"现象与水通过吸热而发生相变汽化的机理并不相同。

对一个多相多组分系统进行求解时,应对每一种组分 κ 分别建立质量守恒方程。将能量视作一种特殊组分,则多相多组分系统的质量守恒和能量守恒方程的广义表达形式如下:

$$\frac{\mathrm{d}\,M^{\kappa}}{\mathrm{d}t} = -\nabla F^{\kappa} + q^{\kappa} \qquad (2-28)$$

式中, κ 表示不同的组分; M、F 和 q 分别代表质量的累积项、通量项和源汇项。

假设研究系统共有 NK 种组分,赋存于 NP 种相态之中,则组分 κ 的质量累积项 M^{κ} 可表示为:

$$M^{\kappa} = \phi \sum_{\beta}^{NP} \rho_{\beta}\,S_{\beta}\,X_{\beta}^{\kappa} \qquad (2-29)$$

式中, ρ_{β}、S_{β} 和 X_{β}^{κ} 分别代表 β 相(对地热系统来说,通常可以是水相或水蒸气相)的密度、饱和度(β 相所占据岩石骨架孔隙的体积分数)以及组分 κ 在 β 相中的质量分数。

对于能量的累积项,以 M^{NK+1} 表示,在假定局部热平衡条件的基础上,其计算公式如下:

$$M^{NK+1} = \phi \sum_{\beta}^{NP} \rho_{\beta}\,S_{\beta}\,U_{\beta} + (1-\phi)\,C_{\mathrm{R}}\,\rho_{\mathrm{R}}\,T \qquad (2-30)$$

这里需要指出的是,上一节提到无法计算系统内能的绝对值,一般采用"基准点"来计算相对值。对于多相流动系统,在能量方程的计算中,对于不同组分,其内能计算的相对值不需要完全统一,可以视情况而定,自由选取。

v_β 表示 β 相的流速,在不考虑弥散的情况下,组分 κ 的流动通量可以表示为:

$$F^\kappa = \sum_\beta^{NP} \rho_\beta \, v_\beta \, X_\beta^\kappa \qquad (2-31)$$

在不考虑机械能转化的情况下,多相流动系统中能量传递通量可以表示为:

$$F^{NK+1} = \sum_\beta^{NP} \rho_\beta \, v_\beta \, h_\beta - \lambda \cdot \nabla T \qquad (2-32)$$

2. 基本变量的确定

接下来需要探讨如何去表征一个多相多组分系统,即通过若干个变量来建立多组分的质量和能量守恒方程。对于以往水文地质等单相流体问题的研究,由于忽略了水的可压缩性(即密度不变),可以通过水头直接组建质量守恒方程,应用于不同的含水层,就是潜水或承压水运动的基本微分方程。而对于多相流系统,无法用"水头"这个概念去描述多相,同时也需要考虑流体,特别是气体的密度变化,因此,需要从质量(能量)守恒方程的根本入手。

首先,需要考虑最少可以用多少个变量描述一个多相系统,即系统内多相流体的其余变量均可以表示为这些变量的函数。因此,通过这些变量可以得到流体的所有性质,并以此建立质量(能量)守恒方程。我们通常将这些变量称为基本变量。

假设系统共有 NK 种组分,对每一组分 κ 均建立质量守恒方程,则需要 NK 个基本变量即可;如果考虑能量守恒的话,则需要额外附加一个基本变量,即 $(NK+1)$ 个。此外,基本变量的个数可以通过推导验证,在这里需要引用物理化学中自由度的概念。自由度数是指现有相态保持不变,在一定范围内,可以独立变化的变量的个数,一般用 F 表示。例如,当水以液态形式存在时,温度和压力在一定范围内可以自由变化,不具有一定的函数关系,此时的自由度数为2。而当水以气-液两相形式共存时,温度和压力需要落在气-液两相的相变线上,呈一定的函数关系,当一个变量改变时,另一个变量需要随之改变,此时自由度数为1。推广到更为普适的情况,假设系统具有 NK 种组分,赋存于 NP 种相态之中。在每一种相态之中, NK 种组分的摩尔分数总和为 1, 意味着有 $(NK-1)$ 种组分的摩尔分数是自由的, 乘以相态总数, 再加上温度 (T) 和压力 (p) 这两个变量, 可以得到此时系统总的变量个数为 $NP \times (NK-1) + 2$。 另外, 由于系统以 NP 种相态共存, 需要满足任一组分在所有相态中的化学势相等。则可以得到如下方程, 其中 $\mu_{NK}(NP)$ 为第 NK 种组分在第 NP 种相态中的化学势。

$$
\begin{aligned}
\mu_1(\text{I}) &= \mu_1(\text{II}) = \cdots = \mu_1(NP) \\
\mu_2(\text{I}) &= \mu_2(\text{II}) = \cdots = \mu_2(NP) \\
&\vdots \\
\mu_{NK}(\text{I}) &= \mu_{NK}(\text{II}) = \cdots = \mu_{NK}(NP)
\end{aligned}
\tag{2-33}
$$

一种组分以 NP 种相态赋存, 则需满足 $(NP-1)$ 个化学势方程, NK 种组分则需要满足 $NK \times (NP-1)$ 个方程。系统的自由度数等于总的变量数减去需要满足的方程个数。因此, 系统的自由度可表示为:

$$
F = NP \times (NK-1) + 2 - NK \times (NP-1) \tag{2-34}
$$

整理式 (2-34) 得到:

$$
F = NK - NP + 2 \tag{2-35}
$$

也就是说, 在系统 NP 个相态共存时, F 个变量是自由的, 而其中又有 $(NP-1)$ 个相态的组成比例(可以是摩尔分数、体积分数等)是自由的。因此, 系统的基本变量应等于自由度数加上相态数减 1, 即 $(NK+1)$。

可以看到理论推导与之前我们直观的推断是一致的, 即定义系统的基本变量个数与组分数相关, 而与相态赋存状态无关。但基本变量该如何选取, 则需要根据相态赋存状况决定。一般为 $(NP-1)$ 个相态的组成比例(一般为饱和度)和 F 个自由度数(温度、压力及相态中的质量或摩尔分数)。

3. 多相流动控制方程

(1) 相对渗透率

在多相流动系统中, 仍以达西定律作为控制方程, 但计算方式与单相流动有一定差异。达西定律是忽略岩石颗粒的存在, 假定流体在整个过水断面上均有流

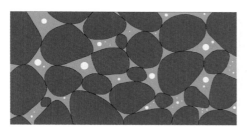

图2-5　多孔介质中两相流动示意图

动。而对于多相流,从图2-5可以看出,每个相态所通过的面积,应该将相态饱和度考虑进去。

但是,实际上多相共存时,相态之间会相互影响,阻滞其他相态的流动,并不只是简单乘以相态饱和度即可。

为了描述多相流相互之间的阻滞作用,通常将达西流速乘以一个系数,这个系数被称为相对渗透率,以 $k_{r\beta}$ 表示。另外,在多孔介质中,当存在气、液、固三相交界面时,将产生毛细压力作用,以 $p_{c\beta}$ 表示,这同样会对达西定律中的压力梯度造成影响。对于多相流系统,其达西速度可写成如下公式:

$$v_\beta = - k \frac{k_{r\beta}}{\mu_\beta} [\nabla (P + p_{c\beta}) - \rho_\beta g\cos \theta] \qquad (2-36)$$

式中, $k_{r\beta}$ 为 β 相的相对渗透率,量纲为1; $p_{c\beta}$ 为 β 相受到的毛细压力,Pa; μ_β 为 β 相的动力黏度,Pa·s。

以往对于相对渗透率的研究多集中于包气带中的水-气两相或油藏中的水-油两相。基于大量的实验测试结果,目前已有很多应用得较为广泛的相对渗透率模型,其中包括 Corey 模型(Corey, 1954),van Genuchten 模型(van Genuchten, 1980),Verma 模型(Verma, 1985)等。以 van Genuchten 模型为例,其定义的液相和气相相对渗透率计算公式如下:

$$k_{rl} = \sqrt{S^*} \{1 - [1 - (S^*)^{1/m}]^m\}^2, \quad S^* = (S_l - S_{lr})/(S_{ls} - S_{lr}) \qquad (2-37)$$

$$k_{rg} = (1 - S^\#)^2 [1 - (S^\#)^2], \quad S^\# = (S_l - S_{lr})/(1 - S_{lr} - S_{gr}) \qquad (2-38)$$

式中, k_{rl} 和 k_{rg} 分别为液相和气相的相对渗透率,量纲为1; S_{lr} 和 S_{gr} 分别为残余水和残余气饱和度,量纲为1; S_l 为水相饱和度,量纲为1; m 为多孔介质形状参数,量纲为1。

所谓残余水和残余气饱和度是指水相或气相的饱和度低于该值时,将被束缚于孔隙之中,无法流动。如图2-6所示,残余水饱和度为0.15,则当气相饱和度高于 0.85 时,水相的相对渗透率为 0,气相的相对渗透率为 1。形状参数 m 主要影响水相相对渗透率的大小。S_{ls} 可以理解为一个阈值,当 S_l 低于 S_{ls} 时,相对渗透率按上述方程计算;当 S_l 高于这个阈值时,水相的相对渗透率为 1。

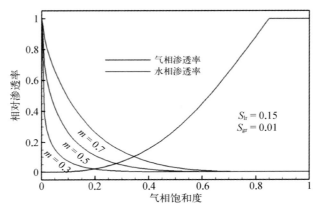

图 2 - 6　水相和气相相对渗透率随气相饱和度变化的关系

　　此外,还有适用于油田开采研究的水-油-气三相相对渗透率模型,例如 Parker 模型(Parker et al.,1987)和 Stone 模型(Stone,1970)。图 2 - 7 给出了 Parker 模型中各相的相对渗透率与不同相饱和度之间的关系,在此不作详细讨论。

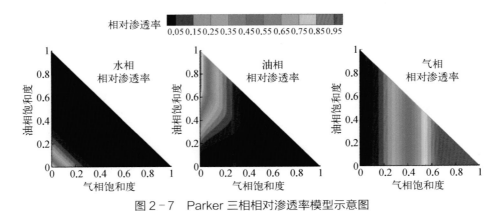

图 2 - 7　Parker 三相相对渗透率模型示意图

（2）毛细压力

在多孔介质中多相流动的特征除相对渗透率外,最重要的就是毛细压力。在气、液、固三相界面,液体由于润湿现象会产生毛细现象。如图2-8所示,当毛细管插入水中时,水沿毛细管上升一定高度,然后稳定。根据伯努利原理,系统中水头处处相等,因此可以判断出沿着凹液面产生了一个和重力方向相反的负压,即我们所说的毛细压力。压强的大小可以根据表面张力计算,继而通过静水压强计算上升高度。多孔介质中的毛细现象可以理解为水被气"束缚"在颗粒表面,气相饱和度越高、水相饱和度越低,则"束缚"作用越强。

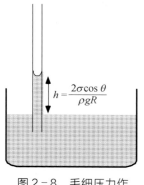

图2-8 毛细压力作用示意图

目前,对于多孔介质中多相流的毛细压力的计算同样有许多相对成熟的模型,例如Milly模型、Leverett模型和van Genuchten模型。在地下多相流系统中应用得较为广泛的毛细压力计算模型是van Genuchten模型,如下式所示:

$$p_{cap} = -p_0 \left[(S^*)^{-1/m} - 1 \right]^{1-m}, \quad -p_{max} \leq p_{cap} \leq 0 \qquad (2-39)$$

式中,p_0为毛细进入压力,Pa;p_{max}为最大毛细压力,Pa;m为多孔介质形状参数,量纲为1。图2-9显示了不同条件下毛细压力随气相饱和度变化的关系。这里需要注意的是,毛细压力实际应为负值,这里取其绝对值,便于采用对数坐标观察其变化趋势。依据式(2-39)可知,在S_l趋于0时,毛细压力将趋于负无穷,因

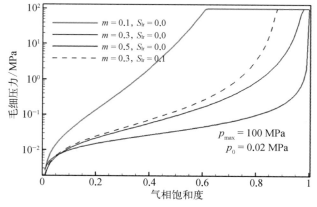

图2-9 van Genuchten毛细压力随气相饱和度变化的关系

此需要设置一最大毛细压力作为截断,如设置 100 MPa 为最大毛细压力。

对于多相流动系统,还有很多可用的相对渗透率模型和毛细压力模型及其适用条件,详细介绍请参见 Pruess 等(1999)。

2.2　井筒中传热-流动过程与数学模型

井筒作为地热开发工程中的重要组成部分,了解流体在井筒内的传热传质过程对于地热开发至关重要。井筒中流体的质量守恒方程与多孔介质中的一致。但由于井筒中的流动为管道流,流速较快,因此需要采用动量守恒方程作为控制方程进行流速求解。

2.2.1　动量守恒方程

由于地热工程中的井筒短则数百米,长可达数千米,而径向上井筒半径通常不足 0.5 m,因此,可将井筒内的流体流动简化为一维流动,这样更为简单、有效。在此,需要对一维流动作出一定解释。此处所说的一维并非以往认识中的笛卡儿坐标系内某一方向上的一维流动,而是忽略井筒内流动过程中沿径向的流动和变化,即假设流体的性质在径向上是均一的,只考虑沿井筒轴向上的流动及变化。此时,对于轴向上的方向以及是否弯曲,则无任何要求。由于速度为矢量,在 x、y、z 三个方向上具有叠加的作用,其三维的表达式即为纳维-斯托克斯方程(Navier - Stokes Equation)。

同样基于典型单元体图 2 - 1 进行分析,类比于质量守恒的推导方式,动量守恒可表述为一定时间内单元体内动量的变化量等于流入的动量减去流出的动量,则沿 x 方向可得:

$$\Delta(\rho v)\Delta x\Delta y\Delta z = (\rho_1 v_1^2 - \rho_2 v_2^2)\Delta y\Delta z\Delta t \tag{2-40}$$

但除了流体流动带来的动量的流入与流出外,还须考虑单元体两端压力以及流体自身重力带来的动量变化量,如下式所示:

$$(p_1 - p_2)\Delta y\Delta z\Delta t + \rho g\Delta x\Delta y\Delta z\Delta t\cos\theta \tag{2-41}$$

式中，p_1 和 p_2 分别为井筒两端压力，Pa；θ 为流动方向与重力方向的夹角，(°)。

将式(2-40)与式(2-41)合并，同时除以 $\Delta x\Delta y\Delta z\Delta t$ 可得：

$$\frac{\Delta(\rho v)}{\Delta t} = \frac{(\rho_1 v_1^2 - \rho_2 v_2^2)}{\Delta x} + \frac{(p_1 - p_2)}{\Delta x} + \rho g\cos\theta \tag{2-42}$$

将式(2-42)化为微分格式，可得：

$$\frac{\partial(\rho v)}{\partial t} = -\frac{\partial(\rho v^2)}{\partial x} - \frac{\partial p}{\partial x} + \rho g\cos\theta \tag{2-43}$$

整理可得：

$$\rho\frac{\partial v}{\partial t} + v\frac{\partial\rho}{\partial t} = -\left[v\frac{\partial(\rho v)}{\partial x} + \rho v\frac{\partial v}{\partial x}\right] - \frac{\partial p}{\partial x} + \rho g\cos\theta \tag{2-44}$$

将质量守恒式 $\dfrac{\partial\rho}{\partial t} = -\dfrac{\partial(\rho v)}{\partial x}$ 代入式(2-44)，可简化得到：

$$\frac{\partial v}{\partial t} = -v\frac{\partial v}{\partial x} - \frac{1}{\rho}\frac{\partial p}{\partial x} + g\cos\theta \tag{2-45}$$

此外，还需要考虑井壁与流体摩擦带来的动量改变，如式(2-46)所示。由于摩擦力为非体积力，因此没有在推导中给出。所谓体积力与非体积力，判断依据为力是否作用于流体整体。例如重力，是流体整体受力，而摩擦只有井壁受力。

$$\frac{\partial v}{\partial t} = -v\frac{\partial v}{\partial x} - \frac{1}{\rho}\frac{\partial p}{\partial x} + g\cos\theta - \frac{\varGamma_w\tau_w}{A} \tag{2-46}$$

式中，$\varGamma_w$ 是井筒横截面的周长，m；A 为井筒的截面面积，m^2；τ_w 是井壁剪切应力，Pa，即流体和井壁间的摩擦力。通常，τ_w 取决于井筒内流体(如气相、液相)的性质、流速及其同井壁的接触面积等(如气、液两相的占比)，其计算公式定义如下：

$$\tau_w = \frac{1}{2}f\rho\,|v|v \tag{2-47}$$

式中, f 为范宁摩擦因子,是雷诺数(Re)的函数,范宁摩擦因子与雷诺数之间存在如下转换关系:

① 当 $Re < 2400$ 时,

$$f = \frac{16}{Re} \qquad (2-48)$$

② 当 $Re \geqslant 2400$ 时,

$$\frac{1}{\sqrt{f}} = -4\lg\left[\frac{2\varepsilon}{3.7\,d_{\mathrm{w}}} - \frac{5.02}{Re}\lg\left(\frac{2\varepsilon}{3.7\,d_{\mathrm{w}}} + \frac{13}{Re}\right)\right] \qquad (2-49)$$

式中, ε 是井筒的粗糙度,量纲为 1; d_{w} 是井筒直径,m。

2.2.2　漂移流模型

上述关于井筒中流动的动量守恒方程的推导是基于单相流动进行的,根据式 (2-43),井筒或管道流动的多相动量守恒方程可以表示为:

$$\frac{\partial}{\partial t}\left(\sum_{\beta}\rho_{\beta}S_{\beta}v_{\beta}\right) = -\frac{\partial}{\partial z}\left(\sum_{\beta}\rho_{\beta}S_{\beta}v_{\beta}^2\right) - \frac{\partial p}{\partial x} - \frac{\Gamma_{\mathrm{w}}\tau_{\mathrm{w}}}{A} + \sum_{\beta}\rho_{\beta}S_{\beta}g\cos\theta \qquad (2-50)$$

对于井筒,无法仿照多孔介质通过相对渗透率模型来实现对每一种相态的流速分别进行计算,而是需要所有相态统一组建一套动量守恒方程。由于一个方程中含有多个未知数,无法求解。为解决这个问题,学者们提出了漂移流模型(DFM)。漂移流模型最早由 Zuber 和 Findlay(1965)提出,其基本假设为多相流体在井筒和管道中的流动为一维流动。漂移流模型被广泛应用于石油工程领域,用于水-油-气多相系统中相对流动的研究(Hasan and Kabir, 1994; Hasan et al., 1997; Hasan et al., 2002)。

漂移流模型的原理是利用不同相的混合速度 v_{m} 建立动量守恒方程,将多相动量方程转化为单相方程计算,然后构建出单相流速与混合速度之间的函数关系,最终求解得到单相速度。这个函数关系,便是漂移流模型(Pan and Oldenburg, 2014)。这里以水-气两相流动为例,混合速度 v_m 与混合密度 ρ_m 的定义如式(2-51)和式(2-52)所示:

$$v_m = \frac{S_G \rho_G v_G + (1 - S_G) \rho_L v_L}{\rho_m} \tag{2-51}$$

$$\rho_m = S_G \rho_G + (1 - S_G) \rho_L \tag{2-52}$$

接下来需要构建气相速度 v_G 和水相速度 v_L 与混合速度 v_m 和漂移速度 v_d 的函数关系。对于气相速度 v_G 和漂移速度 v_d 存在如下关系:

$$v_G = C_0 j + v_d \tag{2-53}$$

式中,C_0 是形状参数,量纲为 1,影响井筒横截面的局部气相饱和度和速度。这里需要注意的是 j 与 v_m 的区别,v_m 是质量流量加权的混合流速,m/s;而 j 是体积流量加权的混合流速,m/s。存在如下关系:

$$j = S_G v_G + (1 - S_G) v_L \tag{2-54}$$

通过式(2-53)和式(2-54)可以推算得到液相流速的表达式为:

$$v_L = \frac{1 - S_G C_0}{1 - S_G} j - \frac{S_G}{1 - S_G} v_d \tag{2-55}$$

接下来需要构建体积加权混合流速 j 和质量加权混合流速 v_m 的函数关系,即 $j = f(C_0, v_d, v_m)$,用 v_m 取代 j。将式(2-53)和式(2-55)代入式(2-51),可以得到:

$$j = \frac{\rho_m}{\rho_m^{\#}} v_m + \frac{S_G(\rho_L - \rho_G)}{\rho_m^{\#}} v_d \tag{2-56}$$

式中,$\rho_m^{\#} = S_G C_0 \rho_G + (1 - S_G C_0) \rho_L$,可以理解为受形状参数影响的平均密度。则气相和液相流速可以整理为:

$$v_G = C_0 \frac{\rho_m}{\rho_m^{\#}} v_m + \frac{\rho_L}{\rho_m^{\#}} v_d \tag{2-57}$$

$$v_\text{L} = \frac{(1 - S_\text{G} C_0) \rho_\text{m}}{(1 - S_\text{G}) \rho_\text{m}^\#} v_\text{m} - \frac{S_\text{G} \rho_\text{m}}{(1 - S_\text{G}) \rho_\text{m}^\#} v_\text{d} \tag{2-58}$$

至此,在利用动量方程求解出混合速度后,再利用漂移流模型计算出气-水两相的分速度。漂移速度的计算方式在此不作详细讨论,具体可见 Shi 等人(2005)的研究成果。

2.2.3 井筒内的能量传递过程

由于井筒中流速较快,相比较而言,通过热传导带来的热量传递显得更加微不足道了,而重力势能和动能等机械能则更加重要,因此这里将重点推导机械能的变化。假定单元体距离重力势能基准点的垂直方向距离为 H,则单元体经过 Δt 时间后,机械能变化可以表示为:

$$\Delta E = (\Delta\rho\Delta x\Delta y\Delta z)gH + \frac{1}{2}\Delta(\rho v^2)\Delta x\Delta y\Delta z \tag{2-59}$$

两端的重力势能通量为:

$$E_1 = [(\rho_1 v_1 \Delta y\Delta z\Delta t)H - (\rho_2 v_2 \Delta y\Delta z\Delta t)(H + \Delta x\cos\theta)]g \tag{2-60}$$

动能通量为:

$$E_2 = \frac{1}{2}(\rho_1 v_1^3 - \rho_2 v_2^3)\Delta y\Delta z\Delta t \tag{2-61}$$

将式(2-59)、式(2-60)、式(2-61)均除以 $\Delta x\Delta y\Delta z\Delta t$,整理可得:

$$\frac{\Delta\rho}{\Delta t}gH + \frac{1}{2}\frac{\Delta(\rho v^2)}{\Delta t} = -\rho_2 v_2 g\cos\theta + \frac{(\rho_1 v_1 - \rho_2 v_2)}{\Delta x}gH + \frac{1}{2}\frac{(\rho_1 v_1^3 - \rho_2 v_2^3)}{\Delta x} \tag{2-62}$$

将式(2-62)改写为微分形式,可以得到:

$$\frac{\partial \rho}{\partial t}gH + \frac{1}{2}\frac{\partial(\rho v^2)}{\partial t} = -\rho_2 v_2 g\cos\theta - \frac{\partial(\rho v)}{\partial x}gH - \frac{1}{2}\frac{\partial(\rho v^3)}{\partial x} \quad (2-63)$$

根据 $\frac{\partial \rho}{\partial t} = -\frac{\partial(\rho v)}{\partial x}$，可消掉 H，说明高程基准的选取对能量守恒方程无影响，然后将动能项展开，可得到如下方程：

$$\frac{1}{2}v^2\frac{\partial \rho}{\partial t} + \rho v\frac{\partial v}{\partial t} = -\rho_2 v_2 g\cos\theta - \frac{1}{2}v^2\frac{\partial(\rho v)}{\partial x} - \rho v^2\frac{\partial v}{\partial x} \quad (2-64)$$

再次利用能量守恒方程代入，化简可得：

$$\rho v\frac{\partial v}{\partial t} = -\rho vg\cos\theta - \rho v^2\frac{\partial v}{\partial x} \quad (2-65)$$

再结合流体内能的传递变化，同时考虑可能存在的源汇项，可得井筒中一维能量守恒方程如下：

$$\rho\frac{\partial h}{\partial t} - \frac{\partial p}{\partial t} + \rho v\frac{\partial v}{\partial t} = -\rho v\frac{\partial h}{\partial x} + m\frac{\partial^2 T}{\partial x^2} - \rho v^2\frac{\partial v}{\partial x} - \rho vg\cos\theta + q \quad (2-66)$$

对于源汇项 q，重要的一项就是井筒与围岩的侧向传热，这与流体、围岩性质以及井筒构造均相关，想要实现精准计算很难，但有很多近似方法处理，具体可参考 Ramey(1962) 和 Willhite(1967) 等人的解析解模型。

2.3 地球化学过程与数学模型

这里要讨论的地球化学过程主要面向地热开采过程中的水文地球化学过程，例如利用示踪剂突破曲线来分析井间连通性、干热岩压裂过程中的化学刺激、回灌过程中的化学堵塞及防垢防堵等问题。这些过程可以总结概括为描述水中离子、络合物和矿物的时空变化，主要包括溶质运移和水化学反应两个过程。

2.3.1 溶质运移理论与模型

这里主要讨论溶质在水溶液中的运移过程。类似于多相流动理论，需要对溶液中的每一种溶质分别建立质量守恒方程。参照图 2-1 所示的典型单元体,从 *ABCD* 面流入的某一溶质浓度为 c_1,达西流速为 v_1,从 *EFGH* 面流出的溶质浓度为 c_2,达西流速为 v_2,单元体孔隙度为 ϕ,则根据质量守恒定律,单位时间内,流入与流出的溶质质量的差值等于单元体内溶质的质量变化。对于溶质运移,若不考虑化学反应、衰变等过程,可得到如下方程:

$$\phi \Delta (c\rho) \Delta x \Delta y \Delta z = (c_1 \rho_1 v_1 - c_2 \rho_2 v_2) \Delta y \Delta z \Delta t \qquad (2-67)$$

式中,浓度单位为 $mol/(kg \cdot H_2O)$,以下推导过程中浓度均以此为单位。将差分方程式(2-67)进行微分处理,可得到以下微分形式:

$$\phi \frac{\partial (c\rho)}{\partial t} = -\frac{\partial (c\rho v)}{\partial x} \qquad (2-68)$$

将式(2-68)推广到直角坐标系下的三维流动,并将质量守恒方程代入,可得到如下形式:

$$\phi \frac{\partial c}{\partial t} = -\nabla (cv) \qquad (2-69)$$

对于水单相流动,若忽略水的压缩性,则式(2-69)可以简化为:

$$\phi \frac{\partial c}{\partial t} = -v \nabla c \qquad (2-70)$$

对于实际的地下多孔介质,溶质除了随流体流动外,还会发生水动力弥散过程。水动力弥散过程的存在,使得溶质的运移速度与流体流速存在差异。例如,一个一维砂柱长 10 m,初始示踪剂的浓度为 0 mol/L,在砂柱顶端持续注入示踪剂浓度为 1 mol/L 的流体,在不考虑水动力弥散的情况下,砂柱底端浓度随时间的变化如图 2-10 中蓝色线所示,呈阶梯状变化。而实际上,由于水动力弥散的存在,砂柱底端的实际浓度会如图 2-10 中红色曲线所示。

1. 分子扩散

分子扩散是溶液内分子的无规则运动。可类比于热力学第二定律,溶质由浓度高的地方向浓度低的地方运移,使得系统内的浓度逐渐均一,仅由溶质浓度差

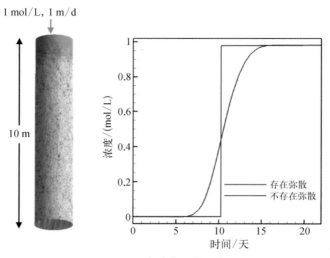

图2-10　水动力弥散示意图

引起,与流体流动状态无关。最简单的例子,向一盆水中滴入一滴墨水,在分子扩散的作用下,整盆水会逐渐均一稳定。

分子扩散最简单的处理方法是菲克(Fick)第一定律,定义为溶液中扩散通量与浓度梯度成正比例关系,如下式所示:

$$J = - D_1 \nabla c \qquad (2-71)$$

式中,J 为扩散通量,mol/($m^2 \cdot s$);D_1 为扩散系数,m^2/s;∇c 为浓度梯度。仿照方程式(2-69),同样根据质量守恒,建立三维空间上由于分子扩散造成的浓度变化,则可以得到式(2-72),即菲克第二定律。

$$\phi \frac{\partial c}{\partial t} = D_1 \nabla^2 c \qquad (2-72)$$

2. 机械弥散

分子扩散是流体固有的特性,而机械弥散的产生主要是由于多孔介质的作用。如方程式(2-69)所示,描述流体流动采用的是达西流速,达西流速是假设流体在整个横截面上过水,而没有考虑岩石骨架和孔隙的分布,是一种概念上的平均流速,这是一种宏观现象,然而要解释机械弥散,需要从微观角度着手。如图

2-5 所示,骨架是无规则分布的,因此从微观角度讲,流体的流动存在局部的非均质性。根据陈崇希和李国敏(1996)的研究,可以从三个方面阐述机械弥散的机理:① 不同大小孔隙中流速的不均一,例如孔喉和孔径处;② 同一孔隙中,不同位置的流速不均一,例如颗粒表面的流速会低于孔径中心流速;③ 受相互连通的孔隙空间的形状影响,可能存在的骨架对流体的阻挡。

　　平行于流体流动方向的弥散被称为纵向弥散,而垂直于流动方向的弥散被称为横向弥散。机械弥散机理的①和②主要促成了纵向弥散,而骨架对流体的阻挡是由机理③引起的。实验以及某些概化的理想模型研究结果表明,机械弥散通量类似于多孔介质中的分子扩散通量,也服从于类似菲克扩散定律的形式。则参照方程式(2-72),一维空间上由于机械弥散造成的浓度变化可以写作如下形式:

$$\phi \frac{\partial c}{\partial t} = D_2 \nabla^2 c \qquad (2-73)$$

式中, D_2 为机械弥散系数,m^2/s。机械弥散与分子扩散统称为水动力弥散。水动力弥散系数等于两者的叠加,即 $D = D_1 + D_2$。 因此,考虑水动力弥散的溶质运移方程可写作如下形式:

$$\phi \frac{\partial c}{\partial t} = -\nabla(cv) + D \nabla^2 c + r + q \qquad (2-74)$$

式中,r 为化学反应的生成或消耗项,$mol/(m^3 \cdot s)$;q 为溶质的源汇项,$mol/(m^3 \cdot s)$。

2.3.2　水化学反应

　　对于地热开采系统,涉及的水化学反应包括一系列平衡或动力学控制的过程,如气-液相互作用、矿物表面络合反应、阳离子交换作用、矿物的溶解/沉淀以及化学反应对孔隙度和渗透率的影响等。

　　1. 水化学系统的表征

　　一个水文地球化学系统中离子、络合物等各种组分可能多达上百种,为了表征一个水文地球化学系统,需按照系统中的元素,选出一定数量的基本组分,保证系统中的其余组分(包括络合物、矿物、气体等)均可表达为基本组分的线性组合(Reed, 1982;Steefel and Lasaga, 1994),其余组分被称为派生(次生)组分。通常,基本组分和派生组分的关系定义如下:

$$S_i = \sum_{j=1}^{N_c} \nu_{ij} S_j \quad i = 1, 2, \cdots, N_R \tag{2-75}$$

式中,S 表示化学组分;j 和 i 分别表示基本组分和派生组分;N_c 和 N_R 分别为基本组分和派生组分的数量;ν_{ij} 表示派生组分 i 中的基本组分 j 的化学计量数。例如,对于碳酸盐岩系统,系统中含有 H^+、OH^-、CO_3^{2-}、HCO_3^-、Ca^{2+}、$CaCO_3$、$CO_{2(aq)}$,可以选取其中的 H_2O、H^+、CO_3^{2-}、Ca^{2+} 作为基本组分,其余作为派生组分,则派生组分的化学组成可以表达为如下形式:

$$\begin{bmatrix} HCO_3^- \\ OH^- \\ (CaCO_3)_s \\ CO_{2(aq)} \end{bmatrix} = \begin{bmatrix} 0 & 1 & 0 & 1 \\ 1 & 0 & 0 & -1 \\ 0 & 1 & 1 & 0 \\ -1 & 1 & 0 & 2 \end{bmatrix} \begin{bmatrix} H_2O \\ CO_3^{2-} \\ Ca^{2+} \\ H^+ \end{bmatrix} \tag{2-76}$$

而至于派生组分的浓度,认为这些反应是满足局部热力学平衡的,则可依据质量作用定律进行计算,如式(2-77)所示:

$$c_i = K_i^{-1} \gamma_i^{-1} \prod_{j=1}^{N_c} c_i^{\nu_{ij}} \gamma_i^{\nu_{ij}} \tag{2-77}$$

式中,c 为摩尔浓度,mol/m^3;γ 为活度系数,量纲为 1;K_i 是派生组分 i 与相应的基本组分 j 的反应平衡常数,量纲为 1。

仍以碳酸盐岩系统中的 HCO_3^- 为例,基本组分为 CO_3^{2-} 和 H^+,则 HCO_3^- 的平衡常数 $K_{HCO_3^-}$ 和摩尔浓度 $c_{HCO_3^-}$ 的计算公式如式(2-78)和式(2-79)所示。

$$K_{HCO_3^-} = \frac{c_{H^+} \gamma_{H^+} c_{CO_3^{2-}} \gamma_{CO_3^{2-}}}{c_{HCO_3^-} \gamma_{HCO_3^-}} \tag{2-78}$$

$$c_{HCO_3^-} = \frac{c_{H^+} \gamma_{H^+} c_{CO_3^{2-}} \gamma_{CO_3^{2-}}}{K_{HCO_3^-} \gamma_{HCO_3^-}} \tag{2-79}$$

热力学平衡常数 K 是温度和压力的函数,且温度的影响更为显著。目前已有许多研究机构公布了多种版本的热力学参数数据库。据此,系统中热力学平衡反应中派生组分的浓度可以通过基本组分和平衡常数计算得出。

2. 水相组分间反应动力学

基本组分与派生组分是处于热力学平衡的,但在漫长的地球化学系统的演变过程中,基本组分的浓度也一直在变化,可以看成是一种动力学的反应。引起这种动力学反应的因素包括水相和吸附相的动力学反应以及生物降解反应等,其通用的反应速率方程如下:

$$\gamma_i = \sum_{s=1}^{M} \begin{bmatrix} k_{i,s} & \text{速率常数} \\ \times \prod_{j=1}^{N_1} \gamma_j^{\nu_{i,j}} C_j^{\nu_{i,j}} & \text{生成项} \\ \times \prod_{k=1}^{N_m} \dfrac{c_{i,k}}{K_{M_{i,k}} + c_{i,k}} & \text{莫诺项} \\ \times \prod_{p=1}^{N_p} \dfrac{I_{i,p}}{I_{i,p} + c_{i,p}} & \text{抑制项} \end{bmatrix} \tag{2-80}$$

式中, γ_i 是第 i 个反应的反应速率,$\mathrm{mol/(m^2 \cdot s)}$;$M$ 是反应机制(路径)的个数,量纲为1;s 为路径标号,量纲为1;k 为速率常数,$\mathrm{mol/(m^2 \cdot s)}$;$N_1$ 是正向反应的种类数(可称为生成项);N_m 是符合莫诺方程的组分个数,量纲为1;$c_{i,k}$ 是第 k 个莫诺组分浓度,$\mathrm{mol/(kg \cdot H_2O)}$;$c_{i,p}$ 代表第 p 个抑制剂组分浓度,$\mathrm{mol/(kg \cdot H_2O)}$。水文地球化学系统中绝大多数反应动力学组分均可表述为上述形式。

3. 矿物的溶解与沉淀

(1) 热力学反应

矿物的热力学反应理论与溶液中派生组分类似,均认为系统处于平衡状态,定义矿物的饱和度 Ω_m 如下:

$$\Omega_m = K_m^{-1} \prod_{j=1}^{N_c} c_j^{\nu_{mj}} \gamma_j^{\nu_{mj}}, \quad m = 1, 2, \cdots, N_P \tag{2-81}$$

式中,K_m 为第 m 个平衡矿物的平衡常数;c_j 为第 j 个基本组分的浓度;γ_j 为第 j 个基本组分的活度系数;其他参数同前。在自然界中,绝大多数矿物在水中的溶解和沉淀过程是极其缓慢的,属于动力学反应,少数矿物(例如方解石或石膏)反应速率较大,在长时间尺度下,可近似看作热力学平衡反应。以方解石为例,其化学反应方程式如下:

$$CaCO_3 = Ca^{2+} + CO_3^{2-} \qquad (2-82)$$

则溶液中方解石的饱和度 Ω_{calcite} 计算公式为:

$$\Omega_{\text{calcite}} = \frac{c_{Ca^{2+}} \gamma_{Ca^{2+}} c_{CO_3^{2-}} \gamma_{CO_3^{2-}}}{K_{\text{calcite}}} \qquad (2-83)$$

实际应用中通常将矿物饱和度取对数,则可得到 m 矿物的饱和指数如下:

$$SI_m = \lg\Omega_m \qquad (2-84)$$

通过饱和指数可以判断矿物的溶解或沉淀状态及趋势,SI 为正值代表矿物将要沉淀,SI 为负值代表矿物将要溶解,SI 等于零代表矿物处于热力学平衡状态。

(2)动力学反应

热力学只能解决(近)平衡态和可逆过程中的问题,而水-矿物地球化学反应的速率往往非常小,难以达到平衡状态,并且不是可逆的过程。当系统远离平衡状态时,则必须基于动力学控制的理论进行研究,矿物溶解或沉淀的一般动力学反应速率方程式可定义如下:

$$r_n = f(c_1, c_2, \cdots, c_{N_c}) = \pm k_n A_n |1 - \Omega_n^{\theta}|^{\eta},$$
$$n = 1, 2, \cdots, N_q \qquad (2-85)$$

式中,r_n 为第 n 个动力学矿物的溶解/沉淀速率,mol/(g·s),正值代表溶解,负值代表沉淀;k_n 为速率常数,mol/(m²·s);A_n 为反应比表面积,m²/g;Ω_n 为动力学矿物饱和度,量纲为 1;参数 θ、η 为经验参数,量纲为 1,需要通过实验确定,在特定

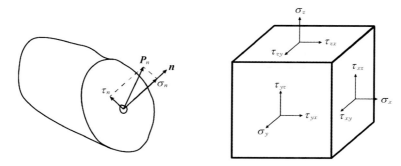

图 2-12　应力矢量的分解和一点的应力状态

截取一个平行六面体单元,如图 2-12 所示。由于单元体上的应力平衡,因此相对面上的应力矢量应该是相等的,这样我们就得到了三个独立的应力矢量。这三个应力矢量所在的截面均过 M 点并相互垂直。我们将这三个应力矢量构成向量组,可以得到一个 3×3 的矩阵,也称为应力张量,如式(2-105)所示:

$$\boldsymbol{\sigma}_{ij} = \begin{pmatrix} \sigma_{xx} & \tau_{xy} & \tau_{xz} \\ \tau_{yx} & \sigma_{yy} & \tau_{yz} \\ \tau_{zx} & \tau_{zy} & \sigma_{zz} \end{pmatrix} = \begin{pmatrix} \sigma_{11} & \sigma_{12} & \sigma_{13} \\ \sigma_{21} & \sigma_{22} & \sigma_{23} \\ \sigma_{31} & \sigma_{32} & \sigma_{33} \end{pmatrix} \qquad (2-105)$$

可以看出,应力张量 $\boldsymbol{\sigma}_{ij}$ 可以表示为一个 3×3 的对称矩阵。应力的正、负号规定如下:正面上的应力若指向坐标轴正方向为正,否则为负;负面上的应力若指向坐标轴负方向为正,否则为负。依据柯西(Cauchy)公式可知,使用应力张量可以完整地描述过一点所有截面上的应力状态。在以下力学方程推导中,应力的单位均为 Pa。

2. 应力平衡微分方程

通过对图 2-12 中微分单元体上做三个坐标轴方向的受力平衡分析,设微元体三个边的长度分别为 dx、dy 和 dz,并考虑到三个方向上体积力的作用,可以得到三个方向的平衡方程。以 x 方向为例,其力学平衡方程如下:

$$\left(\sigma_x + \frac{\partial \sigma_x}{\partial x}\right) \mathrm{d}y\mathrm{d}z - \sigma_x \mathrm{d}y\mathrm{d}z + \left(\tau_{yx} + \frac{\partial \tau_{yx}}{\partial y}\right) \mathrm{d}x\mathrm{d}z - \tau_{yx} \mathrm{d}x\mathrm{d}z +$$

$$\left(\tau_{zx} + \frac{\partial \tau_{zx}}{\partial z}\right) \mathrm{d}x\mathrm{d}y - \tau_{zx} \mathrm{d}x\mathrm{d}y + F_{bx} \mathrm{d}x\mathrm{d}y\mathrm{d}z = 0 \qquad (2-106)$$

整理式(2-106),除以微单元体的体积 $\mathrm{d}x\mathrm{d}y\mathrm{d}z$,并略去高阶无穷小量,可得:

$$\frac{\partial \sigma_x}{\partial x} + \frac{\partial \tau_{yx}}{\partial y} + \frac{\partial \tau_{zx}}{\partial z} + F_{bx} = 0 \qquad (2-107)$$

将式(2-107)推广到另外两个坐标方向,则可以得到三维空间坐标系下的弹性力学平衡微分方程。利用张量形式可将应力平衡方程写成如下形式:

$$\boldsymbol{\sigma}_{ij,\,i} + \boldsymbol{F}_{bj} = \boldsymbol{0} \qquad (2-108)$$

地热开采系统的传热-流动-力学(T-H-M)耦合模型多是基于 BIOT 固结理论。该理论考虑了地下水和岩土体变形之间的相互作用,即孔隙水压力的变化对土体变形的影响以及土体变形对孔隙水压力的影响。为了考虑地热开采系统中温度的变化对力学的影响,可采用扩展的 BIOT 固结模型。通过对图 2-12 中微分单元体(土骨架+孔隙水)做三个坐标轴方向的受力平衡分析,对于地热开采系统体积力只考虑重力,令 z 坐标向下为正,应力以压力为正,忽略动量的变化量(即岩土体满足静力平衡),则可得三维空间坐标系下的平衡微分方程为:

$$\left. \begin{array}{l} \dfrac{\partial \sigma_x}{\partial x} + \dfrac{\partial \tau_{yx}}{\partial y} + \dfrac{\partial \tau_{zx}}{\partial z} = 0 \\[3mm] \dfrac{\partial \tau_{xy}}{\partial x} + \dfrac{\partial \sigma_y}{\partial y} + \dfrac{\partial \tau_{zy}}{\partial z} = 0 \\[3mm] \dfrac{\partial \tau_{xz}}{\partial x} + \dfrac{\partial \tau_{yz}}{\partial y} + \dfrac{\partial \sigma_z}{\partial z} - \gamma_{\mathrm{sat}} = 0 \end{array} \right\} \qquad (2-109)$$

式中, σ 为正应力,Pa; τ 为剪应力,Pa; γ_{sat} 为岩石的饱和重度,kg/(m^2·s^2)。根

据 Terzaghi 有效应力原理,总应力为有效应力与孔隙水压力之和,即:

$$\sigma = \sigma' + u \qquad\qquad (2 - 110)$$

式中, σ' 为有效应力,Pa; u 为孔隙水压力,Pa。将式(2 - 110)代入式(2 - 109),可以得到基于有效应力表达的力学平衡方程:

$$\left. \begin{array}{l} \dfrac{\partial \sigma'_x}{\partial x} + \dfrac{\partial \tau_{yx}}{\partial y} + \dfrac{\partial \tau_{zx}}{\partial z} + \dfrac{\partial u}{\partial x} = 0 \\[3mm] \dfrac{\partial \tau_{xy}}{\partial x} + \dfrac{\partial \sigma'_y}{\partial y} + \dfrac{\partial \tau_{zy}}{\partial z} + \dfrac{\partial u}{\partial y} = 0 \\[3mm] \dfrac{\partial \tau_{xz}}{\partial x} + \dfrac{\partial \tau_{yz}}{\partial y} + \dfrac{\partial \sigma'_z}{\partial z} + \dfrac{\partial u}{\partial z} = \gamma_{\mathrm{sat}} \end{array} \right\} \qquad (2 - 111)$$

岩土介质的本构方程一般可表示为:

$$\{\sigma'\} = [D]\{\varepsilon\} \qquad\qquad (2 - 112)$$

假定土骨架是线弹性体,服从广义胡克定律,则 $[D]$ 为弹性矩阵:

$$D = \frac{E(1 - v)}{(1 + v)(1 - 2v)} \begin{bmatrix} 1 & \dfrac{v}{1-v} & \dfrac{v}{1-v} & 0 & 0 & 0 \\[3mm] \dfrac{v}{1-v} & 1 & \dfrac{v}{1-v} & 0 & 0 & 0 \\[3mm] \dfrac{v}{1-v} & \dfrac{v}{1-v} & 1 & 0 & 0 & 0 \\[3mm] 0 & 0 & 0 & \dfrac{1-2v}{2(1-v)} & 0 & 0 \\[3mm] 0 & 0 & 0 & 0 & \dfrac{1-2v}{2(1-v)} & 0 \\[3mm] 0 & 0 & 0 & 0 & 0 & \dfrac{1-2v}{2(1-v)} \end{bmatrix}$$

$$(2 - 113)$$

式中, E 为弹性模量,Pa; v 为泊松比,量纲为 1。考虑温度变化的影响,式

(2-112)可以写成:

$$
\left.\begin{array}{l}
\sigma'_x = 2G\left(\dfrac{\upsilon}{1-2\upsilon}\varepsilon_v + \varepsilon_x\right) + 3\beta_T\Delta T \\[4mm]
\sigma'_y = 2G\left(\dfrac{\upsilon}{1-2\upsilon}\varepsilon_v + \varepsilon_y\right) + 3\beta_T\Delta T \\[4mm]
\sigma'_z = 2G\left(\dfrac{\upsilon}{1-2\upsilon}\varepsilon_v + \varepsilon_z\right) + 3\beta_T\Delta T \\[4mm]
\tau_{yz} = G\gamma_{yz} \\[2mm]
\tau_{zx} = G\gamma_{zx} \\[2mm]
\tau_{xy} = G\gamma_{xy}
\end{array}\right\} \tag{2-114}
$$

式中,ε 为正应变,量纲为 1;ε_v 为体积应变,量纲为 1;γ 为剪应变,量纲为 1;G 为剪切模量,Pa;β_T 为线性热膨胀系数,1/℃;ΔT 为温度变化量,℃。

在小变形假设条件下,应力应变的几何方程(应力应变符号以压缩为正,拉伸为负)为:

$$
\left.\begin{array}{l}
\varepsilon_x = -\dfrac{\partial w_x}{\partial x},\ \gamma_{yz} = -\left(\dfrac{\partial w_y}{\partial z} + \dfrac{\partial w_z}{\partial y}\right) \\[4mm]
\varepsilon_y = -\dfrac{\partial w_y}{\partial y},\ \gamma_{zx} = -\left(\dfrac{\partial w_z}{\partial x} + \dfrac{\partial w_x}{\partial z}\right) \\[4mm]
\varepsilon_z = -\dfrac{\partial w_z}{\partial z},\ \gamma_{xy} = -\left(\dfrac{\partial w_x}{\partial y} + \dfrac{\partial w_y}{\partial x}\right)
\end{array}\right\} \tag{2-115}
$$

式中,w 为位移,m。将式(2-115)代入式(2-114),然后代入式(2-111),可以得到位移、空隙水压力和温度表示的应力平衡微分方程为:

$$
\left.\begin{array}{l}
-G\nabla^2 w_x - \dfrac{G}{1-2\upsilon}\dfrac{\partial}{\partial x}\left(\dfrac{\partial w_x}{\partial x} + \dfrac{\partial w_y}{\partial y} + \dfrac{\partial w_z}{\partial z}\right) + \dfrac{\partial u}{\partial x} + 3\beta_T K \dfrac{\partial T}{\partial x} = 0 \\[4mm]
-G\nabla^2 w_y - \dfrac{G}{1-2\upsilon}\dfrac{\partial}{\partial y}\left(\dfrac{\partial w_x}{\partial x} + \dfrac{\partial w_y}{\partial y} + \dfrac{\partial w_z}{\partial z}\right) + \dfrac{\partial u}{\partial y} + 3\beta_T K \dfrac{\partial T}{\partial y} = 0 \\[4mm]
-G\nabla^2 w_z - \dfrac{G}{1-2\upsilon}\dfrac{\partial}{\partial z}\left(\dfrac{\partial w_x}{\partial x} + \dfrac{\partial w_y}{\partial y} + \dfrac{\partial w_z}{\partial z}\right) + \dfrac{\partial u}{\partial z} + 3\beta_T K \dfrac{\partial T}{\partial z} = \gamma_{\mathrm{sat}}
\end{array}\right\} \tag{2-116}
$$

式中,K 为体积模量,Pa;其他符号的参数意义及单位同前。设 $d_1 = 2G\dfrac{1-v}{1-2v}$,

$d_2 = 2G\dfrac{v}{1-2v}$, $d_3 = G$, 则式(2-116)可变为:

$$\left.\begin{aligned}
& d_1\frac{\partial^2 w_x}{\partial x^2} + d_3\frac{\partial^2 w_x}{\partial y^2} + d_3\frac{\partial^2 w_x}{\partial z^2} + (d_2+d_3)\frac{\partial^2 w_y}{\partial x\partial y} + \\
& (d_2+d_3)\frac{\partial^2 w_z}{\partial x\partial z} - \frac{\partial u}{\partial x} - 3\beta_T K\frac{\partial T}{\partial x} = 0 \\
& d_3\frac{\partial^2 w_y}{\partial x^2} + d_1\frac{\partial^2 w_y}{\partial y^2} + d_3\frac{\partial^2 w_y}{\partial z^2} + (d_2+d_3)\frac{\partial^2 w_x}{\partial x\partial y} + \\
& (d_2+d_3)\frac{\partial^2 w_z}{\partial y\partial z} - \frac{\partial u}{\partial y} - 3\beta_T K\frac{\partial T}{\partial y} = 0 \\
& d_3\frac{\partial^2 w_z}{\partial x^2} + d_3\frac{\partial^2 w_z}{\partial y^2} + d_1\frac{\partial^2 w_z}{\partial z^2} + (d_2+d_3)\frac{\partial^2 w_x}{\partial x\partial z} + \\
& (d_2+d_3)\frac{\partial^2 w_y}{\partial y\partial z} - \frac{\partial u}{\partial z} - 3\beta_T K\frac{\partial T}{\partial z} = -\gamma_{sat}
\end{aligned}\right\} \quad (2-117)$$

式(2-117)即为三维力学传热-流动-应力(T-H-M)耦合计算模型,可以看出其耦合了孔隙水压力和岩土体的温度。

3. 面力边界条件

物体在外力作用下处于平衡状态,即在物体内部各点的应力张量和体力需要满足应力平衡方程,而在边界上也同样需要满足面力边界条件。面力边界条件的实质就是在边界上的应力矢量需要与外部加载的面力矢量保持平衡。其中外部加载的应力矢量是所需要的边界条件,而边界上的应力矢量可通过柯西应力公式进行计算。边界条件又分为应力边界条件和位移边界条件。位移边界条件可以直接在有限元中处理,而应力边界条件需要转化为节点力。

在边界面上取一微元体,如果该边界面上的单位面力为 F, 则相应的静力边界条件可表示为:

$$
\left.\begin{aligned}
F_x &= \sigma_x l_1 + \tau_{xy} l_2 + \tau_{xz} l_3 \\
F_y &= \tau_{yx} l_1 + \sigma_y l_2 + \tau_{yz} l_3 \\
F_z &= \tau_{zx} l_1 + \tau_{zy} l_2 + \sigma_z l_3
\end{aligned}\right\} \tag{2-118}
$$

式中，$\cos(\boldsymbol{n}, x) = l_1$，$\cos(\boldsymbol{n}, y) = l_2$，$\cos(\boldsymbol{n}, z) = l_3$，其中 $\boldsymbol{n}$ 为边界的外法线方向。根据本构方程、几何方程和有效应力原理，式(2-118)可变为如下形式：

$$
\left.\begin{aligned}
F_x &= \left(-d_1 \frac{\partial w_x}{\partial x} - d_2 \frac{\partial w_y}{\partial y} - d_2 \frac{\partial w_z}{\partial z} + u \right) l_1 + \\
&\quad d_3 \left(-\frac{\partial w_y}{\partial x} - \frac{\partial w_x}{\partial y} \right) l_2 + d_3 \left(-\frac{\partial w_z}{\partial x} - \frac{\partial w_x}{\partial z} \right) l_3 \\
F_y &= d_3 \left(-\frac{\partial w_y}{\partial x} - \frac{\partial w_x}{\partial y} \right) l_1 + \left(-d_2 \frac{\partial w_x}{\partial x} - d_1 \frac{\partial w_y}{\partial y} - d_2 \frac{\partial w_z}{\partial z} + u \right) l_2 + \\
&\quad d_3 \left(-\frac{\partial w_z}{\partial y} - \frac{\partial w_y}{\partial z} \right) l_3 \\
F_z &= d_3 \left(-\frac{\partial w_z}{\partial x} - \frac{\partial w_x}{\partial z} \right) l_1 + d_3 \left(-\frac{\partial w_z}{\partial y} - \frac{\partial w_y}{\partial z} \right) l_2 + \\
&\quad \left(-d_2 \frac{\partial w_x}{\partial x} - d_2 \frac{\partial w_y}{\partial y} - d_1 \frac{\partial w_z}{\partial z} + u \right) l_3
\end{aligned}\right\}
$$

$$\tag{2-119}$$

力学初始条件对应孔隙水压力和温度初始时刻的条件，一般设置为零位移，该初始条件通常只是作为后面力学计算的参考，而没有真正的实际意义。

2.4.3 岩石破坏控制方程

对于地热开采系统，多孔介质孔隙空间中多相流体压力和温度的改变会引起岩石骨架有效应力的变化，这种改变可能会引起岩石发生剪切破坏，比如注入使得应力莫尔圆左移(图2-13)，其破坏判定准则一般采用莫尔-库仑准则：

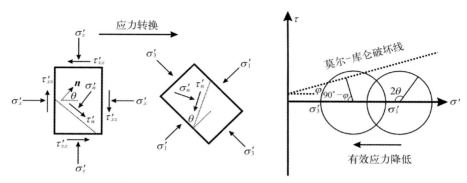

图 2-13　有效应力状态和破坏判定示意图

$$\tau = c + \sigma'_n \tan \varphi \qquad (2-120)$$

式中,c 为内聚力,Pa;σ'_n 为破坏面上的有效正应力,Pa;φ 为内摩擦角,(°)。对于孔隙介质,最可能发生剪切破坏的方向有两个,与最大主应力方向的夹角为 $(45° - \varphi/2)$。然而主应力方向是随时发生变化的,为了确定最可能发生破坏的方向和判定岩石是否被破坏,首先需要根据应力状态得到应力莫尔圆,然后确定主应力方向,再得到最有可能发生剪切破坏的方向,最后采用破坏准则判定岩石是否被破坏。二维平面应力莫尔圆满足以下方程(Jaeger et al., 2007):

$$\tau' = \frac{1}{2}(\sigma'_z - \sigma'_x)\sin(2\theta) + \tau'_{xz}\cos(2\theta)$$

$$\sigma'_n = \sigma'_x\cos^2\theta + \sigma'_z\sin^2\theta + 2\tau'_{xz}\sin(2\theta) \qquad (2-121)$$

破坏的判定方法有多种:① 可以通过判断最大可能破坏点和莫尔-库仑破坏线的位置关系;② 通过平行移动莫尔-库仑破坏线与应力莫尔圆相切,将切线在 y 轴的截距 F_c 与内聚力 c 相比较,并进行判定。基于截距 F_c 的破坏判定形式如下:

$$F_c = \frac{\sigma'_1 - \sigma'_3}{2\cos(\varphi)} - \frac{\sigma'_1 + \sigma'_3}{2}\tan\varphi \quad \begin{cases} > c & 破坏 \\ = c & 极限平衡 \\ < c & 未破坏 \end{cases} \qquad (2-122)$$

从式(2-122)可以看到,截距 F_c 越大,越可能产生剪切破坏。特别地,当内聚力为 0、内摩擦角为 30°时,$\sigma'_1 > 3\sigma'_3$ 便发生剪切破坏。

参考文献

Barree R D, Conway M W, 2004. Beyond beta factors: A complete model for Darcy, Forchheimer and trans-Forchheimer flow in porous media[C]//Proceedings, Society of Petroleum Engineers, Houston, Texas.

Carroll S, Mroczek E, Alai M, et al, 1998. Amorphous silica precipitation (60 to 120°C): comparison of laboratory and field rates[J]. Geochimica et Cosmochimica Acta, 62(8): 1379-1396.

Corey A T, 1954. The interrelation between gas and oil relative permeabilities[J]. Producers Monthly, 19: 38-41.

Drummond J M, 1981. Boiling and mixing of hydrothermal fluids: chemical effects on mineral precipitation [D]. The Pennsylvania State University, University Park, Pennsylvania.

Duan Z H, Sun R, 2003. An improved model calculating CO_2 solubility in pure water and aqueous NaCl solutions from 273 to 533 K and from 0 to 2000 bar[J]. Chemical Geology, 193(3-4): 257-271.

Dzombak D A, Morel F M, 1990. Surface complexation modeling: hydrous ferric oxide[M]. John Wiley & Sons.

Hasan A R, Kabir C S, Sarica C, 2002. Fluid flow and heat transfer in wellbores[C]// Proceedings, Society of Petroleum Engineers, Richardson, Texas.

Hasan A, Kabir C, 1994. Aspect of wellbore heat transfer during two-phase flow[J]. SPE Paper, 22866: 211-216.

Hasan A, Kabir C, Wang X, 1997. Development and application of a wellbore/reservoir simulator for testing oil wells[J]. SPE Formation Evaluation, 12(3): 182-188.

Jaeger J C, Cook N G W, Zimmerman R W, 2007. Fundamentals of rock mechanics [M]. 4th ed. New Jersey: Blackwell.

Lasaga A C, 1984. Chemical kinetics of water-rock interactions[J]. Journal of Geophysical Research: Solid Earth, 89(B6): 4009-4025.

Lasaga A C, Soler J M, Ganor J, et al, 1994. Chemical weathering rate laws and global geochemical cycles[J]. Geochimica et Cosmochimica Acta, 58(10): 2361-2386.

Pan L H, Oldenburg C M, 2014. T2Well — An integrated wellbore-reservoir simulator[J]. Computers & Geosciences, 65: 46-55.

Parker J C, Lenhard R J, Kuppusamy T, 1987. A parametric model for constitutive properties governing multiphase flow in porous media[J]. Water Resources Research, 23(4): 618-624.

Peng D Y, Robinson D B, 1976. A new two-constant equation of state[J]. Industrial &

Engineering Chemistry Fundamentals, 15(1): 59 - 64.

Pruess K, Curt O, George M, 1999. Tough2 User's Guide, VERSION 2.0[R]. Earth Science Division, Lawrence Berkeley National Laboratory, University of California, Berkeley.

Ramey H J Jr, 1962. Wellbore heat transmission[J]. Journal of Petroleum Technology, 225(4): 427 - 435.

Reed M H, 1982. Calculation of multicomponent chemical equilibria and reaction processes in systems involving minerals, gases and an aqueous phase [J]. Geochimica et Cosmochimica Acta, 46(4): 513 - 528.

Shi H, Holmes J A, Durlofsky L J, et al, 2005. Drift-flux modeling of two-phase flow in wellbores[J]. SPE Journal, 10(1): 24 - 33.

Spycher N F, Reed M H, 1988. Fugacity coefficients of H_2, CO_2, CH_4, H_2O and of H_2O - CO_2 - CH_4 mixtures: A virial equation treatment for moderate pressures and temperatures applicable to calculations of hydrothermal boiling [J]. Geochimica et Cosmochimica Acta, 52(3): 739 - 749.

Steefel C I, Lasaga A C, 1994. A coupled model for transport of multiple chemical species and kinetic precipitation/dissolution reactions with application to reactive flow in single phase hydrothermal systems[J]. American Journal of Science, 294(5): 529 - 592.

Stone H L, 1970. Probability model for estimating three-phase relative permeability[J]. Journal of Petroleum Technology, 22(2): 214 - 218.

van Genuchten M T, 1980. A closed-form equation for predicting the hydraulic conductivity of unsaturated soils 1[J]. Soil science society of America journal, 44(5): 892 - 898.

Verma A K, 1985. A study of two-phase concurrent flow of steam and water in an unconsolidated porous medium[C]. Lawrence Berkeley Laboratory, LBL - 19084.

Willhite G P, 1967. Over-all heat transfer coefficients in steam and hot water injection wells [J]. Journal of Petroleum Technology, 19(5): 607 - 615.

Xu T F, Spycher N, Sonnenthal E, et al, 2012. TOUGHREACT user's guide: a simulation program for non-isothermal multiphase reactive geochemical transport in variably saturated geologic media, version 2.0[M]. Lawrence Berkeley National Laboratory, Berkeley, CA.

Zuber N, Findlay J A, 1965. Average volumetric concentration in two-phase flow systems [J]. Journal of Heat Transfer, 87(4): 453 - 468.

陈崇希,李国敏,1996. 地下水溶质运移理论及模型[M]. 武汉:中国地质大学出版社.

胡圣标,何丽娟,汪集暘,2001. 中国大陆地区大地热流数据汇编(第三版)[J]. 地球物理学报,44(5): 611 - 626.

第 3 章

数值模型的建立与求解

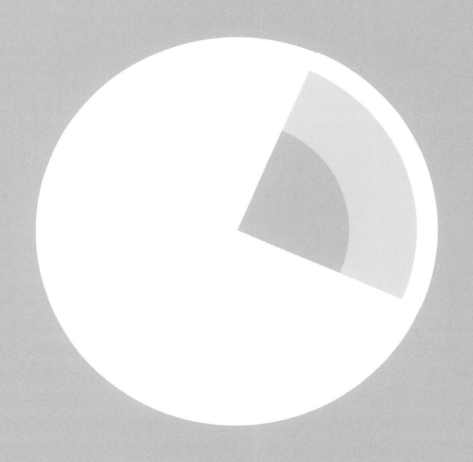

3.1 传热-流动耦合数值模型

3.1.1 积分有限差基本原理

上一章所述均为数学模型,数学模型的建立均基于一定的理想假设条件。而在实际问题中,实际条件很难满足解析解的理想假设条件,例如复杂的模型边界、流体的相态变化等诸多因素制约着解析表达式的应用。因此,需要将数学模型转化为数值模型,利用数值运算进行求解。按照空间离散、计算节点选取的不同,数值计算主要分为三种方法:有限差、有限元和边界元。针对传热-流动耦合数值模型的建立,笔者以往的研究大部分基于积分有限差分法(Edwards,1972;Narasimhan and Witherspoon,1976),故在此将主要基于积分有限差分法阐述地热相关数值模型的建立过程。

上述方程的推导可以理解成是基于空间中任一点的。而有限差分法中的"有限",意味着将空间中无限的点简化成有限个单元体,单元体内的所有性质均一,用研究区内有限个离散点的集合来表示整个研究区。同时将模拟时间拆分成有限多个微小时间段。每个小区域在每一个小时间段内均适用于之前推导的数学模型,这一过程可称为时空离散。将微分方程及其定解条件转化为以未知函数在离散点上的近似值为未知量的差分方程,然后对其进行求解。

按守恒方程的通用微分形式对单元体进行积分,可以得到积分形式的守恒方程:

$$\frac{\mathrm{d}}{\mathrm{d}t}\int M^{\kappa}\mathrm{d}V = \int F^{\kappa} \cdot n\mathrm{d}\Gamma + \int q^{\kappa}\mathrm{d}V \qquad (3-1)$$

首先进行空间离散,如图 3-1 所示,对于任意单元体 n,其体积为 V_n,并与若干个单元体相连,标号为 m,连接面积为 A_{nm},则对于单元体 n 的质量或能量项的计算可以写成如下形式:

$$\int M^{\kappa}\mathrm{d}V = V_n M_n^{\kappa} \qquad (3-2)$$

通量项的计算可以表示为:

$$\int F^\kappa \cdot n\mathrm{d}\Gamma = \sum_m A_{nm} F_{nm}^\kappa \qquad (3-3)$$

源汇项可以表示为：

$$\int q^\kappa \mathrm{d}V = V_n q^\kappa \qquad (3-4)$$

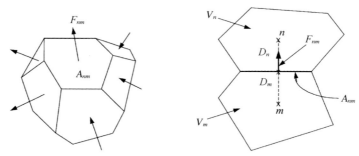

图 3-1　积分有限差分法空间离散示意图

然后进行时间离散，将离散后的各项表达式代入方程式(3-1)中，可以得到：

$$\frac{(V_n M_n^{\kappa,\,k+1} - V_n M_n^{\kappa,\,k})}{\Delta t} = \sum_m A_{nm} F_{nm}^\kappa + V_n q^\kappa \qquad (3-5)$$

式中，k 表示当前时间步，$(k+1)$ 表示下一个时间步，k 与 $(k+1)$ 时间步的时间差为 Δt。

此时，质量累积项的时间与空间离散均已完成。而至于流量项，从 k 到 $(k+1)$ 时间步是连续的，无论是采用 k 时间步还是采用 $(k+1)$ 时间步，基本变量在物理意义上均合理。

若采用 k 时间步的话，这样的时间离散方式被称为显式差分。其优点是除 $M_n^{\kappa,\,k+1}$ 外，其余均为已知项，对于单元体 n 可单独求解；缺点在于显式差分容易导致方程求解出现问题，并非无条件收敛。

若采用 $(k+1)$ 时间步的话，时间离散方式被称为隐式差分。其优点是隐式差分无条件收敛；而缺点是除 $M_n^{\kappa,\,k+1}$ 外，$F_{nm}^{\kappa,\,k+1}$ 同样未知，而且与 n 相连的其他单元体 m 无法单独求解，需要研究区的所有单元体统一组建方程进行联立求解。

在这里，我们采用隐式差分进行介绍。

式(3-5)隐式差分后,经整理可以得到:

$$M_n^{\kappa, k+1} - M_n^{\kappa, k} - \frac{\Delta t}{V_n}\Big\{ \sum_m A_{nm} F_{nm}^{\kappa, k+1} + V_n q_n^{\kappa, k+1} \Big\} = 0 \qquad (3-6)$$

对于流动项,除时间上的显式或隐式差分的选取之外,空间上的离散也需要注意,将达西定律整理为差分格式,可以得到:

$$F_{\beta, nm} = k_{nm} \left[\frac{k_{r\beta} \rho_\beta}{\mu_\beta} \right]_{nm} \left[\frac{p_{\beta, m} - p_{\beta, n}}{d_{nm}} - \rho_{\beta, nm} g\cos \theta \right] \qquad (3-7)$$

式中, d_{nm} 表示两单元体的中心点距离; $p_{\beta, n}$ 和 $p_{\beta, m}$ 表示两单元体内 β 相的流体压力; θ 为两单元体中心点连线与重力方向的夹角。以上几个量的取值方式都是确定的,而 $k_{nm} \left[\dfrac{k_{r\beta} \rho_\beta}{\mu_\beta} \right]_{nm}$ 则均为两个网格的加权(Pruess and Bodvarsson, 1983; Pruess, 1991a)。加权的方式有很多种,对于渗透率 k_{nm} 一般采取距离加权,即单元体中心点到连接面的距离越远,权重越高。而流体性质 $\left[\dfrac{k_{r\beta} \rho_\beta}{\mu_\beta} \right]_{nm}$ 一般采用上游加权,即上游网格权重为1(Aziz and Settari, 1979; Tsang and Pruess, 1990; Wu et al., 1993)。而实际上当两个网格的渗透率以及流体性质差异较大、不连续而形成跳跃界面时,需要其他更为专业的处理方法进行计算,在此不再赘述。

每个网格有 NK 种组分,加上能量守恒,共有 $(NK+1)$ 个方程,因此每个网格待求解的基本变量为 $(NK+1)$ 个。但方程与变量并非一一对应,而是高度耦合的(即每一个方程均为多变量的函数),方程中存在大量待求解的基本变量的函数,例如流体的密度、黏度、相对渗透率等。方程组具有高度的非线性特征,通常无法直接求解。对于这种高度非线性方程一般采用迭代求解,这里我们介绍一种常用的迭代求解方法——Newton-Raphson 迭代。

3.1.2　Newton-Raphson 迭代求解

多数方程很难求取其精确解,Newton-Raphson 迭代(N-R 迭代),也称牛顿迭代法,是求解方程近似解的有效方法之一。其原理是利用 Taylor 级数展开,将微分项转化为差分项,将非线性问题转化为线性问题,使近似解在一定范围内无限逼近精确解。

举例说明,t 为方程 $f(x)=0$ 的根,为求出 t 值,可以选取 x_0 作为初始的近似值。过点 $[x_0, f(x_0)]$ 作 $f(x)$ 的切线,切线的方程可以写作:

$$y = f(x_0) + f'(x_0)(x - x_0) \tag{3-8}$$

此时可求出切线与 x 轴的交点 x_1,如下式所示:

$$x_1 = x_0 - \frac{f(x_0)}{f'(x_0)} \tag{3-9}$$

然后以 x_1 作为 t 的一次近似值,代入函数中,得到 $f(x_1)$,再次作 $f(x)$ 的切线,将上述过程重复 p 次,得到 x_{p+1} 为 t 的 $(p+1)$ 次近似值,如式(3-10)所示。直至 x_{p+1} 满足 $f(x_{p+1}) \approx 0$。实际上很难求解出 t 的真实值,只要 $f(x_{p+1})$ 满足一定的收敛标准即可。

$$x_{p+1} = x_p - \frac{f(x_p)}{f'(x_p)} \tag{3-10}$$

据此,可以得到 $f(x)$ 的近似解为:

$$x_{p+1} = -\sum_{i=1}^{p} \frac{f(x_i)}{f'(x_i)} + x_0 \tag{3-11}$$

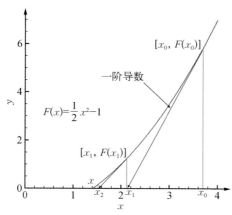

图 3-2　Newton-Raphson
求解示意图

为便于读者理解以上 N-R 迭代求解过程,现举例对方程式(3-12)进行迭代求解说明:

$$\frac{1}{2}x^2 - 1 = 0 \tag{3-12}$$

N-R 迭代求解过程的示意图如图 3-2 所示。从图中可以看出,初始点为 x_0,经过一次迭代后得到第 1 次近似值 x_1,两次迭代后得到第 2 次近似值

x_2，最终逐步逼近真实解 $\sqrt{2}$。

对于一元方程的求解可直接用导数表示，而对于多元方程组，则需要对所有变量求偏导，例如式（3-13）所示方程组，$y_1 = y_2 = y_3 = 0$，求解 x_1、x_2、x_3：

$$y_1 = 2x_1 + 5x_3$$
$$y_2 = 4x_2^2 - 2x_3 \qquad (3-13)$$
$$y_3 = x_3\sin x_1$$

将方程组依次对未知量求取微分，并写入矩阵中，则该矩阵被称为 Jacobian 矩阵，也称之为 Jacobian 行列式。如式（3-14）所示：

$$\boldsymbol{J}(x_1, x_2, x_3) = \begin{vmatrix} \dfrac{\partial y_1}{\partial x_1} & \dfrac{\partial y_1}{\partial x_2} & \dfrac{\partial y_1}{\partial x_3} \\ \dfrac{\partial y_2}{\partial x_1} & \dfrac{\partial y_2}{\partial x_2} & \dfrac{\partial y_2}{\partial x_3} \\ \dfrac{\partial y_3}{\partial x_1} & \dfrac{\partial y_3}{\partial x_2} & \dfrac{\partial y_3}{\partial x_3} \end{vmatrix} = \begin{vmatrix} 2 & 0 & 5 \\ 0 & 8x_2 & -2 \\ x_3\cos x_1 & 0 & \sin x_1 \end{vmatrix} \quad (3-14)$$

假设当前为第（$p+1$）次迭代，则可以写作如下格式：

$$-\boldsymbol{J}(x_1, x_2, x_3)\big|_p \cdot \begin{vmatrix} x_{1,p+1} - x_{1,p} \\ x_{2,p+1} - x_{2,p} \\ x_{3,p+1} - x_{3,p} \end{vmatrix} = \begin{vmatrix} y_1(x_{1,p}, x_{2,p}, x_{3,p}) \\ y_2(x_{1,p}, x_{2,p}, x_{3,p}) \\ y_3(x_{1,p}, x_{2,p}, x_{3,p}) \end{vmatrix} \quad (3-15)$$

当式（3-15）中 y_1、y_2、y_3 满足一定收敛条件，如足够接近 0 时，表明迭代求解完毕。这里需要注意的是，N-R 迭代适用的条件是从迭代初始值到真实解之间的目标函数是单调的，因此进行 N-R 迭代时初始值的选取极为重要，初始值选取得是否合适，将直接决定方程能否收敛及收敛速度。

3.1.3　数值模型求解

采用 Newton-Raphson 迭代方法求解方程式（3-6），首先需要构建一个目标

函数,将方程质量(或能量)累积项、流动项及源汇项移到等号同一端,得到:

$$R_n^\kappa(x_1, x_2, \cdots, x_{NK+1}) = 0 \qquad (3-16)$$

式中,R 为残差项,$R=0$ 代表着方程收敛,即当前时间步计算完成。实际上,方程式(3-6)等价于方程式(3-16)。

仿照式(3-15),可得到式(3-16)残差的 N-R 迭代格式如下:

$$\begin{bmatrix} -\left.\dfrac{\partial R_n^\kappa}{\partial x_i^n}\right|_p & \cdots & -\left.\dfrac{\partial R_n^\kappa}{\partial x_i^m}\right|_p \\ \vdots & \ddots & \vdots \\ -\left.\dfrac{\partial R_m^\kappa}{\partial x_i^n}\right|_p & \cdots & -\left.\dfrac{\partial R_m^\kappa}{\partial x_i^m}\right|_p \end{bmatrix} \begin{bmatrix} x_{i,p+1}^n - x_{i,p}^n \\ \vdots \\ x_{i,p+1}^m - x_{i,p}^m \end{bmatrix} = \begin{bmatrix} \left. R_n^\kappa\right|_p \\ \vdots \\ \left. R_m^\kappa\right|_p \end{bmatrix} \quad i, \kappa = 1, 2, \cdots, NK+1$$

$$(3-17)$$

式中,i 为基本变量;κ 为组分。热量也可以作为一种组分建立方程。迭代求解过程中,k 时间步的基本变量值可作为 $(k+1)$ 时间步 N-R 迭代的初始值。

方程式(3-17)中的系数矩阵里,对角项代表单元体质量(能量)守恒方程对自身基本变量的偏导;非对角项为单元体守恒方程对相邻单元体基本变量的偏导。因此,在系数矩阵中,第 n 行代表第 n 个网格的守恒方程系数,在这一行中,只有第 n 列和第 m 列为非零项。由此可知,系数矩阵为对称大型稀疏矩阵,其分布特征如图 3-3 所示。

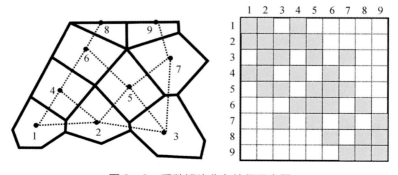

图 3-3　系数矩阵分布特征示意图

对于组分数为 NK 的多相流体运移问题(对于纯水的地热系统,NK 为 1),加上能量守恒方程,则方程个数和基本变量均为(NK+1),因此上述矩阵中每一个元素均为一个 $(NK + 1) \times (NK + 1)$ 的小矩阵。那么,对于离散为 NEL 个单元体的研究区,其系数矩阵规模为 $[NEL \times (NK + 1)] \times [NEL \times (NK + 1)]$ 的大型稀疏矩阵。在该矩阵中,对角元素 $\dfrac{\partial \boldsymbol{R}_n^{\kappa}}{\partial \boldsymbol{x}_i^n}$ 和非对角元素 $\dfrac{\partial \boldsymbol{R}_n^{\kappa}}{\partial \boldsymbol{x}_i^m}$ 的表达式如式(3-18)和式(3-19)所示:

$$\frac{\partial \boldsymbol{R}_n^{\kappa}}{\partial \boldsymbol{x}_i^n} = \begin{vmatrix} \dfrac{\partial R_n^1}{\partial x_1^n} & \dfrac{\partial R_n^1}{\partial x_2^n} & \cdots & \dfrac{\partial R_n^1}{\partial x_{NK+1}^n} \\ \dfrac{\partial R_n^2}{\partial x_1^n} & \dfrac{\partial R_n^2}{\partial x_2^n} & \cdots & \dfrac{\partial R_n^2}{\partial x_{NK+1}^n} \\ \vdots & \vdots & \ddots & \vdots \\ \dfrac{\partial R_n^{NK+1}}{\partial x_1^n} & \dfrac{\partial R_n^{NK+1}}{\partial x_2^n} & \cdots & \dfrac{\partial R_n^{NK+1}}{\partial x_{NK+1}^n} \end{vmatrix} \quad i, \kappa = 1, 2, \cdots, NK + 1$$

$$(3-18)$$

$$\frac{\partial \boldsymbol{R}_n^{\kappa}}{\partial \boldsymbol{x}_i^m} = \begin{vmatrix} \dfrac{\partial R_n^1}{\partial x_1^m} & \dfrac{\partial R_n^1}{\partial x_2^m} & \cdots & \dfrac{\partial R_n^1}{\partial x_{NK+1}^m} \\ \dfrac{\partial R_n^2}{\partial x_1^m} & \dfrac{\partial R_n^2}{\partial x_2^m} & \cdots & \dfrac{\partial R_n^2}{\partial x_{NK+1}^m} \\ \vdots & \vdots & \ddots & \vdots \\ \dfrac{\partial R_n^{NK+1}}{\partial x_1^m} & \dfrac{\partial R_n^{NK+1}}{\partial x_2^m} & \cdots & \dfrac{\partial R_n^{NK+1}}{\partial x_{NK+1}^m} \end{vmatrix} \quad i, \kappa = 1, 2, \cdots, NK + 1$$

$$(3-19)$$

对于以上数值求解的收敛判断,一般采用组分质量误差 R_n^{κ} 与单位体积组分质量 M_n^{κ} 的比值判断方程是否收敛,即当满足式(3-20)时,认为方程求解收敛:

$$\frac{R_n^{\kappa}}{M_n^{\kappa}} \leqslant \varepsilon \qquad (3-20)$$

式中，ε 为一极小值，一般取 10^{-5} 或 10^{-6}。值得注意的是，当组分质量 M_n^{κ} 小于 1 时，分母一般按 1 计算(Pruess，1991b；Pruess et al.，1999)。

3.2　地球化学数值模型

3.2.1　溶质运移过程数值模型

仿照上述传热-流动流动过程数值模型的建立方法，同样基于积分有限差分方法，将溶质运移的微分方程式(2-74)进行时空离散之后进行求解。时间离散采用全隐式，典型单元体 n 与若干单元体相连，代号为 m，则对于单元体 n 中基本组分 j 的质量守恒方程可以写作：

$$M_n^{j,k+1} - M_n^{j,k} = \frac{\Delta t}{V_n}\left(\sum_m A_{nm} F_{nm}^{j,k+1} + V_n r_n^{j,k+1} + V_n q_n^{j,k+1} \right) \tag{3-21}$$

$$j = 1, 2, \cdots, N_C$$

式(3-21)中的质量项 M_n^j 和通量项 $F_{nm}^{j,k+1}$ 分别可以表示为：

$$M_n^j = S_{l,n} \phi_n c_n^j$$

$$F_{nm}^{j,k+1} = c_{nm}^{j,k+1} v_{nm}^{k+1} + D_{nm} \frac{c_m^{j,k+1} - c_n^{j,k+1}}{d_{nm}} \tag{3-22}$$

式(3-21)和式(3-22)中，j 为化学基本组分标号；N_C 为基本组分数量；v_{nm} 为达西速度；D_{nm} 为有效扩散系数；d_{nm} 为单元体 n 和 m 的中心点距离；r_n^j 为化学反应源汇项；q_n^j 为注入或开采的源汇项；$c_{nm}^{j,k+1}$ 为两单元体浓度的加权。$c_{nm}^{j,k+1}$ 的计算公式如下：

$$c_{nm}^{j,k+1} = \varepsilon_{nm} c_n^{j,k+1} + (1 - \varepsilon_{nm}) c_m^{j,k+1} \tag{3-23}$$

式中，ε_{nm} 为流动项的权重因子，一般取 0 或 1。结合速度的方向，在一般的计算中采取上游加权，即当流体从单元体 n 流向 m 时，ε_{nm} 应取 1；反之，ε_{nm} 取 0。

将式(3-22)和式(3-23)代入式(3-21)，可以得到：

$$S_{l,n}^{k+1} \phi_n^{k+1} c_n^{j,k+1} - S_{l,n}^{k} \phi_n^{k} c_n^{j,k} =$$

$$\frac{\Delta t}{V_n} \sum_m A_{nm} \left\{ \left[\varepsilon_{nm} c_n^{j,k+1} + (1 - \varepsilon_{nm}) c_m^{j,k+1} \right] v_{nm}^{k+1} + \right. \qquad (3-24)$$

$$\left. D_{nm} \frac{c_m^{j,k+1} - c_n^{j,k+1}}{d_{nm}} \right\} + r_n^{j,k+1} \Delta t + q_n^{j,k+1} \Delta t \quad j = 1, 2, \cdots, N_C$$

将 $(k+1)$ 时间步的浓度项整理到一端，可得到以下方程：

$$\left[S_{l,n}^{k+1} \phi_n^{k+1} + \frac{\Delta t}{V_n} \sum_m A_{nm} \left(- \varepsilon_{nm} v_{nm}^{k+1} + \frac{D_{nm}}{d_{nm}} \right) \right] c_n^{j,k+1} +$$

$$\frac{\Delta t}{V_n} \sum_m A_{nm} \left[(\varepsilon_{nm} - 1) v_{nm}^{k+1} - \frac{D_{nm}}{d_{nm}} \right] c_m^{j,k+1} = \qquad (3-25)$$

$$S_{l,n}^{k} \phi_n^{k} c_n^{j,k} + r_n^{j,k+1} \Delta t + q_n^{j,k+1} \Delta t \quad j = 1, 2, \cdots, N_C$$

化学反应造成的组分变化可以看作类似于源汇项的附加项，其求解过程将在下节讨论，在此视作已知项，则方程式（3-25）等号右端皆为已知项。至于等号左端，除了待求解的单元体 n 组分 j 的浓度外，还有相邻单元体 m 组分 j 的浓度，无法单独求解。因此，将所有单元体的方程式联立，建立如下矩阵：

$$\begin{bmatrix} \left[S_{l,n}^{k+1} \phi_n^{k+1} + \frac{\Delta t}{V_n} A_{nm} \left(- \varepsilon_{nm} v_{nm}^{k+1} + \frac{D_{nm}}{d_{nm}} \right) \right] & \cdots & \frac{\Delta t}{V_n} A_{nm} \left[(\varepsilon_{nm} - 1) v_{nm}^{k+1} - \frac{D_{nm}}{d_{nm}} \right] \\ \vdots & \ddots & \vdots \\ \frac{\Delta t}{V_m} A_{nm} \left[\varepsilon_{nm} v_{nm}^{k+1} - \frac{D_{nm}}{d_{nm}} \right] & \cdots & \left[S_{l,m}^{k+1} \phi_m^{k+1} + \frac{\Delta t}{V_m} A_{nm} \left(- (\varepsilon_{nm} - 1) v_{nm}^{k+1} + \frac{D_{nm}}{d_{nm}} \right) \right] \end{bmatrix}$$

$$\cdot \begin{vmatrix} c_n^{j,k+1} \\ \vdots \\ c_m^{j,k+1} \end{vmatrix} = \begin{vmatrix} S_{l,n}^{k} \phi_n^{k} c_n^{j,k} + r_n^{j,k+1} \Delta t + q_n^{j,k+1} \Delta t \\ \vdots \\ S_{l,m}^{k} \phi_m^{k} c_m^{j,k} + r_m^{j,k+1} \Delta t + q_m^{j,k+1} \Delta t \end{vmatrix} \quad j = 1, 2, \cdots, N_C$$

$$(3-26)$$

假定模型的单元体数为 NEL，则矩阵规模为 $NEL \times NEL$。至此，可求解出组分

j 的浓度,无须迭代。可以对所有基本组分依次建立方程求解。下面我们将具体介绍化学反应过程数值模型的建立与求解。

3.2.2　化学反应过程数值模型

溶液中络合组分平衡、气体的溶解与析出过程均可以看作处于热力学平衡状态,即条件改变后,系统立即达到平衡。而对于矿物的溶解与沉淀,除少数矿物的反应属于热力学平衡反应过程外,大多数矿物的反应属于动力学反应过程(Yeh and Tripathi, 1991; Steefel and Lasaga, 1994; Walter et al., 1994)。

对于数值模型的建立,其初始时,化学反应系统中基本组分 j 的总浓度可以表示为如下形式(Parkhurst et al., 1980; Reed, 1982):

$$
\begin{aligned}
T_j^0 = c_j^0 &+ \sum_{k=1}^{N_x} \nu_{kj} c_k^0 + \sum_{m=1}^{N_p} \nu_{mj} c_m^0 + \sum_{n=1}^{N_q} \nu_{nj} c_n^0 + \\
&\sum_{z=1}^{N_z} \nu_{zj} c_z^0 + \sum_{s=1}^{N_s} \nu_{sj} c_s^0, \quad j = 1, 2, \cdots, N_C
\end{aligned}
\tag{3-27}
$$

式中,0 代表初始时刻;c 表示浓度;下标 j、k、m、n、z 和 s 分别代表基本组分、水相络合物、平衡反应矿物、动力学反应矿物、阳离子交换以及表面络合组分;N_C、N_x、N_p、N_q、N_z、N_s 分别代表相应组分和矿物的个数;ν_{kj}、ν_{mj}、ν_{nj}、ν_{zj} 和 ν_{sj} 则为相应的化学计量数。

在 Δt 时间之后,系统中基本组分 j 的总浓度可以表示为:

$$
\begin{aligned}
T_j = c_j &+ \sum_{k=1}^{N_x} \nu_{kj} c_k + \sum_{m=1}^{N_p} \nu_{mj} c_m + \sum_{n=1}^{N_q} \nu_{nj} (c_n^0 - r_n \Delta t) + \\
&\sum_{z=1}^{N_z} \nu_{zj} c_z + \sum_{s=1}^{N_s} \nu_{sj} c_s, \quad j = 1, 2, \cdots, N_C
\end{aligned}
\tag{3-28}
$$

式中,r_n 是动力学反应矿物溶解或沉淀的反应速率。而如果以基本组分为考量,则经过 Δt 时间后,系统内基本组分 j 含量的变化可表示为:

$$
T_j - T_j^0 = \sum_{l=1}^{N_a} \nu_{lj} r_l \Delta t, \quad j = 1, 2, \cdots, N_C
\tag{3-29}
$$

将方程式(3-27)与方程式(3-28)代入方程式(3-29),定义 F_j 为第 j 个基本组分质量守恒方程的残差项,则可得到以下方程:

$$F_j^c = (c_j - c_j^0) + \sum_{k=1}^{N_x} \nu_{kj}(c_k - c_k^0) + \sum_{z=1}^{N_z} \nu_{zj}(c_z - c_z^0) + \sum_{s=1}^{N_s} \nu_{sj}(c_s - c_s^0) +$$

$$\sum_{m=1}^{N_p} \nu_{mj}(c_m - c_m^0) - \sum_{n=1}^{N_q} \nu_{nj} r_n \Delta t - \sum_{l=1}^{N_a} \nu_{lj} r_l \Delta t, \quad j = 1, 2, \cdots, N_C$$

$$(3-30)$$

式(3-30)中等号右边各项分别代表基本组分、派生组分、阳离子交换、表面络合、热力学平衡矿物、动力学反应矿物、基本组分动力学变化。对一个封闭的化学反应系统,若满足质量守恒,即残差 F_j^c 为 0(Xu et al., 1999a; Xu et al., 1999b; Xu et al., 2006; Xu et al., 2011)。

根据质量作用定律,溶液与交换络合项 c_k 和 c_z 可表述为基本组分 c_j 的函数[见式(2-77)和式(2-101)],动力学反应速率 r_n 和 r_l 同样可以表述为 c_j 的函数,其中 r_n 的计算如式(2-85)所示,而 r_l 的计算则如式(2-80)所示。但由于平衡矿物浓度 c_m 与基本组分 c_j 并不具有直接的函数关系,因此需要增加 N_p 个基本变量和附加方程,求解每个网格的化学反应时,方程组共有(N_C+N_p)个方程和基本变量,可写作如下格式:

$$\sum_{i=1}^{N_C+N_p} \frac{\partial F_j}{\partial x_i} \Delta x = -F_j, \quad j = 1, 2, \cdots, N_C + N_p \qquad (3-31)$$

由于方程组的高度非线性,因此同样采用 Newton-Raphson 迭代法进行求解。式中, Δx 是基本组分每一次迭代的变化量,与传热-流动过程的迭代求解相似,当 F_j 小于一定值时,即可认为方程收敛,标准形式如式(3-32)所示:

$$\max_j \left(\frac{|F_j^c|}{T_j^0} \right) \leqslant \tau, \quad j = 1, 2, \cdots, N_C \qquad (3-32)$$

式中, τ 为一极小值,当所有基本组分均满足收敛标准时,则当前时间步的化学反应求解收敛。

对于式(3-31)中的 Jacobian 矩阵,如只考虑水相平衡反应和矿物溶解/沉淀,可以简写作如下形式:

$$
\begin{array}{ccc}
& N_C & N_p \\[4pt]
N_C & \dfrac{\partial F_j^c}{\partial c_i} & \dfrac{\partial F_j^c}{\partial p_i} \\[12pt]
N_p & \dfrac{\partial F_j^p}{\partial c_i} & \dfrac{\partial F_j^p}{\partial p_i}
\end{array}
\tag{3-33}
$$

经过整理计算,可得到矩阵中微分项的表达式如下:

$$
\left.
\begin{aligned}
\frac{\partial F_j^c}{\partial c_i} &= \delta_{ji} + \sum_{k=1}^{N_x} \nu_{kj}\nu_{ik}\frac{c_k}{c_i} + \sum_{n=1}^{N_q} \nu_{nj}\nu_{in}\frac{k_n A_n \Omega_n}{c_i} \\[10pt]
\frac{\partial F_j^c}{\partial p_i} &= \nu_{mj} \\[10pt]
\frac{\partial F_j^p}{\partial c_i} &= \frac{\nu_{mj}}{c_i} \\[10pt]
\frac{\partial F_j^p}{\partial p_i} &= 0
\end{aligned}
\right\}
\tag{3-34}
$$

方程组规模为 $(N_C + N_p) \times (N_C + N_p)$,对于任一常见化学系统,其基本组分一般不会超过 50 个,平衡矿物一般小于 10 个,因此方程组规模较小,可采用 LU 分解法进行直接求解(Xu et al., 2006; Xu et al., 2011)。

3.3   力学数值模型

3.3.1   力学与传热-流动过程耦合方式

热传递、流体动力学和岩石力学三场耦合主要分为两种方法:全耦合法和部分耦合法。全耦合法需要同时求解几类方程,由于这几类方程的特征差别较大,在地下流动系统中并不多见,全耦合法一般仅用于热传递和流体动力学两场的耦合。部分耦合法即在一个时间步长里按照一定的顺序计算,计算完成该时间步长后考虑其对系统的影响,然后进入下一个时间步长重复同样的过程,如此反复直到模拟时间结束（雷宏武，2014）。例如，TOUGH2 模拟软件中热流和流体动力采用全耦合法，而新增加的三维 BIOT 力学计算采用部分耦合法，如图 3-4 所示。

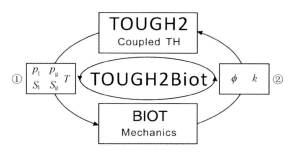

图 3-4　水-热-力学（T-H-M）过程耦合方法

其中，耦合过程①是由 TOUGH2 计算的多相流体压力得到平均流体压力，将其作为已知条件代入力学模型，计算岩体骨架有效应力；而耦合过程②是由 BIOT 计算的有效应力，将其更新介质孔隙度和渗透率反馈到 TOUGH2，再进行热和水动力的计算。对于水-气两相流动系统，耦合过程①可表达为：

$$p = S_l p_l + S_g p_g \tag{3-35}$$

式中，S_l 和 S_g 分别为液相和气相饱和度，量纲为 1；p_l 和 p_g 分别为液相和气相压力，Pa。

对于孔隙度和渗透率与应力变化有关的问题，耦合过程②可表达为（Rutqvist et al.，2002）：

$$\phi = \phi_r + (\phi_0 - \phi_r)\exp(a \times \sigma'_M)$$
$$k = k_0\exp[b \times (\phi/\phi_0 - 1)] \tag{3-36}$$

式中，ϕ 为孔隙度，量纲为 1；ϕ_0 为零应力状态孔隙度，量纲为 1；ϕ_r 为无穷应力状态下的残余孔隙度，量纲为 1；k 为渗透率，m^2；k_0 为零应力状态渗透率，m^2；σ'_M 为平均有效应力，Pa；a、b 均为实验确定参数，量纲为 1。

3.3.2　弹性力学问题的解法

1. 基本解法

弹性力学问题的求解方法有位移法、应力法和混合法（陈明祥，2007）。应力法是将应力作为基本未知量来求解边值问题。应力是位移的导数,在基于应力法求解时,常数位移难以给定,从而使得力学解难以确定。因此,在大规模分析计算中很少采用应力法。位移法是以位移作为基本变量的一种求解方法,位移在弹性力学问题中是最基本的变量,物体内任一点的位移或变形,应力均可以用位移的线性组合或一阶导数的线性组合来表示,因此基于位移法的力学求解更加实用。尤其是在有限元法中,主要采用位移法进行数值求解,具体求解方程推导过程见3.3.3节内容。

　　2. 圣维南原理

　　对于许多弹性力学问题,要使解在每一个边界点上都精确满足给定的应力边界条件,往往存在比较大的困难。另外,有些实际工程问题往往只知道边界上总的荷载值,而不能给出详细的荷载分布规律。在这些情形下,需要找到一种边界条件的合理简化方案。1855年,圣维南(St. Venant)在梁理论的研究中提出:由作用在物体局部边界面上的自平衡力系(即合力与合力矩都为零的力系)所引起的应力和应变,在远离作用区(距离远大于该局部作用区的尺寸)的地方将衰减到可以忽略不计的程度。这就是著名的圣维南原理,也称局部影响原理。受集中力作用的情况在求解时边界条件不易得到满足;而受分布表面力作用的情况,边界条件相对容易确定。因此,在处理集中力作用边界时,往往用静力等效的分布表面力来代替集中力(吴家龙,2001;陈明祥,2007)。此外,圣维南原理还可以把位移边界转化为等效的应力边界,以便于问题的求解。

　　3. 叠加原理

　　对于小变形线弹性力学系统而言,第一组力系 F' 作用在 M 点产生的应力 σ' 和第二组力系 F'' 作用在 M 点产生的应力 σ'' 之和,即 $\sigma = \sigma' + \sigma''$,与第一组力系 F' 和第二组力系 F'' 之和 $F = F' + F''$ 作用在 M 点产生的应力的合力相等。这就是应力叠加原理,它仅适用于小变形的线弹性系统。对于这种系统而言,合力与外力加载顺序无关,只取决于最终加载的结果。

3.3.3　三维力学模型有限元离散

　　由于力学模型比较复杂(含有偏导交叉项),差分方法存在较大的困难,因此,空间常采用的是积分有限差和有限元的混合方法,时间采用的是隐式差分法。有限元与有限差的计算位置不同,有限元是单元节点,而有限差是单元中

心,为了能够统一有限元和有限差的空间离散网格,研究时采用长方体单元来离散整个研究区域,其剖分效果如图3-5所示。

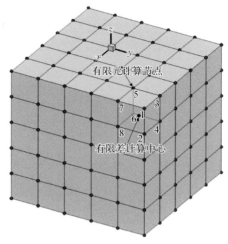

为了模拟不断变形的单元及变化的边界,采用八节点等参六面体单元,即用相同的形函数来表示几何特征和力学特征。推导力学模型的有限元方法较多,有边界元法、变分法、有限体积法、加权余量法等,以下对较常用和较易理解的伽辽金加权余量法进行介绍。

图 3-5　有限元和有限差分混合网格剖分示意图

1. 变量近似模式及形函数

对单元内任意一点沿 x、y、z 三个方向的位移 w_x、w_y、w_z,孔隙压力 u 和温度 T 可按以下模式取近似:

$$\left.\begin{aligned} w_x = \sum_{i=1}^{8} N_i w_{xi}(t)\ ,\ w_y = \sum_{i=1}^{8} N_i w_{yi}(t)\ ,\ w_z = \sum_{i=1}^{8} N_i w_{zi}(t) \\ u = \sum_{i=1}^{8} N_i u_i(t)\ ,\ T = \sum_{i=1}^{8} N_i T_i(t) \end{aligned}\right\} \quad (3-37)$$

式中, N_i 为空间八节点单元形函数。

以空间八节点等参六面体线性单元为例,局部坐标系下单元形函数为:

$$\bar{N}_i(\xi,\ \eta,\ \zeta) = \frac{1}{8}(1 + \xi_i\xi)(1 + \eta_i\eta)(1 + \zeta_i\zeta)$$
$$(i = 1,\ 2,\ \cdots,\ 8) \quad (3-38)$$

式中, $(\xi_i,\ \eta_i,\ \zeta_i)$ 为相应节点 i 在 $(\xi,\ \eta,\ \zeta)$ 上的坐标。局部坐标和全局坐标的变换公式为:

$$x = \sum_{i=1}^{8} \bar{N}_i(\xi, \eta, \zeta)x_i, \quad y = \sum_{i=1}^{8} \bar{N}_i(\xi, \eta, \zeta)y_i,$$

$$z = \sum_{i=1}^{8} \bar{N}_i(\xi, \eta, \zeta)z_i \tag{3-39}$$

2. 力学模型的伽辽金有限元离散

伽辽金法是一种特殊的加权剩余法,它是用形函数作为权函数,力学偏微分方程可写为(以 x 方向为例):

$$\iiint_{\Omega} \left[d_1 \frac{\partial^2 w_x}{\partial x^2} + d_3 \frac{\partial^2 w_x}{\partial y^2} + d_3 \frac{\partial^2 w_x}{\partial z^2} + (d_2 + d_3) \frac{\partial^2 w_y}{\partial x \partial y} + \right.$$

$$\left. (d_2 + d_3) \frac{\partial^2 w_z}{\partial x \partial z} - \frac{\partial u}{\partial x} - 3\beta_T K \frac{\partial T}{\partial x} \right] N_L(x, y, z) \mathrm{d}\Omega = 0 \tag{3-40}$$

$$(L = 1, 2, \cdots, N)$$

由分部积分法,可得:

$$\iiint_{\Omega} \left[\left(d_1 \frac{\partial w_x}{\partial x} + d_2 \frac{\partial w_y}{\partial y} + d_2 \frac{\partial w_z}{\partial z} - u - 3\beta_T KT \right) \frac{\partial N_L}{\partial x} + \right.$$

$$\left. \left(d_3 \frac{\partial w_x}{\partial y} + d_3 \frac{\partial w_y}{\partial x} \right) \frac{\partial N_L}{\partial y} + \left(d_3 \frac{\partial w_x}{\partial z} + d_3 \frac{\partial w_z}{\partial x} \right) \frac{\partial N_L}{\partial z} \right] \mathrm{d}\Omega = - \oiint_{\Omega} F_x N_L \mathrm{d}\Gamma$$

$$\tag{3-41}$$

由于基函数在 D_L 内不为零,而在 D_L 以外全取零值,式(3-41)可以写为:

$$\sum_{e}^{m_L} \iiint_{e} \left[\left(d_1 \frac{\partial w_x^e}{\partial x} + d_2 \frac{\partial w_y^e}{\partial y} + d_2 \frac{\partial w_z^e}{\partial z} - u^e - 3\beta_T KT^e \right) \frac{\partial N_L^e}{\partial x} + \right.$$

$$\left. \left(d_3 \frac{\partial w_x^e}{\partial y} + d_3 \frac{\partial w_y^e}{\partial x} \right) \frac{\partial N_L^e}{\partial y} + \left(d_3 \frac{\partial w_x^e}{\partial z} + d_3 \frac{\partial w_z^e}{\partial x} \right) \frac{\partial N_L^e}{\partial z} \right] \mathrm{d}\Omega = - \oiint_{\Omega \cap e} F_x N_L^e \mathrm{d}\Gamma$$

$$\tag{3-42}$$

把位移模式的近似式代入式(3-42),并按照位移合并可得:

$$\sum_{e}^{m_L} \iiint_e \Bigg[\sum_{i=1}^{8} \left(d_1 \frac{\partial N_i^e}{\partial x} \frac{\partial N_L^e}{\partial x} + d_3 \frac{\partial N_i^e}{\partial y} \frac{\partial N_L^e}{\partial y} + d_3 \frac{\partial N_i^e}{\partial z} \frac{\partial N_L^e}{\partial z} \right) w_{xi}^e +$$

$$\sum_{i=1}^{8} \left(d_2 \frac{\partial N_i^e}{\partial y} \frac{\partial N_L^e}{\partial x} + d_3 \frac{\partial N_i^e}{\partial x} \frac{\partial N_L^e}{\partial y} \right) w_{yi}^e + \sum_{i=1}^{8} \left(d_2 \frac{\partial N_i^e}{\partial z} \frac{\partial N_L^e}{\partial x} + d_3 \frac{\partial N_i^e}{\partial x} \frac{\partial N_L^e}{\partial z} \right) w_{zi}^e -$$

$$\sum_{i=1}^{8} N_i^e \frac{\partial N_L^e}{\partial x} (u_i^e - \beta_T K T_i^e) \Bigg] \mathrm{d}\Omega = - \oiint_{\Omega \cap e} F_x N_L^e \mathrm{d}\Gamma \tag{3-43}$$

式(3-43)采用简记符号,并扩展到直角坐标系的三个方向,可得:

$$\left.\begin{aligned}
[k11]\{w_x\} + [k12]\{w_y\} + [k13]\{w_z\} + [k14]\{u\} + [k15]\{T\} = f1 \\
[k21]\{w_x\} + [k22]\{w_y\} + [k23]\{w_z\} + [k24]\{u\} + [k25]\{T\} = f2 \\
[k31]\{w_x\} + [k32]\{w_y\} + [k33]\{w_z\} + [k34]\{u\} + [k35]\{T\} = f3
\end{aligned}\right\}$$

$$\tag{3-44}$$

其中,刚度矩阵系数 k 按照单元建立,并根据双下标一致的原则进行累加,在单元中的计算公式为:

$$\left.\begin{aligned}
k11_{Li}^e &= \iiint_e \left(d_1 \frac{\partial N_i^e}{\partial x} \frac{\partial N_L^e}{\partial x} + d_3 \frac{\partial N_i^e}{\partial y} \frac{\partial N_L^e}{\partial y} + d_3 \frac{\partial N_i^e}{\partial z} \frac{\partial N_L^e}{\partial z} \right) \mathrm{d}\Omega \\
k12_{Li}^e &= \iiint_e \left(d_2 \frac{\partial N_i^e}{\partial y} \frac{\partial N_L^e}{\partial x} + d_3 \frac{\partial N_i^e}{\partial x} \frac{\partial N_L^e}{\partial y} \right) \mathrm{d}\Omega \\
k13_{Li}^e &= \iiint_e \left(d_2 \frac{\partial N_i^e}{\partial z} \frac{\partial N_L^e}{\partial x} + d_3 \frac{\partial N_i^e}{\partial x} \frac{\partial N_L^e}{\partial z} \right) \mathrm{d}\Omega \\
k14_{Li}^e &= - \iiint_e \left(N_i^e \frac{\partial N_L^e}{\partial x} \right) \mathrm{d}\Omega \\
k15_{Li}^e &= - \beta_T K \iiint_e \left(N_i^e \frac{\partial N_L^e}{\partial x} \right) \mathrm{d}\Omega \\
f1_L^e &= - \oiint_{\Omega \cap e} F_x N_L^e \mathrm{d}\Gamma
\end{aligned}\right\}$$

$$\tag{3-45}$$

式(3-45)中,刚度矩阵元素都是建立在真实区域上的积分,由于每个真实单元的大小和形状在计算的过程中均有可能不同,因而在真实区域上积分不方便。采用等参单元,可以将任意真实的八节点六面体单元通过下列坐标变换变成边长为 2 的立方体单元,则积分可以在边长为 2 的正方体上进行。

根据上面的局部坐标和全局坐标的转换公式,可得:

$$
\left.
\begin{array}{l}
\dfrac{\partial x}{\partial \xi} = \displaystyle\sum_{i=1}^{8} x_i \dfrac{\partial \bar{N}_i}{\partial \xi}, \quad \dfrac{\partial x}{\partial \eta} = \displaystyle\sum_{i=1}^{8} x_i \dfrac{\partial \bar{N}_i}{\partial \eta}, \quad \dfrac{\partial x}{\partial \zeta} = \displaystyle\sum_{i=1}^{8} x_i \dfrac{\partial \bar{N}_i}{\partial \zeta} \\[3mm]
\dfrac{\partial y}{\partial \xi} = \displaystyle\sum_{i=1}^{8} y_i \dfrac{\partial \bar{N}_i}{\partial \xi}, \quad \dfrac{\partial y}{\partial \eta} = \displaystyle\sum_{i=1}^{8} y_i \dfrac{\partial \bar{N}_i}{\partial \eta}, \quad \dfrac{\partial y}{\partial \zeta} = \displaystyle\sum_{i=1}^{8} y_i \dfrac{\partial \bar{N}_i}{\partial \zeta} \\[3mm]
\dfrac{\partial z}{\partial \xi} = \displaystyle\sum_{i=1}^{8} z_i \dfrac{\partial \bar{N}_i}{\partial \xi}, \quad \dfrac{\partial z}{\partial \eta} = \displaystyle\sum_{i=1}^{8} z_i \dfrac{\partial \bar{N}_i}{\partial \eta}, \quad \dfrac{\partial z}{\partial \zeta} = \displaystyle\sum_{i=1}^{8} z_i \dfrac{\partial \bar{N}_i}{\partial \zeta}
\end{array}
\right\}
\qquad (3-46)
$$

式(3-46)中,局部形函数的偏导数为:

$$
\left.
\begin{array}{l}
\dfrac{\partial \bar{N}_i}{\partial \xi} = \dfrac{1}{8} \xi_i (1 + \eta_i \eta)(1 + \zeta_i \zeta) \\[3mm]
\dfrac{\partial \bar{N}_i}{\partial \eta} = \dfrac{1}{8} \eta_i (1 + \xi_i \xi)(1 + \zeta_i \zeta) \\[3mm]
\dfrac{\partial \bar{N}_i}{\partial \zeta} = \dfrac{1}{8} \zeta_i (1 + \xi_i \xi)(1 + \eta_i \eta)
\end{array}
\right\}
\qquad (3-47)
$$

根据复合函数求导法则,可得到形函数关于整体坐标的导数,即:

$$
\begin{pmatrix}
\dfrac{\partial N_i}{\partial x} \\[3mm]
\dfrac{\partial N_i}{\partial y} \\[3mm]
\dfrac{\partial N_i}{\partial z}
\end{pmatrix}
= \boldsymbol{J}^{-1}
\begin{pmatrix}
\dfrac{\partial \bar{N}_i}{\partial \xi} \\[3mm]
\dfrac{\partial \bar{N}_i}{\partial \eta} \\[3mm]
\dfrac{\partial \bar{N}_i}{\partial \zeta}
\end{pmatrix}
\qquad (3-48)
$$

式(3-48)中,$\boldsymbol{J}$ 为力学求解模型的雅可比矩阵,可表达为:

$$
\boldsymbol{J} =
\begin{bmatrix}
\dfrac{\partial x}{\partial \xi} & \dfrac{\partial y}{\partial \xi} & \dfrac{\partial z}{\partial \xi} \\[3mm]
\dfrac{\partial x}{\partial \eta} & \dfrac{\partial y}{\partial \eta} & \dfrac{\partial z}{\partial \eta} \\[3mm]
\dfrac{\partial x}{\partial \zeta} & \dfrac{\partial y}{\partial \zeta} & \dfrac{\partial z}{\partial \zeta}
\end{bmatrix}
\qquad (3-49)
$$

由三重积分的换元法,可以把全局坐标下的刚度矩阵各元素的计算转换为局部坐标下采用 Gauss 求积公式计算,在此不再赘述。至此,力学的有限元离散基本完成,在矩阵方程求解过程中,孔隙水压力和温度利用的是 TOUGH2 计算的结果,其被作为已知量移到式(3-44)右边的常数项中。

3.3.4　力学方程组求解

基于上面的 T-H-M 耦合方法,在一个计算时间步长里需要建立方程和求解方程的次数为两次:① 多相多组分流动和温度对流传导的全耦合离散方程的建立和求解;② 力学离散方程的建立和求解。前者为非线性方程,后者为线性方程。非线性方程的求解均需要转化为线性方程后再求解。T-H-M 程序中所采用的求解方法如下。

1. 非线性方程组求解

Newton-Raphson 迭代主要针对传热-流动非线性方程组的求解,其主要分为两步:线性化和线性方程组求解,具体求解过程见 3.1 节。

2. 线性方程组求解

(1) 基于共轭梯度的迭代求解法。对于地下多相多组分的流动系统来说,所形成的线性方程组是大型的,且各变量的数量级存在较大差异导致方程组很有可能是病态的,因此,需要一个非常健壮的求解器。TOUGH2 系列目前采用的是基于共轭梯度方法的求解器,该求解器提供了多种预处理方法,能够适用不同的问题,大量的实际问题已证实了其可靠性(Pruess et al., 1999)。求解方程需要多次调用该求解器,而力学方程由于是线性方程,每个时间步长中仅调用一次。

(2) 高斯消去法。高斯消去法是线性方程组求解的直接方法。设给定 n 阶线性方程组:

$$\left.\begin{array}{l} a_{11}x_1 + a_{12}x_2 + \cdots + a_{1n}x_n = b_1 \quad (1) \\ a_{21}x_1 + a_{22}x_2 + \cdots + a_{2n}x_n = b_2 \quad (2) \\ \vdots \\ a_{n1}x_1 + a_{n2}x_2 + \cdots + a_{nn}x_n = b_n \quad (n) \end{array}\right\} \quad (3-50)$$

对式(3-50)中的 (2) ~ (n) 方程进行 $(i) - (1) \times \dfrac{a_{ij}}{a_{11}}$ $(i = 2, 3, \cdots, n)$ 计算,

消去 (2) ~ (n) 中的 x_1,再对 (3) ~ (n) 方程进行 $(i) - (2) \times \dfrac{a'_{ij}}{a'_{22}}(i = 3, 4, \cdots,$ $n)$ 计算,消去 (3) ~ (n) 中的 x_2,以此类推,最终把系数矩阵转化为上三角矩阵,然后依次回代,求出 x_n, x_{n-1}, $\cdots$, x_1。 在依次消元的过程中, a'_{ii} 可能为零,那么,就需要交换方程,即"选主元"。主元的选取对方程的求解结果有较大的影响,甚至导致错误,一般情况下,选择绝对值较大的那个为主元。高斯消去法的求解时间与问题规模呈指数增长,因此其只适用于小规模的问题。

参考文献

Aziz K, Settari A, 1979. Petroleum reservoir simulation [M]. London and New York: Elsevier.

Edwards A L, 1972. TRUMP: A computer program for transient and steady state temperature distributions in multidimensional systems [R]. National Technical Information Service, National Bureau of Standards, Springfield, VA.

Narasimhan T N, Witherspoon P A, 1976. An integrated finite difference method for analyzing fluid flow in porous media [J]. Water Resources Research, 12(1): 57-64.

Parkhurst D L, Thorstenson D C, Plummer L N, 1980. PHREEQE: a computer program for geochemical calculations [R]. US Geological Survey, Water Resource Investigation, 174: 80-96.

Pruess K, Bodvarsson F S, 1983. A seven-point finite difference method for improved grid orientation performance in pattern steamfloods [C]//All Days. San Francisco, California. SPE.

Pruess K, Oldenburg C M, Moridis G J, 1999. TOUGH2 user's guide, version 2.0 [R]. Lawrence Berkeley Laboratory Report LBL-43134, Berkeley, California.

Pruess K, 1991a. Grid orientation and capillary pressure effects in the simulation of water injection into depleted vapor zones [J]. Geothermics, 20(5-6): 257-277.

Pruess K, 1991b. TOUGH2: A general-purpose numerical simulator for multiphase fluid and heat flow [R]. Lawrence Berkeley Laboratory Report LBL-29400, Berkeley, CA.

Reed M H, 1982. Calculation of multicomponent chemical equilibria and reaction processes in systems involving minerals, gases and an aqueous phase [J]. Geochimica Et Cosmochimica Acta, 46(4): 513-528.

Rutqvist J, Wu Y S, Tsang C F, et al, 2002. A modeling approach for analysis of coupled multiphase fluid flow, heat transfer, and deformation in fractured porous rock [J]. International Journal of Rock Mechanics and Mining Sciences, 39(4): 429 – 442.

Steefel C I, Lasaga A C, 1994. A coupled model for transport of multiple chemical species and kinetic precipitation/dissolution reactions with application to reactive flow in single phase hydrothermal systems[J]. American Journal of Science, 294(5): 529 – 592.

Tsang Y W, Pruess K, 1990. Further modeling studies of gas movement and moisture migration of Yucca Mountain, Nevada[J]. China Fiber Inspection.

Walter A L, Frind E O, Blowes D W, et al, 1994. Modeling of multicomponent reactive transport in groundwater: 1. Model development and evaluation[J]. Water Resources Research, 30(11): 3137 – 3148.

Wu Y S, Pruess K, Chen Z X, 1993. Buckley-leverett flow in composite porous media[J]. SPE Advanced Technology Series, 1(2): 36 – 42.

Xu T F, Pruess K, Brimhall G, 1999a. An improved equilibrium-kinetics speciation algorithm for redox reactions in variably saturated subsurface flow systems [J]. Computers & Geosciences, 25(6): 655 – 666.

Xu T F, Samper J, Ayora C, et al, 1999b. Modeling of non-isothermal multi-component reactive transport in field scale porous media flow systems[J]. Journal of Hydrology, 214(1): 144 – 164.

Xu T F, Sonnenthal E, Spycher N, et al, 2006. TOUGHREACT — A simulation program for non-isothermal multiphase reactive geochemical transport in variably saturated geologic media: Applications to geothermal injectivity and CO_2 geological sequestration [J]. Computers & Geosciences, 32(2): 145 – 165.

Xu T F, Spycher N, Sonnenthal E, et al, 2011. TOUGHREACT Version 2.0: A simulator for subsurface reactive transport under non-isothermal multiphase flow conditions[J]. Computers & Geosciences, 37(6): 763 – 774.

Yeh G T, Tripathi V S, 1991. A model for simulating transport of reactive multispecies components: Model development and demonstration[J]. Water Resources Research, 27(12): 3075 – 3094.

陈明祥,2007. 弹塑性力学[M]. 北京:科学出版社.

雷宏武,2014. 增强型地热系统(EGS)中热能开发力学耦合水热过程分析[D]. 长春:吉林大学.

吴家龙,2001. 弹性力学[M]. 北京:高等教育出版社.

第 4 章

模拟程序简介

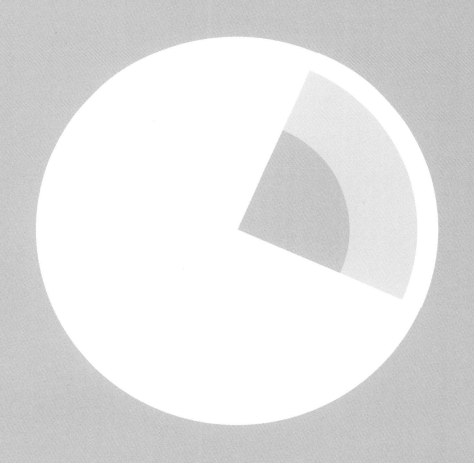

在过去的几十年中,多个数值模拟工具被科研人员成功开发出来,并用于地热储层建模相关问题,以实现地热资源开采的数值实验、性能预测和注采方案优化。每一个代码都有自己的能力、优点,也有其局限性,并受地热系统建模的限制。本章将对在地热开发领域应用得较为广泛的一些数值模拟软件进行回顾和介绍。

4.1　TOUGH 系列程序

TOUGH 系列程序是由美国劳伦斯-伯克利国家实验室(Lawrence Berkeley National Laboratory, LBNL)开发的一款非等温多相流多组分模拟程序,TOUGH 是非饱和地下水及热运移(Transport of Unsaturated Groundwater and Heat)的缩写。

TOUGH 系列程序最早于 20 世纪 80 年代发布,其方法和思路主要基于 MULKOM 程序开发而得,用于水-气两相流的 MULKOM 版本于 1987 年以 TOUGH 公开发布,1991 年更新版本为 TOUGH2(Pruess, 1991),在 1999 年 TOUGH2 更新第二版 TOUGH2 V2(Pruess et al., 1999),该版本是目前国际上通用的版本。2018 年,LBNL 推出 TOUGH3(Jung et al., 2018),在原有 TOUGH2 基础上进行了整合与改进,主要将部分单独公布的状态方程进行了整合,采用了动态内存分配和 PETSc 并行求解器,同时支持单机和并行计算功能。另外,LBNL 推出了 TOUGH+(Moridis et al., 2008)系列,采用了 FORTRAN 95 语言,利用模块化结构对程序进行了重新编写,但目前基于 TOUGH+的状态方程模块仍不丰富,主要应用于水合物开采模拟领域。

TOUGH 系列程序采用积分有限差分法,主体框架利用 FORTRAN 77 语言编写,程序源代码公开,可从 LBNL 软件官方网站获取,便于推广和二次开发。LBNL 以及来自世界各地的研究人员基于 TOUGH 平台开发了大量的模拟程序,大大扩展了 TOUGH 系列程序的应用范围。目前,TOUGH 系列程序已广泛应用于核废料处置、地下水污染修复和地热、油气储层相关的能源生产、天然气水合物开采、CO_2 地质储存、包气带水文学,以及涉及地球化学和地球力学等诸多领域的研究。其扩展的历程可以从"系统"和"功能"两个方面回顾。"系统"

是指 TOUGH 推出了多种状态方程模块,适用于不同的地质环境问题;"功能"是指在传热-流动的基础上扩展出力学、地球化学、高性能计算、反演、井筒流动等多种功能。

4.1.1　TOUGH2

TOUGH2 的核心功能是非等温多相流动模拟。TOUGH 采用模块化结构,不同的状态方程模块适用于不同的多相多组分系统。首先,模块化结构便于用户根据实际概化的模型条件,选择调用不同的 EOS 子程序模块,进而又可依照不同模块的需要来准备相关的输入文件。其次,程序的模块化设计也便于软件的升级,即新增模块的添加和陈旧模块的删减。在 TOUGH2 的升级过程中,只需要对升级模块及其调用程序语句进行相应的增删修改,其他源代码都不需要修改。

EOS1 是最早用于地热开发模拟的状态方程模块,是 TOUGH 系列最为基础的状态方程模块,可用于纯水单组分气-液两相的计算。该状态方程模块也可以考虑水中含有"示踪剂",其作用是可以判断生产流体中注入流体与地层原生流体的比例,采用的方法是将含与不含"示踪剂"的水当作两种组分考虑。该模块采用国际公式化委员会(International Formulation Committee, IFC)制定的 IFC-67 状态方程进行水物理性质的计算,其最高适用温度为 350℃ 左右,对于更高的温度条件,其计算精度可能无法满足。笔者所在的课题组将状态方程升级为 IAPWS-IF97,用于进行超临界条件的模拟,相关内容在后续超临界条件下的传热-流动模拟章节中将具体介绍。

开发 EOS2 的目的是适用于含 CO_2 气体较多的地热储层,该模块将 CO_2 作为真实气体考虑,而非简单的理想气体。可以考虑 CO_2 溶解于水,以及溶解和脱气作用造成的吸、放热。对于溶解量的计算则根据亨利定律,气相中不可凝析气体的分压与液相中溶解的摩尔分数成正比。而对于亨利系数的计算,经过多次修改,目前适用温度可达 350℃ 左右。该模块对于气体溶解的考虑相对简单,后续开发的 ECO2N 模块对水与 CO_2 的互溶模型考虑得更为精准,但温度上限稍低,直到 ECO2N v2.0 的出现,已完全可以替代 EOS2。

EOS3 所考虑的组分为水和空气,水的物理性质采用国际标准协会 1987 年公布的公式进行计算。把空气当作理想气体考虑,假定空气和水蒸气在气相中的分压具有可加性。空气在水中的溶解度根据亨利定律进行计算。EOS4 是在 EOS3 的基础上,考虑由于毛细压力以及相吸附效应,水蒸气饱和压力降低的效应,可以更精确地计算水在气相中的含量。EOS5 可用于研究含有氢气的地下水系统,主要解决核废料处置相关问题。EOS5 与 EOS3 相近,不过是将 EOS3 中的空气替换成氢气。

EOS7 作为 EOS3 模块的扩展,可模拟咸水和空气的混合流动,不考虑盐度过高导致的析出情况。EWASG 与 EOS7 类似,同样可以考虑水-盐-不可凝析气体三组分。与 EOS7 相比,EWASG 的优势在于可以考虑盐分析出。

EOS7R 是 EOS7 的一个增强型版本,加入的两个新的质量组分 Rn1 和 Rn2,分别表示母代和子代放射性核素,EOS7R 只能处理具有水溶性和挥发性的放射性核素,无法模拟放射性核素不溶于水、以单独相态存在的问题。

EOS7C 作为 EOS7 的扩展,可考虑水-盐-甲烷-示踪剂-不可凝析气体五种组分,一般用于致密气或煤层气的开发模拟。其中,示踪剂可为气相/液相、惰性/挥发性,其性质均由用户指定。不可凝析气体可为 N_2 或 CO_2,其与 CH_4 的物理性质(密度、黏度、热焓等)均由真实气体状态方程计算得出,状态方程可从 P－R、R－K、S－R－K 中任意选择,模块利用化学势能平衡计算各相态各组分的比例关系。模块之中包含非等温流动及分子扩散,但无法考虑 CH_4 及不可凝析气体的相变及吸附过程。

EOS7C－ECBM 是基于 EOS7C 开发的、专门为煤层气模拟进行改进的状态方程模块,其相态和组分构成以及可适用的温度和压力范围与 EOS7C 完全相同,只是在 EOS7C 的基础上增加了尘气模型(Dust-Gas Model,DGM)和吸附作用,尘气模型主要用于气体扩散,是采用气体动力学建立的考虑黏性流与扩散相互影响的耦合机制,一般适用于页岩及煤层等低孔、低渗介质。其吸附作用采用 Langmuir 等温吸附,其吸附气体的质量及密度决定了煤层的收缩或膨胀。

EOS8 同样是基于 EOS3 开发的,在水、空气之外,加入了单独的油组分。类似石油工程中的黑油模型,油组分独立存在,不混溶、不挥发,物理性质需由用户在外部指定。该模块对油相的考虑较为简单,尚不成熟。

EOS9 可以考虑单一水相的变饱和流动,主要适用于包气带的模拟,不考虑温度变化,因此系统只需要一个基本变量,在饱和情况下基本变量为压力,在非饱和情况下基本变量可为饱和度(因为温度已知,通过相变线可计算压力)。控制方程采用 Richards 方程。EOS9 适用的大部分问题在一定程度上可用 EOS3 进行模拟。EOS9nT 是基于 EOS9 开发的,可以模拟任意数量的非挥发性示踪剂(溶质或胶体)的运移。

ECO2N(Pruess,2005)主要适用于 CO_2 地质储存,其组分为 H_2O – NaCl – CO_2,依据 Spycher 等人推导的状态方程开发(Spycher and Pruess,2010)。EOS2 采用亨利定律计算 CO_2 在水中的溶解度;ECO2N 采用逸度-活度模型,考虑了水-气两相互溶,同时考虑了盐分的存在对模型的影响,也可以考虑盐分析出或是纯气相的情况。ECO2N 适用的温度范围为 3 ~ 110℃,压力范围为0.1 ~ 60 MPa。

2015 年,依据 Spycher 等人于 2010 年提出的高温条件下水-气相分配模型(Spycher and Pruess,2010),由 Pan 等开发,将 ECO2N 适用的温度范围扩大到300℃(Pan et al.,2015),并将其命名为 ECO2N v2.0。ECO2N v2.0 考虑了水及CO_2富集相的相态特征。值得注意的是,ECO2N 的两套状态方程模块对多相状态方程的相图进行了简化,忽略了水的存在对 CO_2 相图的影响。在模块中,主要计算的是 CO_2 与水的相互溶解度,而并不能确定两者的"实际相态"。将 CO_2 按气相处理(无论 CO_2 实际是气相还是液相),而将水按液相处理,这也就意味着无法考虑当水为气相时系统的参数。同时,该状态方程不能考虑 CO_2 的相变。如图4-1所示为 CO_2 与水共存可能出现的 7 种相态赋存情况。其中,a 表示水相,l 表示液相 CO_2,g 表示气相 CO_2。ECO2N 系列模块目前只能考虑情况 1 到情况 5。为解决这个问题,Pruess 将

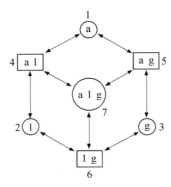

图 4 - 1 CO_2 与水共存可能出现
的 7 种相态赋存情况

ECO2N 在原有温度和压力范围内进行改进,开发了 ECO2M 模块(Pruess,2011),将 CO_2 亚临界的相态变化考虑在其中。实现了水-CO_2 最多可能存在的 7 种相态之间的相互转化,从而可以处理图中所有相态共存的情况。其缺点在于温度范围较小,无法适用于高温的 CO_2 地热工程模拟;也无法适用于高温低压,即当水以气相存在的情况。

T2VOC 和后续的 TMVOC,主要是面向非水相流体(Non-aqueous Phase Liquids,NAPLs),例如挥发性有机物、有机溶剂等污染问题,可以模拟有机物在饱和-非饱和带中迁移、挥发、溶解吸附等过程。两者重点在于考虑多种非水相有机物可能以多种相态赋存。

4.1.2　TOUGHREACT

TOUGHREACT 是在 TOUGH2 的基础上,引入地球化学反应模块耦合而成,在原有的温度场(T)、水力场(H)基础上,增加了化学场(C),实现了 T-H-C 多场耦合,是一个相对完善的非等温、多相流体反应地球化学运移模拟软件。TOUGHREACT 目前已被广泛应用于 CO_2 地质储存、核废料地质处置、地热能开发利用、成岩作用、污染物运移及修复、地下水水质评价、生物地球化学、油气开发等反应流体和地球化学问题。

TOUGHREACT 曾公开发布的主要有三个版本,即 TOUGHREACT v1.2(Xu et al.,2006),v2.0(Xu et al.,2012)和 v3.0-OMP(Sonnenthal et al.,2014)。其中 1.2 和 2.0 版本主要由许天福教授主导开发完成。TOUGHREACT v3.0-OMP 版本由 Sonnenthal 等在 v2.0 的基础上,基于 OpenMP 实现并行化。魏晓辉等基于 TOUGH-MP 的并行策略,在 MPI(Message Passing Interface)环境下为 TOUGHREACT 开发了并行版本,大大提高了地球化学模型的计算速度。MPI 和 OpenMP 的差别是,MPI 基于分配式内存,而 OpenMP 基于共享式内存。MPI 对于大规模网格模型具有更好的效果,TOUGH-MP 中会有详细介绍。

TOUGHREACT 可模拟的温度和压力范围较大,化学反应数据库的温度为 0~300℃,且通过完善数据库可实现温度和压力范围的扩展,目前已有多个研究机构发布 TOUGHREACT 相关的化学数据库适用版本,如法国地质矿产调查局(BRGM)等。程序适用于多相流体运动条件,可完成含水层从饱水到完全疏干所经历的整个化学反应过程的模拟。模拟能够处理的离子强度范围为稀溶液到中等咸水(以 NaCl 为主的溶液),因为 TOUGHREACT 对于水中离子活度系数的计算采用的是 Debye - Hückle 模型,为解决高盐度卤水化学计算的问题,LBNL 推出了基于 Pitzer 模型的 TOUGHREACT - Pitzer v1.2.1 版本(Zhang et al., 2012)。与 TOUGH2 一样,针对拟解决的问题,TOUGHREACT 也包含了多个 EOS 子模块,其功能和使用条件与 TOUGH2 相应的模块一致。

　　TOUGHREACT 的 T - H - C 多场耦合方式中,温度场和水动力场为全耦合,而化学场为部分耦合。其耦合过程大致如下:在 TOUGH2 结构内完成传热-流动过程的计算,将温度与压力分布、相态饱和度和达西流速传递给化学部分进行计算;待化学部分计算结束后,将反应生成或消耗的流体(水或气等)以源汇项的方式反馈给传热-流动部分;同时,也将由于矿物溶解或沉淀造成的孔隙度和渗透率的改变同时反馈给传热-流动部分,进而开始下一个时间步长的计算,程序流程如图 4 - 2 所示。

　　TOUGHREACT 的化学部分,也就是反应性溶质运移部分主要可以拆解为两个内容——溶质运移和地球化学反应。首先进行溶质运移的计算,如本书 3.2 节所述,对基本组分依次进行求解。溶质运移和化学反应过程的耦合,是一个顺序的过程,将溶质运移过程后的浓度代入化学反应过程进行计算;而对于化学反应,则是对每个网格单独进行求解。可见,溶质运移过程的求解是“单组分而全网格”,化学反应则是“单网格而全组分”。而从反应发生的过程角度来讲,溶质运移和化学反应同时发生,化学反应作为溶质运移方程的“源汇项”,必然会影响溶质运移过程的结果。因此,TOUGHREACT 提供了两种方法:顺序迭代法(Sequential Iteration Approach, SIA)和顺序非迭代法(Sequential Non-Iteration Approach, SNIA)。顺序迭代法是在顺序完成溶质运移和化学反应求解之后,重复这个过程,直到系统收敛。而顺序非迭代法则是溶质运移和化学反应过程只求解一次。Xu 等(2012)进行了大量模拟对比两种方法的求解精度,发现在库朗数(Courant number)小于 1 的情况下,两种方法的结果差别很小。库朗数实际上

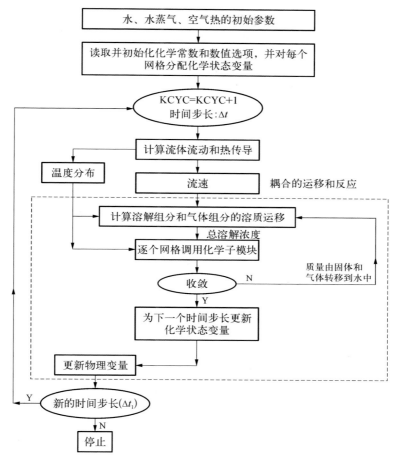

图 4‑2　TOUGHREACT 程序 T‑H‑C 耦合流程图

是指时间步长和空间步长的相对关系,一般用其来调节数值计算的稳定性与收敛性。通常情况下,随着库朗数逐渐增大,计算速度逐渐加快,稳定性逐渐降低。因此,TOUGHREACT 在选择顺序非迭代法时,常通过调整时间步长使得库朗数小于 1,以保证模拟精度。

4.1.3　TOUGH2‑FLAC3D

为了在 TOUGH 架构的基础上添加地质力学的模拟功能,Rutqvist 等

（2002）将 TOUGH2 和 FLAC3D 两个计算代码搭接起来，形成 T－H－M 耦合模拟器 TOUGH2－FLAC3D，用于模拟地下多相渗流、热传导及变形的耦合问题。FLAC3D 是 Itasca 公司开发的岩土力学模拟套件中应用最广泛的成员之一。由于 FLAC3D 具有强大的模拟功能和卓越的运算性能，近年来一直在 T－H－M 耦合模拟中扮演重要的角色。TOUGH2 与 FLAC3D 的搭接采用了顺序耦合的方式，耦合过程中，在指定的时间步长内，传热-流动耦合控制方程和岩石力学方程分别计算，通过参数相互传递的方式进行通信，继而实现耦合。在 TOUGH2 计算过程中，进行岩石多孔介质的温度和孔隙流体压力分布的计算；而 FLAC3D 读取 TOUGH2 计算的孔隙流体压力和介质温度分布结果，将其作为初始条件进行多孔介质固体力学的求解，得到骨架应力和变形的分布；在计算完成后，应用一些经验公式或其他理论分析结果，计算力学变形对岩石介质渗透特性的影响，再将其反馈到 TOUGH2 中的传热-流动耦合计算，以此实现力学过程和传热-流动过程的耦合模拟。两套程序在各自运算的过程中互不影响，因此可以采取顺序迭代的方式进行搭接。由于 FLAC3D 被设计成命令流式的工作模式，其中的 FISH 语言可以非常灵活地进行 FLAC3D 程序的数据输入/输出和求解过程设置，因此这一过程非常容易实现。此外，由于 FLAC3D 本身内置有多种岩土本构模型，因此在不同岩石材料的场地中也可以灵活地选用合适的本构模型进行模拟。这使得 TOUGH2－FLAC3D 的应用遍及地热工程、油气工程、煤炭工程、核废料处置、CO_2 地质处置等诸多领域（Rutqvist，2011）。

由于 FLAC3D 采用网格的节点信息进行计算，而 TOUGH2 采用网格中心点信息进行计算，这就造成了在同一网格内信息不匹配的情况。因此，在 TOUGH2 和 FLAC3D 搭接的过程中，需要将 TOUGH2 计算得到的网格中心点数据插值到节点后，再给 FLAC3D 使用。虽然 FLAC3D 的 5.0 版本具有以网格中心点为基础计算传输过程的功能，但实际测试效果并不理想。因此，在搭接过程中进行数据插值依然是目前比较流行的解决方法。最近，基于相似的耦合理论，吉林大学成功将 TOUGHREACT 与 FLAC3D 进行搭接，程序的详细耦合过程如图 4－3 所示（于子望，2013）。

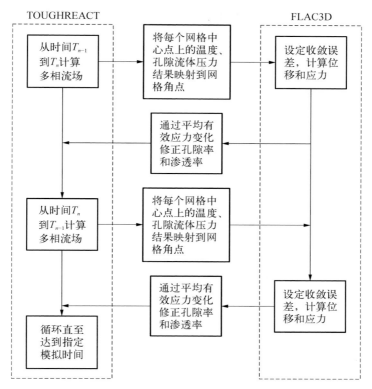

图 4 - 3　TOUGHREACT - FLAC3D 耦合计算路线

4.1.4　iTOUGH2

iTOUGH2 是以 TOUGH2 为架构开发的具有反演计算能力的程序,在油藏项目、地热项目、CO_2 地质封存项目以及美国尤卡山高放废物地质处置项目中已得到了成功应用,为大尺度模型参数的确定和反演分析提供了重要参考。Stefan 将 PEST 的优化协议加入 iTOUGH2,使得 iTOUGH2 可以为非 TOUGH2 模型提供反演能力。敏感性分析可以确定参数的变化对模拟计算结果的影响。为了避免同时反演较多参数,可在参数反演之前进行敏感性分析,然后对敏感性较高的参数进行反演。iTOUGH2 反演程序利用观测数据对模型的输入参数进行估计,各观测数据由于测量时标准偏差的不同,会被赋予不同的权重(即先验信息),标准偏差越大、权重越小。测量偏差主要与使用测量仪器的精度有关,因此该数据可参考仪器标注的标准偏差,权重系数即对标准偏差取倒数。观测数据与计算结果之间的差异可由目标函数反映,之后建模者选择合适的优化算法对目标函数进行优化,经过若干次迭代之后得到最佳参数组合。最后,iTOUGH2 执行误差分析,对输入参数以及模拟计算结果进行不确定性分析。

4.1.5   T2Well

T2Well 是由美国劳伦斯-伯克利国家实验室开发的井筒-储层耦合模拟程序,官方发布的版本是基于 ECO2N 状态方程模块开发的(Pan et al., 2011)。该程序对于井筒和储层采用不同的控制方程。对于储层,与传统 TOUGH2 保持一致,采用多相流达西定律;对于井筒,采用的是一维非稳态的动量守恒方程。这里需要注意的是,"一维"并非传统的沿着一个方向的一条直线。井筒可以弯曲,甚至是水平,只是无法考虑井筒内部的径向流动。对于多相流的动量方程,无法像多相流达西定律一样,引入相对渗透率就可以对每一相单独求解,而是需要两相累加共同建立动量守恒方程。为此,Pan 采用两相混合速度建立动量方程,并引入漂移流模型(DFM)辅助计算每一分相速度。漂移流模型最早在 20 世纪 60 年代被研究人员提出,应用于石油开采领域,用来描述水-气或油-气两相沿井筒流动的速度差。从本质上来讲,漂移流模型属于一个经验模型,最近 Shi 通过大量的室内实验,校正了水-气两相、油-气两相和水-油-气三相漂移流模型的参数(Shi et al., 2005)。

4.1.6   TOUGH‑MP

对于实际工程问题,空间尺度一般非常大。为精细刻画实际现场的流动,所剖分的网格可能达到数十万甚至数百万,其计算量是单机版程序难以解决的。张可霓教授基于 MPI(Message Passing Interface)框架设计并行化程序 TOUGH‑MP(Zhang et al., 2008),该程序可用于百万以上网格模型的计算,如东京湾 CO_2

地质封存的模型,网格剖分单元数超千万。其并行策略主要包括网格区域优化分割、系数矩阵的并行组装和线性方程组并行求解等。并行的基本思路是把整体任务分割并交给不同 CPU 节点处理,在计算中具体的体现是把整个区域的计算网格按照设定的 CPU 节点数分割,每个 CPU 节点负责进行相关网格的计算工作。这种分割可以是任意的,但是为了平衡每个 CPU 节点的荷载和减小 CPU 节点之间的通信荷载,分割后每个 CPU 节点计算的网格个数应尽量接近,同时 CPU 节点间的通信量要达到最小。

　　TOUGH－MP 采用的是 METIS 程序库进行网格优化分割。METIS 是 Karypis 实验室开发的,用于解决图形分割、有限元分割和稀疏矩阵重排序等问题。为了说明此函数的调用过程和结果,下面举一个简单的例子:一方形计算区域,网格剖分为 $10 \times 10 = 100$ 个,网格排序按照从左到右和从上到下,分割的个数分别为 3、4 和 5 三种情况。首先需要建立 XADJ 和 ADJ 两个数组,XADJ 记录每个网格的连接累计个数,ADJ 为具体的网格连接信息,如表 4－1 所示,然后设置 NPARTS 为分割的数目,最后调用分割函数。优化分割后的效果见图 4－4。

表 4－1　网格优化分割相关数组数据

网格		1	2	3	4	5	6	7	8	9	…	100
XADJ	1	3	6	9	12	15	18	21	24	27	…	361
ADJ		2, 11	1, 3, 12	2, 4, 13	3, 5, 14	4, 6, 15	5, 7, 16	6, 8, 17	7, 9, 18	8, 10, 19	…	90, 99

　　注:XADJ 和 ADJ 下标均从 1 开始,XADJ(1) = 1,后面依次累加,ADJ 对应的连接单元从小到大排列。

　　线性方程组的并行求解采用的是第三方求解器 Aztec。Aztec 是美国 Sandia 国家实验室开发的一个迭代求解库,旨在简化求解大型线性方程组过程中冗长的并行处理过程。它包含大量的 Krylov 迭代方法,例如共轭梯度法(Conjugate Gradient, CG)、广义极小残差法(Generalized Minimal Residual Methods, GMRES)和稳定双共轭梯度法(Biconjugate Gradient Stabilized Method, BiCGSTAB);它也包括各种预处理方法(Tuminaro et al., 1999)。

　　调用 Aztec 必须按照以下流程进行:① 描述并行机器;② 初始化系数和向量数

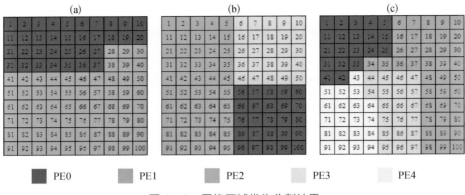

图 4 - 4　网格区域优化分割结果

（a）分割数目为 3；（b）分割数目为 4；（c）分割数目为 5

据结构；③ 选择迭代和预处理方法，设置迭代收敛标准；④ 赋值右边项，并给出迭代初始值；⑤ 调用核心求解器。其中系数和向量数据的存储有两种数据格式：分布式改进稀疏行（Distributed Modified Sparse Row，DMSR）和分布式变块行（Distributed Variable Block Row，DVBR）。下面将通过一个简单的例子来说明这两种格式的使用方法。

假设研究区域如图 4 - 5 所示，剖分为 12 个网格，采用 METIS 优化分割的结果如图中粗线所示。

对于地热系统，若只有一个组分，那么每个单元中传热-流动过程需要求解两个方程，其形成的系数矩阵结构如图 4 - 6 所示。

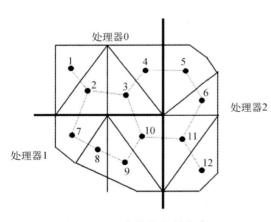

图 4 - 5　网格的均衡剖分（12 网格剖分为 3 部分）

4.1.7　GeoT

GeoT 软件是由美国劳伦斯-伯克利国家实验室 Spycher 和 Peiffer 等开发的矿物组合地温计模拟程序（Spycher et al.，2016）。GeoT 程序使用全部的水化学数据以计

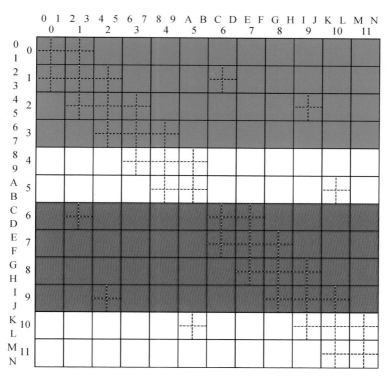

图 4-6　系数矩阵中非零值分布图（虚线十字
网格为非零，颜色表示不同计算节点）

算在一系列温度范围内（如 25~300℃）各矿物的饱和指数 $[\lg(Q/K)]$，分别用各矿物的饱和指数作温度的曲线图，$\lg(Q/K)$ 曲线簇在"零"值附近的平衡收敛温度值即为热储温度估算值。该程序将 Reed 和 Spycher 在 1984 年提出的多组分化学-热力学地温计理论与深部流体化学组分重建结合，来解决在深部流体上升到地表过程中可能发生的混合、稀释和脱气等作用造成的流体再平衡。同时，该程序对模拟结果进行了数值优化，很好地解决了原始理论中判断平衡收敛温度的人为误差。

GeoT 程序的开发基于现有的理论和程序代码，包括 TOUGHREACT、SOLVEQ/CHILLER、GEOCAL 及相关理论。GeoT 的本质是根据质量守恒和质量作用定律运用 Newton-Raphson 迭代法求解的均质地球化学溶质模拟程序。各矿物的饱和指数通过计算离子活度积与热力学平衡常数得到，在计算不同温度下离子活度系数和矿物平衡常数时要从外部读取热力学数据库。输入相关参数后，程序会自动重建深部化学组分并运用数据统计分析估算热储温度(Spycher et al.，2016)。输入的相关参数包括矿物种类、离子种类及浓度、气体比例、初始温度(热泉露头温度)及其他可变参数(浓缩/稀释系数和气损分数等)。在深部地热流体重建的过程中,如果某些输入参数的值缺失或者不准确,可以依据矿物饱和指数在"零"值附近的平衡收敛情况来调试参数的值(反演),集成的多矿物组分地温计的"集成性"就体现在其参数优化的特性上。对 GeoT 的参数优化可以利用独立的外部参数优化软件来进行(如 PEST、iTOUGH2),这些独立的优化程序通过多次运行模型来优化输入参数,并且支持多个参数的同时优化。将 GeoT 与外部参数优化程序(PEST)联合使用来达到流体水-化学组分重建的目的,即集成的多矿物组分地温计(Integrated Multicomponent Geothermometry，IMG),如图4-7所示,该方法已成功应用于多个地热系统的水-热储层温度预测(Peiffer et al.，2014；Xu et al.，2016)。

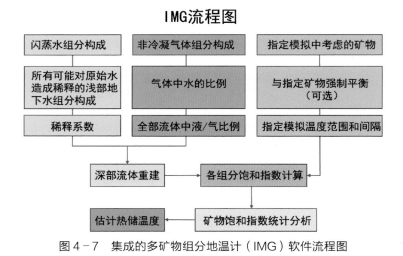

图4-7　集成的多矿物组分地温计(IMG)软件流程图

4.1.8　TOUGH2Biot

雷宏武(2014)基于扩展后的 Biot 固结理论,采用有限元方法,在 TOUGH2 框架中成功开发了传热-流动-力学耦合模拟器 TOUGH2Biot,为地热开发过程中的

T－H－M 耦合问题研究提供了新的模拟工具。TOUGH2Biot 以 TOUGH2 为基础，采用 FORTRAN 90/95 开发语言,嵌入开发了包括:基于 Biot 固结理论三维力学耦合模型的功能模块,基于莫尔-库仑准则力学破坏判定模型的功能模块,基于裂隙网络等效模型的裂隙介质刻画功能模块,基于裂隙剪切破坏的水力压裂功能模块。通过与有解析解的两个一维问题(如一维固结沉降和一维热传导引起的沉降),以及与 TOUGH2－FLAC3D 的计算结果进行对比,验证了 TOUGH2Biot 程序在传热-流动-力学耦合模拟研究中的有效性,并将其成功应用于 CO_2 注入、场地水力压裂等引起的地质力学响应研究中(Lei et al., 2015)。与 TOUGH2－FLAC3D 的力学功能相比,TOUGH2Biot 的优势在于传热-流动-力学耦合过程为内部源程序耦合,有利于提高程序的计算效率,但是其内嵌的本构模型相对单一,难以处理大变形问题和塑性变形相关地质问题。

4.2　其他多场耦合程序

4.2.1　OpenGeoSys

OpenGeoSys(OGS)是由德国亥姆霍兹环境研究中心(UFZ)作为研发主体开发的一款开源软件。该软件采用 C++语言编写,实现面向对象的开源数值模拟平台,数值模拟基于有限单元法(Finite Element Method, FEM)。OGS 至今已有 30 余年的开发历史,并被广泛应用于地热开发、核废物处置、水污染分析、CO_2 封存等多个工程领域(孔彦龙等,2020)。OGS 内核基于质量守恒和能量守恒定律,建立一系列状态方程(EOS)进行运算,能够模拟多孔介质、裂隙介质中单个的或耦合的传热-流动-力学-化学过程。该模拟软件包含多种用于前处理和后处理的软件接口,如 ArcGIS、GMS、FEFLOW、Petrel、CSV 和 GMSH 等。OGS 开发的基本思想是为解决地质学、水文学中多孔介质、裂隙介质的多场耦合问题提供一个灵活的数值框架。面向对象的程序具有良好的封装性、多态性和继承性,且 OGS 的源程序是公开的,软件的使用者可以根据自己模拟的需要进行二次开发。目前,OGS 已经成功应用于地下水污染修复、水文学、水资源管理、放射性废物处置、地热资源开发、CO_2 地质封存和蓄能技术等多个领域。

图 4-8 展示了 OGS 的数据输入和输出格式，以及进行模拟计算的整个流程。模拟的工作流（Kolditz et al.，2012）通常包括数据的获取（Data Acquisition）、数据的加入（Data Portal）、数据的整合（Data Intergration）、数据的模拟（Data Modeling）和数据的可视化（Data Visualization）。OGS 可以解决工作流中的数据整合、数据模拟和数据可视化 3 个部分，将多种不同来源的数据通过 OGS 的可视化用户界面 OGS Data Explorer 进行整合，用于下一步多个过程的模拟，然后对数据和模拟的结果进行计算、分析和校正，最后应用高性能的可视化工具对多种不同的场景进行讨论。OGS 中含有初始边值问题的过程类型（PCS），PCS 对象用来执行完整的求解算法，以便简化全局方程组。PCS 对象含有指向各类对象的指针，它通过管理这些指针来实现对过程的求解。这些对象包括：① 几何对象（GEO），如点（Points）、线（Polylines）、面（Surfaces）、体（Volumes）等；② 网格对象（MESH），如剖分网格的节点（Nodes）、单元（Elements）等；③ 与各节点有关的数据，如初始条件（IC）、边界条件（BC）和源汇项（ST）；④ 多孔/裂隙介质的性质，如流体的属性（MFP）、固体骨架的属性（MSP）、介质的综合属性（MMP）、介质的化学属性（MCP）；⑤ 数值方法（NUM）的选择。与 TOUGH 系列软件相比，OGS 的缺点是只适用于单相水流，不能用于处理多相流系统。

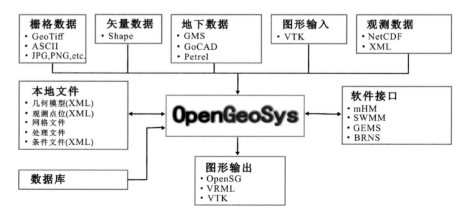

图 4-8　OGS 的使用流程和处理的数据格式（孔彦龙等，2020）

4.2.2　FEFLOW

FEFLOW(Finite Element subsurface FLOW simulation system),是一款基于有限单元法来求解地下孔隙或裂隙介质中三维水流、溶质运移和热量传输的数值模拟软件,也是目前用于地热系统物质和能量迁移转化过程模拟的最常用的专业软件之一。该软件始创于 1973 年,1979 年形成相对完整的 FORTRAN 语言程序包,可用于求解二维地下水流和溶质运移问题,并逐渐考虑变密度流问题;1987 年改编为 C 语言,并建立了人机交互界面雏形;1990 年形成 Windows 系统下的可执行程序;2000 年,基于 C++语言建立了三维可视化工具和自适应网格剖分界面,并延伸了非饱和带水流模拟功能;2002 年,发行了 FEFLOW5.x,拥有成熟的非规则网格剖分技术,且具备了变饱和、变密度流影响下多组分溶质和热流迁移转化求解的能力;针对浅层低温能开发的需要,增加了井筒-储层换热模拟功能;2009 年以来,该软件正式进入商业管理模式,由 DHI－Wasy 旗下 MIKE 公司统一管理,界面更加友好,且与地表水耦合模拟功能更加完备。

在地热系统模拟方面,FEFLOW 可实现以下功能:

(1)孔隙介质传热-流动-溶质运移耦合模拟,耦合方式为顺序耦合。

(2)有限离散裂隙条件下,裂隙-孔隙双重介质传热-流动耦合模拟计算。

(3)温度低于 150℃条件下,温度和浓度共同诱发的变密度水流运动过程。

(4)井筒-储层耦合水-热迁移转化模拟预测。

但 FEFLOW 在以下方面仍存在一些局限:

(1)垂直方向上采用规则矩形剖分,难以准确刻画倾斜断裂对水-热传递过程的影响。

(2)未考虑相变过程和多相流体渗流过程,因此若将其应用于温度高于 150℃的中高温地热系统,则计算误差较大。

(3)可模拟保守离子在对流弥散作用下的迁移转化过程、简单的吸附过程及放射衰变过程,但未涉及复杂多组分化学反应过程。

4.2.3　PHREEQC

PHREEQC 第二版是一个用 C 语言编写的计算机程序,它对各种低温下的地球化学反应进行了演算。PHREEQC 是以离子联系的水化学模型为基础,可以推算：① 生成物和饱和系数；② 涉及可逆反应以及不可逆反应的批反应和一维(1D)的反应溶质运移计算,其中,可逆反应包括水、矿物/无机溶液、气体、固体溶液、表面络合、离子交换平衡,不可逆反应包括指定成分摩尔转换、动态控制反应、溶液混合和温度变化；③ 逆向模拟实验,可推导和量化在流动过程中能够反映化学物质变化的化学反应方程。

和第一版相比,PHREEQC 第二版的特点如下：① 具有在一维运移计算中模拟弥散(或扩散)和滞流区的能力；② 可用用户确定的反应速率表达式模拟分子反应；③ 可模拟标准的多种成分或非标准的两种成分的固体溶液的沉淀和溶解；④ 可模拟定体积气相和定压力气相；⑤ 考虑表面系数或交换位置随着无机物的溶解和沉淀或者分子反应的变化而变化；⑥ 自动采用多套收敛参数；⑦ 能打印用户指定量到原始输出文件和(或)适合输入的扩展表格的文件上,以一种与扩展表程序更兼容的形式确定溶解成分。

2020 年 1 月 7 日,USGS 发布了 PHREEQC 的第三个版本,其特点包括高压计算、制图功能、Pitzer 和 SIT 活度计算模型、CD - MUSIC 表面络合计算、同位素功能等。

4.2.4　FLAC3D

FLAC3D 是 Itasca 公司开发的计算力学套件中 3 个应用得最为广泛的成员之一(另外两个分别是 UDEC/3DEC 和 PFC2D/3D),它是一种连续介质三维快速拉格朗日分析(Fast Lagrangian Analysis of Continua)程序。FLAC3D 是国际通用的岩土工程专业分析软件,具有强大的计算功能和广泛的模拟能力,尤其在大变形问题的分析方面具有独特的优势。此外,该软件能较好地模拟地质材料在不同条件下的力学行为,尤其是在达到屈服极限时的塑性流变特性。FLAC3D 内置了丰富的岩土本构模型,可以应对多种地质材料的力学行为模拟,除此之外,它也支持用户自定义的本构模型开发和基于 FISH 语言的对复杂过程的模拟流程控制和数据的自动读入/读出,为模型的二次开发和与其他软件的耦合搭接提供了极大的便利。该软件除了基本的固体力学计算功能外,也内置有传热计算模块和渗流模块,因此 FLAC3D 本身就具有进行 T‐H‐M 三场耦合数值模拟的能力。

目前,使用得最多的 FLAC3D v6.0 不仅支持连续介质的多场耦合力学模拟,在软件中也内置了颗粒离散元 PFC3D 模块,使得用户对跨尺度建模变得更加容易。此外,在最新版本中也内置有全新的建模工具,这样,用户在对复杂地质体建模时,可以简单直接地利用相关的内置插件进行操作,大大降低了软件的使用难度和建立模型的复杂度和真实性。此外,FLAC3D 及其衍生的相关框架(如 TOUGH2‐FLAC3D 等)已经被广泛应用于边坡工程、隧洞工程、地下工程、油气工程和采矿工程等诸多领域。

与其他软件相比,FLAC3D 之所以能成为国内外广泛使用的岩土力学模拟工具,主要是因为它具有以下几个突出的特点。

(1)软件是命令驱动式运行的,可以通过命令流的方式将所要进行的模拟工作表示成一条条命令,然后逐条输入软件运行。此外,在软件中内置有 FISH 语言,可以编制其他功能的自定义函数,从而进行某些复杂的模型设计、数据交互、过程控制等,为二次开发提供了极大的便利。

(2)软件内置有多种本构模型,可以覆盖常见的弹性材料和弹塑性材料的模拟需求。软件中自带的模型包括 1 种空单元模型、3 种弹性模型(各向同性、正交各向同性和横向各向同性模型)以及 15 种塑性模型。另外,在建模中,不同模型区域的单元体可以有不同的本构模型和参数。对于材料属性参数,用户也可以利用内置的 FISH 语言方便地进行非均质的设置。

(3)软件内置有多种结构形式,对于通常的岩土体模拟,用户可以使用普通的单元模拟;而对于裂隙面或断层等结构,FLAC3D 提供了分界面的模型,允许分界面两端的网格发生滑动。另外,对于其他的工程地质问题,软件也提供了诸如衬砌、板桩、锚索等描述土木工程建筑物的结构单元,可用于人工结构的模拟。

(4)软件可以设置任意的边界条件,其边界方位可任意变化。用于力学的边界可以是速度边界或应力边界,模型内部也可以定义初始应力,节点也可以定义初始位移和速度等。此外,还可以给定地下水位以计算有效应力,给定温度以计算热应力,所有的给定量也都可以通过 FISH 语言根据一定的分布进行赋值。

(5)软件具有动力分析、热力分析、蠕变分析和基于 C++的软件二次开发等功能,对于复杂工况下的地质力学问题也可以进行有效的计算。

(6)软件的最新版支持直接从 CAD 或其他软件导入集合面作为网格构建的背景数据,支持从 ABAQUS、ANSYS 等软件的网格文件中导入模型网格,极大地提高了复杂模型构建的能力。

(7)软件内置有 PFC 模块,现在已经可以直接加载到 FLAC3D 中,允许对单元体和颗粒粒子进行直接的耦合计算,进一步扩充了软件的模拟范围和功能。

4.2.5 ABAQUS

ABAQUS 是一款功能强大的有限元计算分析软件,其解决问题的范围从相对简单的线性问题到许多复杂的非线性问题。该软件拥有非常丰富的单元库和材料本构关系,具备强大的自动计算求解能力,可以模拟典型工程材料的性能,其中包括金属、橡胶、高分子材料、复合材料、钢筋混凝土、可压缩超弹性泡沫材料以及土壤和岩石等地质材料。利用 ABAQUS 软件可以精确地分析几乎所有条件下的固体力学、结构力学体系,也被广泛地应用于工业制造和科学研究的各个领域。作为通用的模拟工具,ABAQUS 除了能解决大量的结构(应力/位移)问题,还可以模拟其他工程领域的许多问题,例如热传导、质量扩散、热-电耦合分析、声学分析、岩土力学分析(流体渗透/应力耦合分析)及压电介质分析等。ABAQUS 拥有两个主求解器模块(ABAQUS/Standard 和 ABAQUS/Explicit),以及一个人机交互前后处理模块(ABAQUS/CAE),该软件通过如图 4 - 9 所示的架构将不同的模块组织起来,可以很好地模拟岩土材料的力学性能。

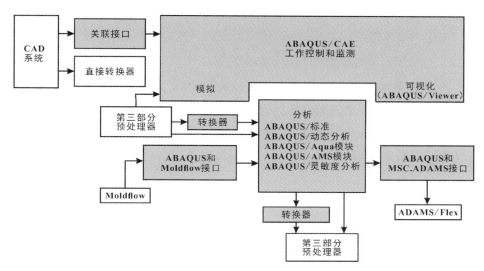

图 4 - 9　ABAQUS 的系统组织示意图

ABAQUS 能够分析各种复杂线性和非线性固体力学问题,而且不断向多物理场混合模拟方向发展,做到系统级的分析和研究。它在求解非线性问题方面的能力十分优异,对岩土材料非线性的本构关系有较好的适用性,可以解决土体固结、影响因素耦合分析、开挖、填方、非线性关系、地震分析、边坡应力及稳定性分析等众多问题,在地热资源开发、天然气水合物安全风险预测、CO_2 地质储存等方面均有广泛的应用(Pandey et al., 2017;Song et al., 2019)。

相较于其他有限元模拟软件,ABAQUS 在岩土工程领域的性能优越性主要体现在以下几个方面。

(1)拥有种类齐全的材料模型库。ABAQUS 具备岩土体材料的多种本构模型,包括工程领域中常用的 Mohr - Coulomb 模型、Capped Drucker - Prager 模型、Cam - Clay 模型等,这些本构模型能够很好地对各种岩土体材料的塑性破坏过程进行模拟。

(2)操作简便,计算效率高。ABAQUS 能够实现模型建构,用户可以自行搭

建模型或导入 CAD 中已经建立好的模型,输入模型材料参数、边界条件与荷载等
参数后,ABAQUS 可智能分析计算。另外,所有的操作均可以通过可视化窗口进
行,十分直观方便。

（3）具有友好的包容性。ABAQUS 提供的外接口允许对其进行二次开发。
外接口包括第三方前处理软件接口、装配件接口、CAD 接口、其他 CAE 软件接口
等,从而使 ABAQUS 的求解信息更加丰富,从而拓展了它的适用范围。

（4）强大的非线性分析功能。ABAQUS 软件在求解包括材料的非线性、几何
的非线性以及状态的非线性在内的所有非线性问题时都具有非常明显的优势。
利用 ABAQUS 强大的非线性模拟功能,选择合适的荷载增量和收敛速度,可以更
加准确地模拟出实际结构的应力应变状况。

4.2.6　COMSOL Multiphysics

COMSOL Multiphysics 软件是由瑞典的 COMSOL 公司研发的一款能进行多物
理场建模和仿真的高级数值软件,它以有限元法为基础,通过求解偏微分方程（单
场）或偏微分方程组（多场）来实现真实物理现象的仿真,被称为"第一款真正的
任意多物理场直接耦合分析软件"。它被广泛应用于声学、生物科学、化学反应、
电磁学、流体动力学、燃料电池、地球科学、热传导、微系统、微波工程、光学、光子
学、多孔介质、量子力学、射频、半导体、结构力学、传动现象、波的传播等工程分析
中（程学磊等,2014）。COMSOL Multiphysics 软件的前身是 MATLAB 软件的 PDE
工具箱（toolbox）,后逐步发展成为采用有限元方法进行过程建模和仿真的独立商
业数值软件。COMSOL Multiphysics 软件最大的优势在于:用户只需要选择已有
方程或是将自定义的偏微分方程进行任意组合便可以轻松实现多物理场的直接
耦合分析。相较于其他有限元程序,其优点主要有:

（1）完全开放模式,支持自定义所需的专业偏微分方程。

（2）内嵌丰富的 CAD 建模工具,用户可以直接在软件中进行二维和三维建
模,支持当前主流 CAD 软件格式文件的导入。

（3）用户可以选择和修改专业的计算模型库中的物理模型。

（4）网格剖分能力强,可以进行多种网格剖分并支持移动网格功能。

（5）大规模的计算能力,有丰富的后处理功能,甚至可以进行动画的输出与分析。

（6）多语言操作界面,具有方便快捷的边界条件、荷载条件、求解参数设置等界面。

（7）良好的开发环境,该软件具有与 MATLAB 无缝衔接的二次开发编程环境,具有强大的开发功能,对于创新性理论研究尤为适合。

此外,COMSOL Multiphysics 软件还拥有多孔介质和地下水流模块,并且涵盖多种渗流类型,包括常见的 Darcy 渗流、Brinkman 渗流（考虑动力项的高速孔隙流）、自由与多孔介质渗流（自由液面采用 Navier - Stokes 方程描述,多孔介质渗流采用 Brinkman 方程描述）、裂隙流、Richards 渗流（饱和度变化的多孔介质渗流）等,其在地热资源开发、CO_2 地质封存、地下水资源管理等领域均得到了广泛的应用。

4.3　高性能并行计算

地热开采系统多相流多组分数值模拟涉及大规模的复杂计算。虽然随着处理器频率的不断提高,其运算时间得以缩短,但对于场地级的数值模拟,常规的数值计算仍难以完成。Intel 公司 Pentium 4 处理器的最高频率已接近 4 GB,集成晶体管的数量有数亿个,半导体工艺已经达到物理极限,很难再提高处理器频率。随着多核处理器在个人电脑上的广泛运用,个人电脑迈入了多核并行计算时代。而且各大主流 CPU 厂商都在致力于多核处理器的发展,大幅增加芯片的并行支持能力,双核、四核、八核处理器已十分普及,迟早有一天 16 核的 CPU 甚至 32 核的 CPU 也会逐渐普及。随着多核 CPU 的不断普及以及软件复杂度的继续提高,多核并行计算技术将为数学模型计算速度的提高提供一种极为有效的途径。在未来数年内,随着芯片内核数量的持续增长,多核并行计算将逐渐成为一种广泛普及的计算模式（游佐勇,2011）。

如何有效地利用多核技术,对于多核平台上的应用程序员来说是个首要问题。多核环境下的核心是多线程,这就不仅需要在硬件层面上提供多线程,操作系统特别是应用软件也要能够支持多线程运行,才能够充分发挥多核的结构特性。在多核出现之前,桌面软件一直停留在单线程世界里,但在多核计算机系统中,多个进程和线程可以真正地并行,这样导致原有的单核程序运行速度并不能得到提高,若要提高单个程序的运行性能,则需要重新设计原有程序,将单个计算任务分解为多个并行的子任务,让这些子任务分别在不同的处理器上运行,从而极大地提高计算速度,充分发挥多处理器的性能。

4.3.1　并行计算介绍

自 20 世纪 60 年代至今,并行计算技术经历了从早期的单指令多数据流(SIMD)、向量机,发展到后来的对称多处理器系统(SMP)、分布存储的大规模处理系统(MPP),以及到现在的计算机群系统(Clusters)的演变过程(刘胜飞,2009)。

按存储器组成方式,并行处理机可分为分布式并行结构和共享主存结构两种。分布式并行结构采用信息传递方式,如 MPI(Message Passing Interface)或PVM(Parallel Virtual Machine)。其具有可移植、高效率等优点,但采用这种方式并行化时,需明确划分数据结构并重构源程序,因此增加了程序员的编程负担,降低了并行程序的开发效率。对于共享结构编程模型,各线程间可通过访问公共存储器中的共享变量来进行通信,编程者通过设计不同的并行执行语句,来实现并行执行,其具有编程简单、灵活、开发周期短、并行效率高、支持多种语言、支持多种操作系统(UNIX、Linux、Windows 等)、可移植性好等特点,常见并行编程模式对比见表 4-2。共享编程模型的典型代表有 OpenMP(Open Multiprocessing)编程模型(黄春,2007;王亭亭,2011)。1997 年 10 月,计算机硬件、软件厂商(HP、SUN、IBM 和 Intel)联合发表了共享内存编程应用程序接口的工业标准协议OpenMP(宋刚等,2008)。随后 OpenMP ARB(OpenMP 官方机构)在 1998 年的 10月推出 OpenMP C/C++ API 1.0,在 2000 年 11 月推出 OpenMP Fortran API 2.0,在 2002 年 3 月推出了 OpenMP C/C++ API 2.0,在 2005 年 5 月发布了最新的OpenMP API 2.5 规范(合并了 Fortran 和 C/C++)(游佐勇,2011)。

表 4-2　常见并行编程模式对比

特　点	X3H5	MPI	Pthreads	HPF	OpenMP
可扩展性	×	√	部分	√	√
可移植性	√	√	√	√	√
增量并行	√	×	×	×	√
语言扩展	√	√	×	√	√
数据并行	√	×	×	√	√
性能优化	×	√	×	试图	√

　　注："√"表示满足该项特点,"×"表示不满足该项特点,"部分"表示部分满足该项特点,"试图"表示该编程模式正在考虑满足该项特点。

4.3.2　并行研究现状

　　随着对地下流体研究的不断深入,对精细网格剖分、长时间跨度特征的高仿真地下流体数值模拟提出了迫切需求。然而,由于传统串行数值模拟软件在处理器、内存以及数据通道上的局限性,在建立地质流体模型时往往只能采用不精确的粗粒度网格去逼近,这极大地降低了模拟的精确度和可信度。针对此问题,国内外的一些研究团体提出了一些并行计算算法,如 PFLOTRAN、AM、HBGC123D以及 PARSWMS 等,并将其成功应用于 CO_2 地质储存、地下水污染修复、地热开采等领域中。国内的研究工作主要集中于区域分解算法、线性解法器并行化、渗流场的有限元并行计算以及水文地质参数并行反求与优化等几个方面。Huang等(2008)基于 Schwarz 类区域分解法,利用 MPI 实现了地下水流模拟软件MODFLOW 与溶质运移模拟软件 RT3D 的并行化。Dong 和 Li(2009)利用OpenMP 多核并行编程环境,实现了 MODFLOW 中线性解法器 PCG 算法的并行化及其与 MODFLOW 的接口设计。杨多兴等(2009)基于 MPI 消息传递库实现了MODFLOW 中 Gauss-Seidel 解法器的并行。这些研究在加快计算难度、提高问题求解规模方面取得了一定的进展。程汤培等(2013)基于 MODFLOW 程序,在JASMIN 框架上研制了大规模地下水流数值模拟程序 JOGFLOW。中国科学院地

质与地球物理研究所工程地质与水资源研究室董艳辉等针对 MODFLOW 中线性
方程组求解包中的两种共轭梯度算法（修正的不完全乔布斯共轭梯度法 MICCG
和多项式共轭梯度法 POLCG），应用 OpenMP 并行编程方法，对 MICCG 进行部分
并行化，对 POLCG 进行全部并行化，实现了 MODFLOW 在共享存储环境下的并行
计算。在 8 核的并行计算机上，可以获得 1.4～5.31 倍的加速比。朱彤（2012）运
用 GPU 对 TOUGHREACT 中的求解模块进行并行化处理，能达到 2.8 倍的加速
比。TOUGH2 是一套功能强大、应用广泛的模拟孔隙或裂隙介质中多相流的系列
程序。随着地下流体研究的不断发展，TOUGH2 家族的软件也在经历着优化演
进，Zhang 等（2003）在 Linux 系统下，基于 MPI 开发出较为稳定的并行数值模拟软
件 TOUGH2－MP，并将其应用于 Nevada Yucca 山脉的非饱和区的水-气运输以及
热传导的场地级数值模拟，取得了较好的应用效果。

4.3.3　并行处理过程

共享式内存并行模式具有很多优点，在其应用方面也取得了不少成果。从并
行化软件出发，模拟器中所有计算部分（尤其是耗时部分）都需要进行并行化实
现。对于一些可以直接处理的部分，添加 OpenMP 并行指令。基于共享式内存并
行策略，笔者所在的研究团队对 TOUGH2 模拟器进行了并行研究，下面对主要耗
时部分的并行处理进行详细说明。

TOUGH2 模拟时各单元中状态更新（EOS 模块）的过程基本是完全不依赖的，可直
接添加并行指令。为了节省私有变量的开销，对 EOS 模块中的过程进行了重新整理，
尽量采用独立的过程来进行处理。对于依赖性变量，尽量采用参数进行传递。在组
建矩阵方程（MULTI 模块）中，计算单元的质量变化可以直接添加并行指令，但同时
也面临与 EOS 模块一样的问题，私有变量较多，这部分也采取了同样的处理。对于
流量计算部分，由于变量之间存在依赖关系（如 R[N1LOC+K]与 R[N2LOC+K]，以
及 CO[N1KL]与 CO[N2KL]），不利于并行，但通过对其分析可知，可通过添加一个
数组完成并行求解，记录下流量项 F[K][0]的值，数组的大小为 NCON * NEQ
（NCON 为单元的连接个数，NEQ 为方程个数，等温时，NEQ=3；非等温时，NEQ=4）。

通过对求解模块进行分析可知,格式转换部分主要是指将在 MULTI 模块组建的以三元数组(IRN[：], ICN[：], CO[：])存储的矩阵转换为哈维尔波音稀疏矩阵(Harwell Boeing Sparse Matrix Collection, HBSMC),以利于矩阵求解。其中主要的耗时部分是在按列进行存储时进行列排序的算法上。源程序中是采用快速排序来完成的,在串行机上快速排序已是非常快的,但其比较难以进行并行处理,也有一些学者对其并行化进行过研究。研究采用分解—并行—归并的思路完成,即将要排序的数组首先分成与计算核数相等的大小,后进行并行处理,最后将排序后的数组再进行并行化归并处理,这其中需借助辅助内存。不完全 LDU 分解中由于数据的依赖性较强,且其运算占用的时间也不长,故没有进行并行化处理。对于迭代求解部分,由于方程的迭代次数不易确定,同时迭代的下一步与上一步是直接相关的,不利于并行,但对迭代求解的过程中涉及的矩阵的操作可以进行并行化处理。

4.4　三维地质模型与可视化技术

地质是矿产、资源、环境等多学科与工程应用的基础,而三维地质建模与可视化技术能以数字化的形式表达和再现地质体与地质环境,进而辅助工程设计、施工与决策。因此,将三维地质建模技术引入地热开采、CO_2 地质储存等数值模拟研究中,有诸多优点:① 可以再现研究区复杂的三维地质构造形态、各个构造要素之间的空间关系、岩石内部结构以及岩体内部属性的分布状况,从而提高地质分析的准确性和可靠性;② 可以减少在建立模拟模型过程中的人为干预,提高了建模的效率、准确性和自动化程度;③ 可以实现分析成果的空间表达,增强可视性;④ 可以提高资源利用的信息化程度,便于资源管理和共享。综上所述,三维地质模型与可视化对工程决策和科学管理具有非常重要的作用。

4.4.1　三角剖分

在地质建模以及复杂地质体网格剖分时,都要用到三角剖分(尤其是

Delaunay 三角剖分），故需对三角剖分的原理与方法进行简单介绍。Delaunay
三角剖分法是由苏联数学家 Delaunay 于 1934 年提出的，Delaunay 三角剖分
法是目前流行的、通用的全自动网格生成方法之一。截至目前，许多学者对
三角剖分都做过大量的研究，提出了许多有效的算法，并取得了令人瞩目的
成就。

1. 三角剖分方法

在几十年的不懈努力下，学者们提出了很多三角网（Triangulated Irregular
Network，TIN）的生成算法，但普遍采用和易于接受的算法有三种：分割-归并法、
逐点插入法和三角形生长法，表 4-3 对每种算法进行了介绍。

表 4-3　三角网生成算法及过程

三角剖分方法	过　程　描　述
分割-归并法	该法基于"分而治之"的思想，每次将点分为规模相当的两个子集，分别进行递归实现，最后拼合，目前代表性的算法有 DeWall 算法
逐点插入法	该法是每增加一个新点时，就遍历包含此点的三角形，若在三角形内，则将此点与三角形的三个顶点连接，并将三角形的三条边按照 Delaunay 三角网的性质进行优化；若落在三角形的某条边上，则删除此边，重新建立两条新边，并将其余两边或四边进行 Delaunay 优化；常用算法有 Bowyer、Lawson、Cline_Renka 等算法
三角形生长法	其思路是先找出点集中相距最短的两点连接成为一条 Delaunay 边，然后按 Delaunay 三角网的判别法则找出包含此边的 Delaunay 三角形的另一端点，依次处理所有新生成的边，直至最终完成。如 Kong（1990）提出的切耳算法

2. 三角剖分的特点

（1）最接近：以最邻近的三点构建三角形单元，三角网中的边都不交叉。

（2）唯一性：无论从哪点开始，最终所生成的三角网是一样的。

（3）最优性：若相邻三角形单元的对角线可以交换，则三角网的最小内角不
会增加。

（4）最规则：若对三角网中的最小内角进行排序，则 Delaunay 法生成三角网
中的最小内角最大。

（5）区域性：若对某点进行编辑操作，如增加、移动和删除等，则只会影响相

邻的三角形,对其他三角形无影响。

3. 三角剖分软件

目前国内外已有很多可用的三角剖分软件,见表 4 - 4。

表 4 - 4　国内外三角剖分软件

软件名称	开发者/单位	可应用平台 (W - Windows, U - UNIX, L - Linux, O - Mac OS)	开发语言
ADMesh	Anthony D.Martin	W - U	
ACE/gredit	OGI	W - U	
AFLR2	ERC, Miss. State	W - U	
ANSYS	ANSYS, Inc	W - U	
ANGENER	Vit Dolejsi	U	Fortran
Argus ONE	Argus Interware, Inc	W - U - O	
BAMG	INRIA	W - U	
BL2D	INRIA	U	
CADfix	FEGS Ltd.	W - U	
CAMINO	Tao Chen		
CGM	Tim Tautges	U	C++
COG 2.1	Ilja Schmelzer	U	C++
CUBIT	SANDIA, BYU	U	C++
delaundo	Jens - Dominik Müller		Fotran
EasyMesh			
DistMesh	Per - Olof Persson		MATLAB
femmesh	Medical Physics	W - U	
Geopack++	Barry Joe		Fortran
GMSH	Jean - Francois Remacle	W - U - O	C++
GTS	Source forge		C/C++
GridTool	NASA langley	W - L - O	

软件名称	开发者/单位	可应用平台 （W - Windows，U - UNIX， L - Linux，O - Mac OS）	开发语言
Jmesh	James T. Hoffman		C++
LBIE - Mesher	Austin CCV		C++ and QT
Mefisto	Alain Perronnet		Fortran
MeshLab	Visual Computing Lab	W - O	
MeshGenC++	James Rossmanith		C++
MG	Luiz Cristovao Gomes Coelho		
NETGEN	Joachim Schöberl		C++
NWGrid	PNL		
Qhull	Brad Barber	W	C++
QMG	Stephen Vavasis	W - U	C++，Tcl/Tk， Matlab
SimLab	Paul Chew		
SolidMesh	MSU - ERC，MSU		
SurfRemesh		W - L	
T3D	Mauriio Paolini	W - L	
Triangle	Jonathan Schewchuk	L	C
UGRID	Donald Hawken	W	

4.4.2　三维地质建模

　　三维地质建模就是运用空间信息理论来研究地层及其环境的信息处理、数据组织、空间建模与数学表达，并运用科学计算和可视化技术来对地层及其环境信息进行真三维和可视化交互，三维地质建模在矿山开采、石油勘探、工程地质、热储工程等领域得到了广泛的应用。下面将对三维地质建模软件的研发现状及其建模方法进行介绍。

1. 三维地质建模软件的研发现状

三维地质建模(3D Geological Modeling, 3DGM)这一概念首先由加拿大工程地质学家 Houlding 提出(Houlding, 1994)。发达国家在地质建模和可视化方面的研究比较早,经过十几年的发展,研发出不少成熟的软件,如美国 Reservoir Characterization Research and Consulting 公司的 3D Earth Modeling 软件,美国 Intergraph 公司研制的 MGE 软件中的 MGE Voxel Analyst(MGVA)地下三维分析模块,加拿大 LYNK GEOSYSTEM 公司开发的 LYNX 软件,法国 Nancy 大学的 J.L. Mallet 教授发起研发的 GOCAD 软件,澳大利亚的 DATAMINE 软件等。当前,国外三维地质建模最典型的代表是 GOCAD 和斯伦贝谢公司的精细油藏描述、建模 Petrel 软件,它们在国际上相关领域应用得最为广泛。

在地质建模方面的研究,国内起步得比较晚,地质建模和可视化技术也没有得到普遍的应用。20 世纪 90 年代后,国内的一些大学与科研机构在这方面也做了一些研究,并取得了一些成果,如浙江大学计算机辅助设计与图形学国家重点实验室开发了我国第一个通用交互式可视化软件 GIVE(General Interactive Visualization Environment),中国地质大学数学地质与遥感地质研究所研制了"地质岩层真三维分析系统"(翁正平,2013),由北京华油吉澳科技开发有限责任公司投资开发的 GeoTools3.0 系统(王太宁,2010),白世伟等(2001)基于三维拓扑结构的 GIS 地层模型研究,许惠平等(2000)完成的中国大陆岩石圈地学断面地理信息系统等。此外,还有许多专家学者从不同的角度对地质体三维信息的可视化进行了探索研究,在此不一一列举。

2. 三维地质建模方法

空间数据模型和数据结构是三维地质建模和空间分析的前提和基础,是三维地质建模的核心问题。近些年来,针对三维地质建模的数据模型和数据结构问题,许多学者进行了深入研究。目前使用的各种三维数据模型在功能上存在很大的差异,侧重点也各有不同。根据建模的基本元素和空间建模方法上的不同,可将三维空间数据模型划分为基于面表示的模型(Facial Model)、基于体表示的模型(Volumetric Model)和基于混合表示的模型(Hybrid Model)等三大类(程朋根等,2004)。迄今为止,国内外学者提出了近 20 种空间地质建模方法,见表 4-5。

表4-5　常见三维地质建模模型方法及优、缺点

类型	面　模　型	体　模　型	混合模型
建模方法	网格法（Grid） 不规则三角网法（TIN） 相连切片法（Linked Slice） 线框法（Wireframe） 断面法（Section）	四面体法（TEN） 实体法（Solid） 三棱柱法（TP） 似三棱柱法（QTPV） 广义三棱柱法（GTP）	TIN-CSG 混合法 TIN-Octree 混合法 Wireframe-Block 混合法 Octree-TEN 混合法 GTP-TEN 混合法
优点	用表面表示三维空间实体，如地质层面、轮廓和空间框架，便于显示和数据更新	体元属性可以独立描述和存储，便于模型进行操作和分析	综合面模型和体模型的优点，可以解决地质体中复杂的建模问题
缺点	难以进行空间查询与分析，主要是由于缺少相应的几何描述和内部属性记录	存储空间大，计算速度慢	数据量很大，难以实现，而且对空间实体之间的拓扑关系仍很难描述

4.4.3　可视化技术

数据可视化（Data Visualization）技术是指运用计算机图形学和图像处理技术，将数据转换为图形或图像在屏幕上显示出来，并进行交互式处理的理论、方法和技术。它涉及计算机图形学、图像处理、计算机辅助设计、计算机视觉及人机交互技术等多个领域。数据可视化可以大大加快数据的处理速度，以视觉的形式将地质现象或多维数据中隐含的现象以图像形式表现出来，实现人与图像之间的通信，为发现和理解科学规律提供了有力工具。

1. 可视化引擎

地质模型、科学计算可视化表达一般包括建模、三维变换、可见面识别、光照处理、纹理映射等复杂操作过程。随着可视化建模工具（OpenGL、Java3D、DirectX 和 VRML）的发展，许多计算都包含在这些工具自带的 API 函数中，使得三维图形的生成较易通过编程实现。查阅大量文献可知，目前三维可视化工具的优、缺点见表4-6。结合可视化系统的需要和可视化工具的特点，选择 OpenGL（Open Graphics Library）作为可视化工具。

表 4‑6　三维可视化工具优、缺点

名　称	优　　　点	缺　　　点
OpenGL	接近底层开发;代码移植简便;显示速度快;是 3D 图形的行业标准;具有网络功能	缺少描述三维实体模型的高级函数,程序员的工作量大;没有获取用户输入和执行窗口等之类的函数
Java3D	在底层对 OpenGL 和 DirectX 进行了封装,在操作上非常简单	JAVA 是解释性语言,以致执行速度慢,对复杂三维场景很难进行实时漫游
DirectX	与 Windows 95 和 Windows NT 操作系统兼容性好;专为游戏开发的 API	兼容性有待提升;执行效率存在很大的问题;代码移植难度大
VRML	在网络上得到了广泛的应用,编写程序方便,性价比较高	与用户的交互能力较差;通信功能较弱

2. OpenGL 可视化工具的功能与特点

OpenGL 是 SGI 公司推出的性能卓越的三维图形库,其主要特点见表 4‑7。

表 4‑7　可视化工具 OpenGL 库特点

OpenGL 特点	描　　　述
函数丰富	可分为:核心函数、实用函数、辅助函数和专用函数
硬件无关性	采用与图形硬件无关的开发接口,可以跨平台进行移植
操作简单	提供简单易记的图形函数,便于绘制二维、三维的对象
可运行于网络	采用客户/服务器(C/S)体系结构,能通过网络进行工作

OpenGL 因具有良好的移植性和跨平台性,目前已逐渐成为高性能图形开发和交互式视景仿真的国际图形标准。它包含功能强大的图形软件包,约有 200 个重要的函数,在三维地质建模和编程方面具有无可比拟的优越性,其主要功能介绍见表 4‑8。

表 4‑8　OpenGL 主要功能介绍

OpenGL 功能	描　　　述
建　　模	提供基本点、线、多边形和复杂的三维物体的绘制函数
变　　换	提供平移、旋转、缩放等基本变换以及平行和透视等投影变换
颜色模式	提供 RGBA 和颜色表等两种颜色模式

续表

OpenGL 功能	描　述
光照和材质设置	提供处理辐射光、环境光、漫反射光和镜面光以及模型表面的反射特性
纹理映射	提供纹理映射处理函数
图像增强	提供拷贝和像素读写,以及融合、反走样、混合和雾化等功能
双缓存动画	采用双缓存技术

3. OpenGL 工作机制

OpenGL 是一个状态机,以流水线的方式工作,工作流程如图 4－10 所示。由图可知,OpenGL 的输入端可以是几何图形,也可以是图像,最后结果都是光栅化后的图像。

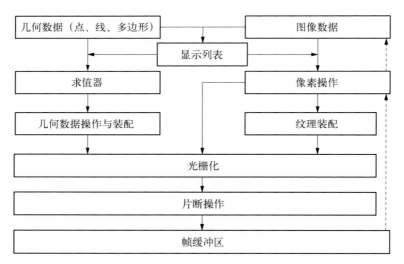

图 4－10　OpenGL 的工作流程

4. 可视化对象

为了使模拟器易于操作,便于模拟人员使用和分析,OpenGL 对其进行了界面人机交互可视化,以提高工作效率。在这一过程中,有大量的对象需要进行可视化,例如,在建立地质模型时,由于模型的对象是真实的地质体,故需对研究区内的地质情况进行可视化描述。同时,模型的建立过程、模型的参数属性以及模型运算完成后的模拟结果等也需要进行可视化。这样做的目的是帮助用户建立准确、切合实际和便于分析的地质模型。

参考文献

Dong Y H, Li G M, 2009. A parallel PCG solver for MODFLOW[J]. Ground Water, 47(6): 845 - 850.

Houlding S W, 1994. 3D Geoscience Modeling computer techniques for geological characterization[C]. New York: Springer-Verlag.

Huang J, Christ J A, Goltz M N, 2008. An assembly model for simulation of large-scale ground water flow and transport[J]. Ground Water, 46(6): 882 - 892.

Jung Y, Pau G S H, Finsterle S, et al, 2018. TOUGH3 User's Guide, Version 1.0. In TOUGH3 User's Guide Version 1.0[M]. Lawrence Berkeley National Laboratory, CA.

Kolditz O, Bauer S, Bilke L, et al, 2012. OpenGeoSys: an open-source initiative for numerical simulation of thermo-hydro-mechanical/chemical (THM/C) processes in porous media[J]. Environmental Earth Sciences, 67(2): 589 - 599.

Lei H, Xu T, Jin G, 2015. TOUGH2Biot: A simulator for coupled thermal-hydrodynamic-mechanical processes in subsurface flow systems: Application to CO_2 geological storage and geothermal development[J]. Computers & Geosciences, 77: 8 - 19.

Moridis G J, Kowalsky M B, Pruess K, 2008. TOUGH+HYDRATE V1.0 user's manual: A code for the simulation of system behavior in hydrate-bearing geologic media[R]. Report LBNL - 149E, Lawrence Berkeley National Laboratory, Berkeley, CA.

Pan L, Oldenburg C M, Wu Y S, et al, 2011. T2Well/ECO2N Version 1.0: Multiphase and non-isothermal model for coupled wellbore-reservoir flow of carbon dioxide and variable salinity water[R]. LBNL - 4291E, Lawrence Berkeley National Laboratory, Berkeley, CA.

Pan L, Spycher N, Doughty C, et al, 2015. ECO2N V2.0: A TOUGH2 fluid property module for mixtures of water, NaCl and CO_2[R]. Report LBNL - 6930E, Lawrence Berkeley National Laboratory, Berkeley, CA.

Pandey S N, Chaudhuri A, Kelkar S, 2017. A coupled thermo-hydro-mechanical modeling of fracture aperture alteration and reservoir deformation during heat extraction from a geothermal reservoir[J]. Geothermics, 65: 17 - 31.

Peiffer L, Wanner C, Spycher N, et al, 2014. Optimized multicomponent vs. classical geothermometry: Insights from modeling studies at the Dixie Valley geothermal area[J]. Geothermics, 51: 154 - 169.

Pruess K, 1991. TOUGH2: A general-purpose numerical simulator for multiphase fluid and heat flow[R]. Lawrence Berkeley National Laboratory, Berkeley, CA.

Pruess K, 2005. ECO2N: A TOUGH2 fluid property module for mixtures of water, NaCl and CO_2[R]. Report LBNL − 57592, Lawrence Berkeley National Laboratory, Berkeley, CA.

Pruess K, 2011. ECO2M: A TOUGH2 fluid property module for mixtures of water, NaCl, and CO_2, including super-and sub-critical conditions, and phase change between liquid and gaseous CO_2[R]. Report LBNL − 4590E, Lawrence Berkeley National Laboratory, Berkeley, CA.

Pruess K, Curt O, George M, 1999. TOUGH2 User's Guide, Version 2.0[M]. Berkeley: Lawrence Berkeley National Laboratory, University of California.

Rutqvist J, 2011. Status of the TOUGH − FLAC simulator and recent applications related to coupled fluid flow and crustal deformations [J]. Computers & Geosciences, 37(6): 739 − 750.

Rutqvist J, Wu Y S, Tsang C F, et al, 2002. A modeling approach for analysis of coupled multiphase fluid flow, heat transfer, and deformation in fractured porous rock [J]. International Journal of Rock Mechanics and Mining Sciences, 39(4): 429 − 442.

Shi H, Holmes J A, Diaz L, et al, 2005. Drift-flux parameters for three-phase steady-state flow in wellbores[J]. SPE Journal, 10(2): 130 − 137.

Song B, Cheng Y, Yan C, et al, 2019. Seafloor subsidence response and submarine slope stability evaluation in response to hydrate dissociation [J]. Journal of Natural Gas Science and Engineering, 65: 197 − 211.

Sonnenthal E, Spycher N, Xu T, et al, 2014. TOUGHREACT V3.0 − OMP Reference Manual: a Parallel Simulation Program for Non-Isothermal Multiphase Geochemical Reactive Transport[M]. Berkeley, CA: Lawrence Berkeley National Laboratory.

Spycher N, Peiffer L, Finsterle S, et al, 2016. GeoT user's guide, A computer program for multicomponent geothermometry and geochemical speciation, Version 2.1 [R]. LBNL − 1005984, Lawrence Berkeley National Laboratory, Berkeley, CA.

Spycher N, Pruess K, 2010. A phase-partitioning model for CO_2 − Brine Mixtures at Elevated Temperatures and Pressures: Application to CO_2 − Enhanced Geothermal Systems[J]. Transport in Porous Media, 82(1): 173 − 196.

Tuminaro R, Heroux M, Hutchinson S, et al, 1999. Official Aztec user's guide, Ver 2.1 [R]. Massively Parallel Computing Research Laboratory, Sandia National Laboratories, Albuquerque, NM.

Xu T F, Sonnenthal E, Spycher N, et al, 2006. TOUGHREACT − A simulation program for non-isothermal multiphase reactive geochemical transport in variably saturated geologic media: Applications to geothermal injectivity and CO_2 geological sequestration [J]. Computers & Geosciences, 32(2): 145 − 165.

Xu T F, Hou Z Y, Jia X F, et al, 2016. Classical and integrated multicomponent geothermometry at the Tengchong geothermal field, Southwestern China [J]. Environmental Earth Sciences, 75 (24): 1 - 10.

Xu T F, Spycher N, Sonnenthal E, et al, 2012. TOUGHREACT user's guide: a simulation program for non-isothermal multiphase reactive geochemical transport in variably saturated geologic media, version 2.0 [R]. Lawrence Berkeley National Laboratory, Berkeley, CA.

Zhang G, Sonnenthal E, Spycher N, et al, 2012. TOUGHREACT - Pitzer v1.21 [R]. Lawrence Berkeley National Laboratory, Berkeley, CA.

Zhang K, Wu Y S, Bodvarsson G S, 2003. Parallel computing simulation of fluid flow in the unsaturated zone of Yucca Mountain, Nevada [J]. Journal of Contaminant Hydrology, 62 - 63(0): 381 - 399.

Zhang K, Wu Y S, Pruess K, 2008. User's guide for TOUGH2 - MP - a massively parallel version of the TOUGH2 Code [R]. Report LBNL - 315E, Lawrence Berkeley National Laboratory, Berkeley, CA.

白世伟,王笑海,陈健,等,2001. 岩土工程的信息化与可视化[J]. 岩土工程界,(8): 16 - 17,49.

程朋根,刘少华,王伟,等,2004. 三维地质模型构建方法的研究及应用[J]. 吉林大学学报(地球科学版),34(2): 309 - 313.

程汤培,莫则尧,邵景力,2013. 基于 JASMIN 的地下水流大规模并行数值模拟[J]. 计算物理,30(3): 317 - 325.

程学磊,崔春义,孙世娟,等,2014. COMSOL Multiphysics 在岩土工程中的应用[M].北京: 中国建筑工业出版社.

黄春,2007. 面向分布共享存储体系结构的高效能 OpenMP 关键技术研究[D]. 长沙: 国防科技大学.

孔彦龙,黄永辉,郑天元,等,2020. 地热能可持续开发利用的数值模拟软件 OpenGeoSys: 原理与应用[J]. 地学前缘,27(1): 170 - 177.

雷宏武,2014. 增强型地热系统(EGS)中热能开发力学耦合水热过程分析[D]. 长春: 吉林大学.

刘胜飞,2009. OpenMP 循环调度算法及 SpMV 多核并行化研究[D]. 北京: 中国科学院软件研究所.

宋刚,蒋孟奇,张云泉,等,2008. 有限元单元计算子程序的 OpenMP 并行化[J]. 计算机工程,34(6): 80 - 81,84.

王太宁,2010. 基于 GeoTools 的开源 GIS 应用的研究与实践[D]. 大连: 大连理工大学.

王亭亭,2011. 基于 OpenMP 和 MPI 的并行算法研究[D]. 长春: 吉林大学.

翁正平,2013. 复杂地质体三维模型快速构建及更新技术研究[D]. 武汉: 中国地质大学.

许惠平,周云轩,孙运生,等,2000. 全球地学断面(GGT)地理信息系统的编码技术[J].

　　　长春: 长春科技大学学报,30(2): 190 - 193.

杨多兴,李国敏,董艳辉,等,2009. 地下水流动三维有限差分模型并行计算[J]. 西南大
　　　学学报(自然科学版),31(10): 149 - 153.

游佐勇,2011. OpenMP 并行编程模型与性能优化方法的研究及应用[D]. 成都: 成都
　　　理工大学.

于子望,2013. 多相多组分 THCM 耦合过程机理研究及其应用[D]. 长春: 吉林大学.

朱彤,2012. 基于 GPU 的 TOUGHREACT 并行化实现[D]. 长春: 吉林大学.

第 5 章

地热能开发传热-流动耦合
模拟场地应用实例

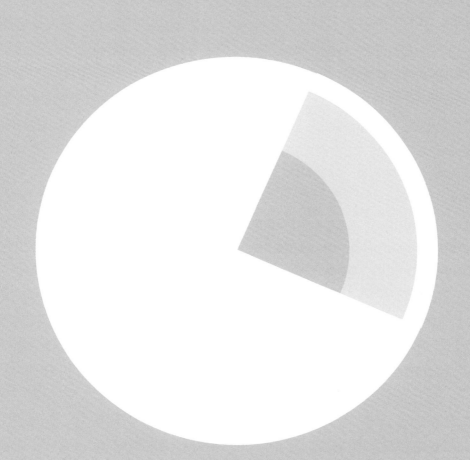

倾角很小,可近似认为在压裂影响范围内为水平。垂向上压裂的热储层与外部热
交换通过一个近似的解析解模型来刻画(Leake and Galloway, 2007)。实际上,由
于上、下地层均为裂隙不发育的致密岩石,因此,在垂向上压裂的热储层和外界仅
能通过热传导过程来进行热交换,这个交换量是很小的,对于 EGS 开采来说几乎
可以忽略不计。模型中的裂隙储层介质采用多重介质模型(MINC)进行刻画。由
于井筒长度长,井筒内流体流动快,因此,概念模型的建立需要同时考虑储层和井
筒的耦合作用[图 5-4(b)]。

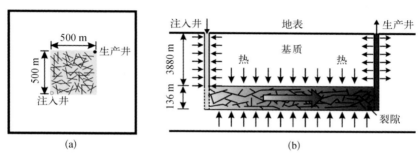

图 5-4　EGS 开采优化概念模型示意图
(a) 模型平面图;(b) 模型垂直剖面图

2. 模型初始和边界条件

莺深 2 井的测温数据显示,在埋深 3829 m 时,地层温度达到 147℃,平均地温
梯度为 3.4℃/100 m。因此,厚约为 140 m 的热储层上、下温度差约为 5℃。在钻
井过程中,实测地层压力在埋深 3829 m 时为 21.97 MPa,压力系数约为 0.6,属于
异常低压层。这种天然异常压力的形成可能与突发的构造运动挤压使地层发生
破坏而产生次生孔隙有关。通过压裂过程或地热注水试采阶段后,可以认为地层
压力能恢复到正常压力。因此,储层的初始压力满足静水压力分布。井筒中的温
度变化根据地表平均温度 15℃ 和地温梯度获得,压力变化同样满足静水压力分
布,地表为 1 个大气压。压裂区域外的岩石渗透率极低,相对压裂区几乎可以认
为不透水。因此,模型边界均设置为不透水边界。虽然热量在边界可以通过传导
的方式进入压裂区,但这个量相对裂隙热储来说很小,可以忽略不计。因此,模型
温度边界设置为不传热边界。

3. 优化目标

若要使 EGS 能稳定运行,就要求在整个设计开采周期内生产井的温度下降尽量小,以最大效率地发挥地面发电设备的功能。当然,也希望在温度下降幅度限制的前提下,热提取速率尽量大。因此,对于 EGS 优化开采,可以得到式(5-1)所确定的优化目标函数:

$$\max Q_{净} = q_p \cdot h_p - q_j \cdot h_j$$
$$限制: \Delta T \leqslant \Delta T_{limit}$$
$$(5-1)$$

式中,$Q_{净}$ 为净热提取速率,MW;q_p 和 q_j 分别为注入速率和开采速率,kg/s;h_p 和 h_j 分别为注入流体热焓和开采流体热焓,kJ/kg;ΔT 为温降,℃;ΔT_{limit} 为系统允许的最大温降,℃。

根据 MIT 报告建议的标准,30 年工程周期内生产井位置允许的最大温降 ΔT_{limit} 为 10℃。

对于特定的场地,压裂后储层属性参数是确定的,能够进行优化的有注入/开采方式、注入/开采压力或流量、注入水温度以及布井方案等。假设采用定压力开采方式,选择注入压力、开采压力以及注入水温度为优化参数,来进行优化方案设计,并逐个分析布井方案和储层属性参数(渗透率、裂隙间隔、温度和压力)对优化方案的影响。

4. 模拟器选择

为了同时刻画井筒和储层中的流体传热-流动耦合过程,采用改进后的 T2Well 数值模拟器进行计算。T2Well 为美国劳伦斯-伯克利国家实验室开发出来的井筒-储层耦合模拟器(Pan et al., 2011),其在原有 TOUGH2 的基础上,采用管道中的动量守恒方程和漂移流模型刻画井筒中多相流动过程,井筒中的能量方程考虑动能、内能和重力势能之间的转换,T2Well 现已成功应用于 CO_2 地质储存和地热能开发的研究问题中。

5. 模型参数

模型运行所涉及的物理参数主要有裂隙分布特征参数、基质属性参数以及注入井/开采井的基本参数等,具体见表 5-1。基质部分孔隙度和渗透率,以及岩石密度的选取基于井下测试数据,压裂后的裂隙渗透率假设为孔隙的 100 倍,其他数据与 Sanyal 和 Butler(2005)的研究结果一致。

表 5-1　松辽盆地 EGS 开采井筒-储层耦合模型基本物理参数

地层主要参数	参数取值	井筒主要参数	参数取值
热储层厚度/m	136（埋深 3880~4016）	井径/m	0.2
裂隙系统裂隙率	2%	井筒最大特征参数 C_{max}	1.2
裂隙间隔/m	50	管道粗糙度	4.53×10^{-5}
孔隙度	裂隙：0.50	注入压力/MPa	待优化
	孔隙：0.08	生产压力/MPa	待优化
水平渗透率/m^2	裂隙：3.2×10^{-14}	注入温度/℃	待优化
	孔隙：3.2×10^{-16}		
垂向和水平渗透率比值	1：1		
岩石密度/(kg/m^3)	2440		
岩石热传导系数/$[W/(m \cdot ℃)]$	2.1		
岩石比热容/$[J/(kg \cdot ℃)]$	1000		

待优化的参数有注入压力、生产压力和注入温度。从系统能量消耗最小的角度出发,假设生产井井口的最小压力为大气压(即热水能够最大限度地从井口自然流出)。当然,为了控制生产流速以保证热储层的使用寿命更长或是获得相对较高的温度,可以适当在生产井口控制压力。注入井井口的压力始终高于生产井井口压力。注入温度分别考虑 20℃、30℃、40℃、50℃和 60℃五个水平。

5.1.4　数值剖分

网格采用规则的长方体剖分方式,x 方向网格间距为 20 m,共剖分成 25 个;y 方向剖分和 x 方向的相同;z 方向网格间距相同,均为 20 m,共剖分成 7 个。因此,主网格个数为 $25 \times 25 \times 7 = 4375$(图 5-5)。注入井和生产井的网格大小在热储层连接的上部为 50 m,与储层连接时垂向网格大小一致为 20 m,生产井和注入井共剖分为 $84 \times 2 = 168$ 个。整个模型的网格数目为 17668,网格之间的连接数超过 2.5 万。

为了刻画压裂区域裂隙和孔隙的多重特征,在主网格的基础上进行多重介质体剖分。多重介质模型(MINC)不仅能够刻画孔隙和裂隙的特征,同时还能刻画孔隙介质内部由里向外的压力和温度的梯度变化。孔隙基质由外到内共剖分成3层,体积分数分别为0.08、0.45和0.45。孔隙基质的网格由外向里采用串联方式连接,仅通过孔隙基质最外层的网格和裂隙网格连接(图5-6)。剖分后形成的裂隙热交换面积达到 $4.2 \times 10^6 \ m^2$,即单位体积裂隙热储的热交换面积达到 $4.2 \times 10^6 \ m^2 / (3.5 \times 10^7 \ m^3) = 0.12 \ m^2 / m^3$。

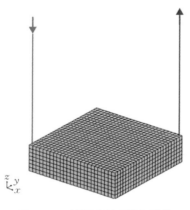

图5-5 松辽盆地EGS优化
开采模型网格剖分

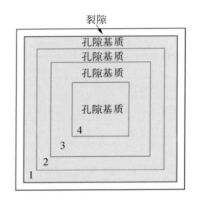

图5-6 单个主网格的多重介质模型
(MINC)剖分示意图

5.1.5 模拟结果与分析

1. 运行参数优化

由于压力对水的热和水动力参数(例如热焓、密度和黏度等)的影响不大,因此,从水力传导角度出发,初步认为地热开采结果仅与生产井和注入井的井口压差有关,而与具体的生产井和注入井的压力关系不大。如果猜想成立的话,那么将生产井井口的生产压力设定为大气压,而主要控制注入井井口压力进行开采最为合适。为了验证这一猜想,本次研究设计了多组压力水平的方案进行验证,见表5-2。为了避免注入温度的影响,每组压差方案注入温度考虑设为20℃、40℃和60℃。

表 5-2　井开采压差对模拟结果影响分析方案

压差/MPa	注入井井口压力/MPa	生产井井口压力/MPa
1	1	0
	3	2
	5	4
3	3	0
	5	2
	7	4
5	5	0
	7	2
	9	4

　　图 5-7 显示在相同的压差(注入井井口压力减去生产井井口压力)条件下,地热系统生产特征(生产井井口温度、质量开采速率和净热提取速率)保持一致,从而证明了以上猜想,同时也使优化模型由三个优化参数减少到两个。从能量消耗最小的角度出发,可将 EGS 优化模型中生产井井口的开采压力设置为大气压。

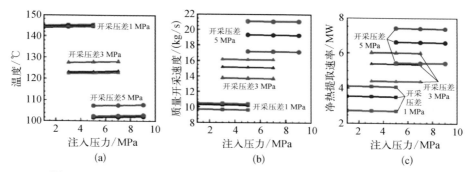

图 5-7　开采压差对地热系统生产特征的影响(其中红线注入温度
为 20℃,蓝线注入温度为 40℃,绿线注入温度为 60℃)
(a)生产井井口温度;(b)质量开采速率;(c)净热提取速率

　　为了确定最优的注入压力和注水温度,进一步设置压差范围在 0.3～3.0 MPa,按照 0.3 MPa 的压差间隔增长,建立了 5 个温度条件下共 50 个模型。

从模拟结果图 5－8 可以看出，在一定的注入温度下，生产井井底温度、质量开
采速率和净热提取速率都与注入压力呈单调变化。生产井井底温度随注入压
力的增加而降低，整体趋势上是线性变化。质量开采速率和净热提取速率均随
注入压力的增加而增加，整体趋势同样是近似线性变化。当注入压力较高时，
注入温度对生产特征影响明显。较低的注入温度下，质量开采速率较低，对应
的生产井井底温度较高，但净热提取速率较高。这种趋势变化的原因是注入温
度直接影响了注入井附近的注入能力，注入温度从 20℃ 提高到 60℃，流体的可
移动性（ρ/μ）由约 1.0×10^6 Pa·s 增加到约 2.0×10^6 Pa·s，增加了 1 倍。但
在井筒中注入温度较低时，流体密度大，井筒摩擦引起的压力损失小，从而在
井底压力相对较高。在流体的可移动性和压力的共同作用下，20℃ 注入温度的
质量开采速率比 60℃ 的略低。流体从 20℃ 的热焓约 31 kJ/kg 变为 60℃ 的热焓
约 191 kJ/kg，在生产井井口条件下流体的热焓约为 477 kJ/kg，相比 20℃
和 60℃ 下注入流体的热焓分别增加了约 446 kJ/kg 和 286 kJ/kg。换句话说，要
想 20℃ 和 60℃ 注入温度的净热提取速率相当，质量开采速率应在 1.5 倍左右，
很显然该目标无法实现。因此，低的注入温度更有利于热量的提取。在生产井
井底温度下降 10℃ 的限制条件下，可以得到最优的注入压力约为 1.7 MPa，对
应的净热提取速率近似为 4.5 MW。

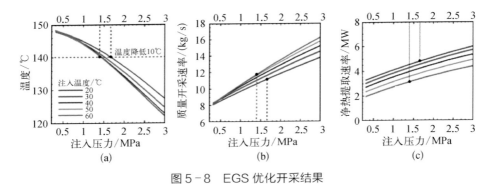

图 5－8　EGS 优化开采结果

（a）生产井井底温度；（b）质量开采速率；（c）平均净热提取速率

2. 优化后的地热动态开采特征

在注入压力为 1.7 MPa 和注入温度为 20℃ 的条件下，根据生产井井口的温度

变化可以把热提取分为稳定阶段和衰减阶段(图 5 - 9),稳定开采时间为 22 年左右,温度维持在约 124℃。质量开采速率由开始的 15 kg/s 逐步下降到 30 年时的 10 kg/s,注入质量速率略小于开采质量速率。净热提取速率与开采质量速率变化趋势类似,由开始的约 6 MW 逐步下降到 30 年时的约 4 MW。

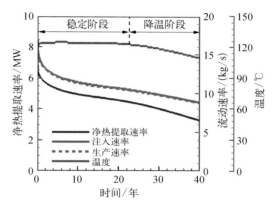

图 5 - 9　优化开采条件下的地热开采特征动态变化

按照 MIT 报告中定义的热回收系数计算方法:

$$F_r = Q_净 / [\rho V_{tot} C_r (T_{r,i} - T_0)] \qquad (5-2)$$

对于本节研究建立的模型,式中参数取值如下:密度为 $\rho = 2440 \text{ kg/m}^3$,储层总体积 $V_{tot} = 500 \text{ m} \times 500 \text{ m} \times 136 \text{ m} = 3.4 \times 10^7 \text{ m}^3$,比热容 $C_r = 920 \text{ J/(kg·℃)}$,储层初始温度 $T_{r,i} = 150℃$,参考温度 $T_0 = 20℃$。据此,可计算得热回收系数 $F_r = 0.43$,这个热回收系数相对实际是偏高的,这主要是因为模拟中所设置的条件能够让热量均匀地由注入井到生产井开采出来,而实际条件的热回收系数相对要低一些。

3. 温度和压力时空演化特征

(1)注入井/生产井压力和温度变化特征

从图 5 - 10 可以看到,冷水注入过程中,首先要驱替注入井井筒中相对较高的热水,这个驱替时间大概在 0.04 年(约 15 天),在此时间后注入井井中的温度基本保持稳定不变。对应地,注入井井中压力从开始注入到 0.04 年有稍微的增加,然后也基本保持不变。

从图 5 - 11 可以看到,在生产井,储层中的热水由井底流到井口的过程首先也需要驱替生产井井中原有相对较冷的水,这个驱替时间和注入井中的驱替时间相当。对应地,生产井中的压力从开始到 0.04 年有稍微的降低,然后基本保持不

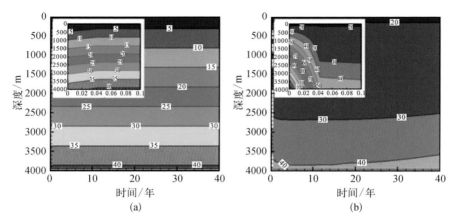

图 5-10 优化开采条件下的注入井压力和温度动态变化
(a) 压力, MPa; (b) 温度, ℃

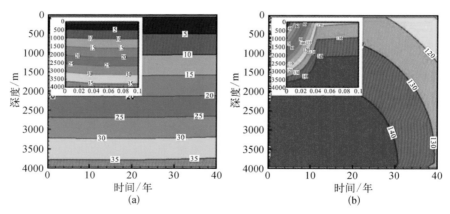

图 5-11 优化开采条件下的生产井压力和温度动态变化
(a) 压力, MPa; (b) 温度, ℃

变。稳定开采 20 年后,受储层温度下降的影响,生产井井中的温度开始逐渐下降,开采 30 年时井底温度正好下降 10℃。

(2) 热储层压力和温度变化特征

图 5-12 显示了储层中压力在 5 年、10 年和 30 年的空间分布,可以看到在注入井区域压力增加范围是逐渐减小的,而在生产井区域压力减小范围是逐渐向外扩大的,这说明压力分布主要受生产井的控制。这是因为注入井和生产井区域温

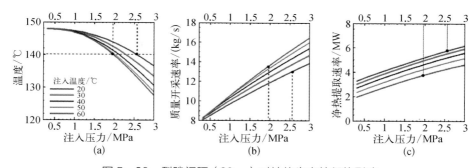

图 5-26　裂隙间隔（20 m）对地热生产特征的影响
（a）生产井井底温度；（b）质量开采速率；（c）平均净热提取速率

　　从图 5-27 可以看到当裂隙间隔增加到 100 m 时,优化压力减小到约 0.6 MPa,质量开采速率为 8.8 kg/s,热提取速率仅为 2.1~3.5 MW。由此可以看出,地热储层的裂隙间隔越小,优化开采压力梯度越大,获得的质量开采速率和热提取速率越高。这主要是由于在地热储层裂隙体积分数一定的情况下,裂隙间距越小导致裂隙与储层基质之间的接触面积越大,从而导致流体在裂隙中运移时与基质之间的换热面积增大,因此更有利于地热系统的开采。

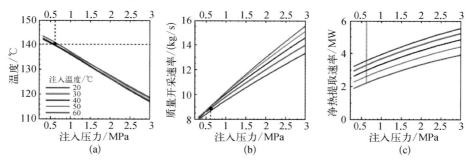

图 5-27　裂隙间隔（100 m）对地热生产特征的影响
（a）生产井井底温度；（b）质量开采速率；（c）平均净热提取速率

4. 井筒直径的影响

　　图 5-28 和图 5-29 分别显示了两种不同井筒直径的生产特征。可以看到,在小直径情况下,优化压力增大到 3.9 MPa(注入温度为 20℃),对应的质量开采速率和热提取速率分别为 10.5 kg/s 和 5.3 MW(图 5-28);而在大直径下,优化压力减小到约 1.5 MPa,但质量开采速率并没有降低,反而增加到 12.0 kg/s,而热提

取速率为2~4 MW（图5-29），发生明显的降低。这主要是因为井筒直径增大后，其与围岩的热交换面积增大，高温流体由井底流向井口的过程中，向围岩散失的热量增多。因此，小直径的井要相对优于大直径的井，但直径也不能过小，以保证有足够的生产能力。

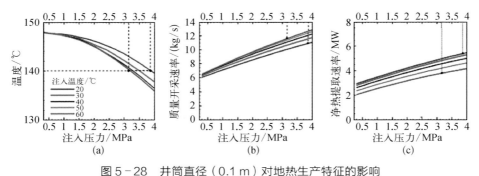

图5-28　井筒直径（0.1 m）对地热生产特征的影响
（a）生产井井底温度；（b）质量开采速率；（c）平均净热提取速率

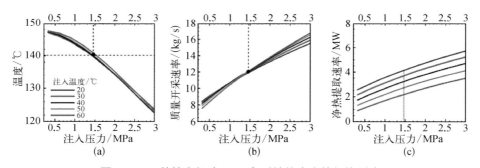

图5-29　井筒直径（0.3 m）对地热生产特征的影响
（a）生产井井底温度；（b）质量开采速率；（c）平均净热提取速率

5. 埋深的影响

钻孔显示营城组三段上部的含气火山岩储层埋深在研究区具有很大的不确定性，最小埋深小于3500 m，最大埋深大于4000 m。为了分析这种不确定性，假设埋深减小和增大300 m，模型厚度仍不变，但温度根据地温梯度计算。从图5-30可以看到，埋深减小后，温度变低，流动阻力增大，因此优化压力也增大到2.4 MPa（注入温度为20℃），质量开采速率和热提取速率分别约为11.0 kg/s

和 4.5 MW(注入温度为 20℃),与基础方案相近,可见埋深减小,虽然温度降低,但高质量开采速率弥补了热焓低的问题。从图 5-31 可以看到,埋深增加后,温度增高,流动阻力变小,因此优化压力也减小到 1.6 MPa(注入温度为 20℃),相对基础方案的 1.7 MPa,减小幅度较小,质量开采速率和热提取速率分别增加到约 12.0 kg/s 和 5.8 MW。因此可见埋深大,单位质量的热焓大,热提取速率相对也大。

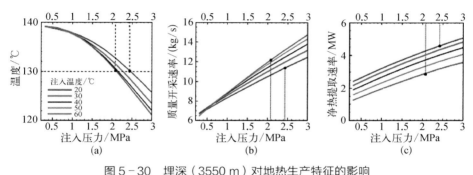

图 5-30 埋深(3550 m)对地热生产特征的影响
(a)生产井井底温度;(b)质量开采速率;(c)平均净热提取速率

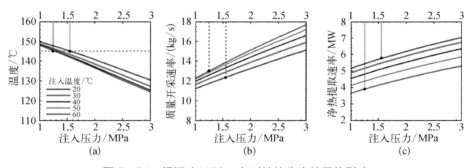

图 5-31 埋深(4150 m)对地热生产特征的影响
(a)生产井井底温度;(b)质量开采速率;(c)平均净热提取速率

5.1.7 结论

本节研究基于松辽盆地莺深 2 井的地质资料,选择了营城组三段上部的含气火山岩储层为拟开发层位,利用改进的 T2Well 井筒-储层耦合模拟器为模拟工具,对地热优化开采方案进行了数值分析,得到了以下几点结论。

（1）对于一个 500 m×500 m×140 m 的人工储层，采用对井方式开采，其生产特征（包括井口温度、质量开采速率和净热提取速率）仅与注入井和生产井的压差有关，与具体的注入井和生产井压力无关。

（2）选择注入和生产的压差，以及温度作为人为可控优化参数，开采 30 年生产井井底下降 10℃作为限制条件，得到松辽盆地拟开发层位的最优开采压力和温度分别为 1.7 MPa 和 20℃，质量开采速率和净热提取速率分别约为 12.0 kg/s 和 4.5 MW，热开采的循环周期最短路径为 0.2 年，最长路径为 2.5 年。

（3）冷的流体由注入井井口流入井底是压力和温度均增加的过程，而热的流体由生产井井底流到井口是压力和温度均降低的过程，压力的变化几乎全部由重力的变化贡献，而温度的变化由围岩传热和重力势能两部分贡献，贡献比例接近 7∶3。

（4）不同的布井方式、裂隙渗透率、裂隙间隔、井筒直径和埋深分析结果显示：水平布井方式优于垂直井布井方式；在正常的注入和生产压差范围内，裂隙渗透率在 10^{-14} m^2 数量级以上比较适合 30 年的开发周期；裂隙间隔越小，热交换面积越大，净热提取速率越大；采用适当偏小的井筒直径要优于大直径的；埋深减小并没有明显减小优化的热提取速率，但增大可以明显提高优化的热提取速率。

5.2　　青海共和盆地干热岩地热资源发电潜力评价

2014 年 4 月，青海省水文地质工程地质环境地质调查院经过 2 年的试钻探，最终通过 DR3 干热岩钻孔在青海省海南藏族自治州共和盆地 2230 m 深度位置钻获 153℃干热花岗岩。同年 6 月，在 2735 m 深度位置钻获 168℃的高温干热岩，并结合地球物理勘查，确定该岩体在共和盆地底部广泛分布，仅钻孔控制面积就达 150 km^2。2014 年 10 月 6 日，青海省共和县 ZKD23 钻井钻探深度 2886 m，井底温度达到 181℃，符合干热岩开发温度要求，勘探结果表明共和盆地干热岩地热资源开发潜力巨大（许天福等，2016）。结合现场钻井资料，通过数值模拟评价利用高温干热岩储层进行发电的潜力，并对影响裂隙热储系统开采性能的控制因素进行深入分析，将对今后场地干热岩开发示范工程建设提供科学参考。

5.2.1　区域地质概况

印度板块与欧亚板块的碰撞导致青藏高原隆升,并在青藏高原东北部形成一个异常的高温地热带。青藏高原东北缘的共和盆地是我国干热岩地热资源开发的目标示范区,该盆地向北西西方向延伸,总面积为 21186 km^2(图 5 - 32)。共和盆地处于昆仑—秦岭纬向构造带与河西系构造复合部位的新近纪初形成的断陷盆地,其北侧是青海南山断褶隆起带,南侧是河卡山—贵南南山断褶隆起带,西为鄂拉山断褶隆起带,东为瓦里贡山断褶隆起带。共和盆地在中新世以来强烈下陷,与周围山地形成千余米的地形高差,其内广泛发育上新世—早更新统湖相堆积,厚度为 769~1350 m。此外,盆地内还发育有三级湖相阶地和多级黄河阶地,说明中更新统以来,盆地一直处于间歇性抬升状态。通过物探资料综合分析,恰卜恰地区花岗岩基底埋深推断在 900~1500 m,具有北浅南深的规律。其中南部上塔买—阿乙亥拉分盆地深度在 1350~1500 m,中、北部深度在 900~1350 m,恰卜恰河谷南部的拉分盆地是控制该区地热分布的最有利远景地区,具有层状和带状

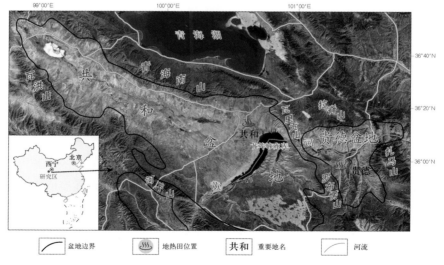

图 5 - 32　共和盆地地理位置

热储复合的特征(严维德,2015;张盛生等,2018)。

共和盆地干热岩勘探区已有深孔钻探结果表明,共和盆地高温花岗岩基地之上存在对流型地热系统,分别由浅层和深层储层组成,其中:浅层热储位于100~200 m深度;深层热储位于669~1150 m深度。干热岩勘探井DR3和DR4的测井结果显示,井底温度分别达到183℃和181℃(图5-33)。共和盆地基底花岗岩的平均温度梯度估计为6.7~6.8℃/100 m,深度超过2200 m的花岗岩基地温度高于150℃,满足干热岩资源要求温度特征,且分布范围广,具有较大的地热发电潜力。

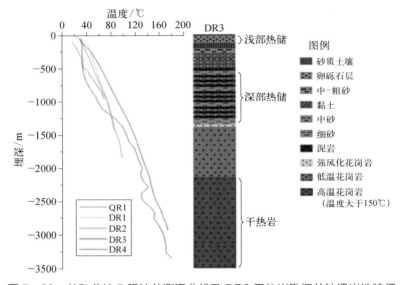

图5-33 共和盆地5眼钻井测温曲线及DR3干热岩勘探井钻遇岩性特征

5.2.2 干热岩发电系统设计

根据共和盆地现有的地质资料,我们设计了一套双水平井增强型地热系统开采方案,并对裂隙型花岗岩储层发电的可行性进行了评价。从生产温度、生产速率、流动阻抗、能源效率等方面综合评价了双水平井式EGS的地热开采性能,并对EGS电力系统的实际生产特性进行了详细分析和讨论。在此基础上,讨论了影响EGS地热系统开采性能的主要因素(如储层渗透率、裂隙间距、注入温度),

可为今后共和盆地干热岩地热资源的开发利用提供重要参考。

1. 双水平井开采系统

依据场地钻井资料,选取地下 2700~3200 m 的裂隙型花岗岩储层作为地热能提取的目标储层,如图 5-34 所示。为了提高地热开采效率,设计了两个半径为 100 mm 的水平井分别作为注入井和生产井进行地热开采。水平井长度为 500 m,两口水平井之间的距离设定为 500 m,且保持生产井在上、注入井在下。沿水平井周向均匀分布有 8 条凹槽,注入的冷水和产出的地热流体都通过这些凹槽在储层和井筒之间进行交换。地热发电尾水以 40 kg/s 的恒定速度进行注入,而经过花岗岩储层加热后的高温热水则通过控制生产井的井底压力进行产出,为了避免生产井中的高温水严重汽化,生产井井底的开采压力设定为 26 MPa。考虑到地热电站的尾水温度条件,设计回灌注水温度为 60℃,因为低于此温度可能会导致明显的结垢和化学沉淀,严重降低地热系统的开采效率。

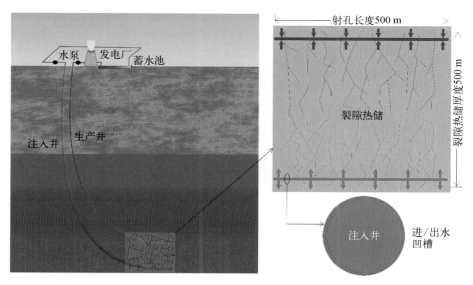

图 5-34　共和盆地裂隙型花岗岩储层双水平井开采示意图

2. 发电系统

目前,世界上的地热发电系统主要有四种类型,包括地热干蒸汽发电系统、地热扩容闪蒸发电系统、地热双工质循环发电系统和地热混合流体发电系统。本节研究分析用的是在地热电站中广泛使用的地热双工质循环发电系统,该系统的运行原理是将地热流体的热能传递给另一种低沸点的工作流体(如氟利昂、氨水溶液等),从而推动涡轮机工作,最终将热能转换为电能。该系统中的工作流体和换热后的地热流体均可以循环利用,因此,整个地热开采和利用系统是一个闭合循环系统(图5-35)。

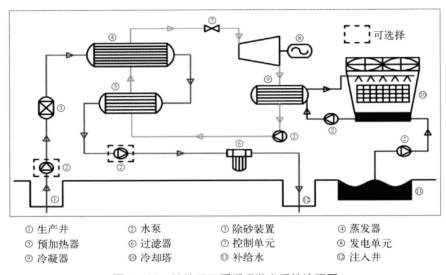

① 生产井	② 水泵	③ 除砂装置	④ 蒸发器
⑤ 预加热器	⑥ 过滤器	⑦ 控制单元	⑧ 发电单元
⑨ 冷凝器	⑩ 冷却塔	⑪ 补给水	⑫ 注入井

图5-35　地热双工质循环发电系统流程图

5.2.3　数值模型建立

1. 概念模型

数值运算模型沿水平井延伸方向(y方向)仅考虑5 m厚度进行模拟,x方向和z方向模型尺寸均为500 m[图5-36(a)]。注入井位于裂隙储层底部,而生产井位于裂隙储层顶部,实现对井闭循环地热开采。水平井的总长度为500 m,因此,实际的产水、产热和发电量是模型运算结果的100倍。在注入井和生产井附件对网格进行加密处理,井筒周围50 m范围内网格尺寸为5 m,其他区域网格尺寸为50 m[图5-36(b)]。

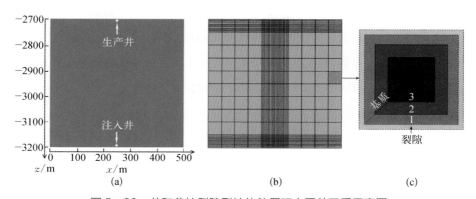

图 5-36　共和盆地裂隙型地热储层双水平井开采示意图
（a）模型尺寸及水平井位置；（b）数值模拟网格；（c）裂隙-基质多重介质模型

　　为了提高对裂隙地热储层的模拟精度，数值模拟采用多重介质模型（MINC）进行刻画［图 5-36（c）］，即考虑裂隙中流体与基质之间的非平衡换热过程。在裂隙-基质热储介质中，低渗透基质块嵌入裂隙网格中，流体主要通过裂隙在储层中流动。岩石基质和裂隙通过"孔隙间流动"在局部进行流体和热量的交换。基于多重介质刻画方法，可以求解基质和裂隙界面之间的驱动压力、温度和质量分数梯度，这样可以更准确地描述裂隙型地热储层中的流体和热量的传递过程（Pruess et al., 1999）。

　　2. 初始和边界条件

　　根据 DR3 井的静态温度和压力测量结果，研究忽略 2700~3200 m 深度内的温度变化，即假设模型初始温度为 180℃。模型初始孔隙压力服从静水压力分布，从顶部的 27.0 MPa 增加到底部的 31.4 MPa。由于围岩花岗岩致密，未进行压裂改造，且假定其为高封闭性，渗透率极低，因此在裂隙型储层边界以外的岩石中不存在流体损失。对于裂隙型地热储层开采，不透水围岩的换热作用对裂隙型地热储层开采过程的影响较小，可以忽略不计（Pruess，2006）。因此，模型中忽略了裂隙型储层以外的传质和传热过程，即模型外边界均设置为隔水隔热边界。

　　3. 模型参数

　　基于实验室和现场测试数据，选取了共和盆地裂隙型地热储层的主要物性参数及注入井和生产井的运行参数,汇总于表 5-3。裂隙型储层的渗透率与裂隙开度和裂隙间距密切相关,且对地热开采性能有显著影响。参考已有工程经验,作为本节研究的参考案例,假设共和盆地干热岩进行压裂后裂隙储层的水平渗透率和垂直渗透率均为 $50×10^{-15}\,m^2$,平均裂隙间距为 50 m。每一个数值网格中裂隙区的体积分数为 0.02,其固有孔隙度为 0.5;基质部分被划分为 4 个子网格[图 5-36(c)],其体积分数由外层向内层分别为 0.08、0.2、0.35 和 0.35,基质部分孔隙度为 $1.0×10^{-5}$,渗透率为 $1.0×10^{-18}\,m^2$。

表 5-3   储层的基本物性参数和注入井/生产井的操作参数

模 型 参 数	取 值
岩石密度 $\rho_R/(kg/m^3)$	2650
岩石比热容 $c_R/[J/(kg \cdot ℃)]$	1000
岩石热传导系数 $\lambda/[W/(m \cdot ℃)]$	2.5
裂隙体积分数/%	2
裂隙间距 d/m	50
裂隙孔隙度 ϕ_f	0.5
基质孔隙度 ϕ_m	$1.0 × 10^{-5}$
裂隙渗透率 k_f/m^2	$50 × 10^{-15}$
基质渗透率 k_m/m^2	$1.0 × 10^{-18}$
储层初始温度 $T/℃$	180
储层顶部初始压力 p_t/MPa	27
注入速率 $q/(kg/s)$	40
注入流体热焓 $h_{inj}/(kJ/kg)$	263.0(温度约为60℃)
生产井开采压力 p_b/MPa	26
生产指数 PI/m^3	$5.0 × 10^{-12}$

表中左侧合并单元格标注:储层参数（对应前11行）、操作参数（对应后4行）。

注入井以定流量进行注入,而生产井通过控制井底生产压力进行开采,井底生产压力设定为 26 MPa,生产井的产能指数 PI 为 $5.0×10^{-12}\,m^3$(Zeng et al., 2016)。依据 MIT 报告的研究建议,设定地热开采系统的生命周期为 30 年,因此模型设定的计算年限为 30 年。

5.2.4　地热开采性能评价准则

1. 发电量计算

对于存在注入井和生产井的地热双工质循环发电系统,其净热提取速率计算公式如下(Pruess, 2006):

$$W_{\mathrm{h}} = q(h_{\mathrm{pro}} - h_{\mathrm{inj}}) \qquad (5-3)$$

式中,h_{inj} 为注入流体的热焓值,kJ/kg;h_{pro} 为开采热水的热焓值,kJ/kg;q 为地热开采系统设计的循环流量,kg/s。60℃注入水对应的热焓值为 263.0 kJ/kg。

地热双工质循环发电系统的热利用效率依赖开采地热流体的温度,研究基于有效能分析计算地热流体的发电潜力。根据热力学第二定律,地热流体的热能转换为机械功的最大有效系数为(Sanyal and Butler, 2005):

$$f = 1 - (T_{\mathrm{rej}} / T_{\mathrm{pro}}) \qquad (5-4)$$

式中,T_{rej} 为热废弃温度,℃,依据当地环境条件确定;T_{pro} 为开采地热流体温度,℃。考虑机械功转换为电能的最大利用系数为 0.45(Sanyal and Butler, 2005),因此,本节研究中地热双工质循环发电系统的发电量计算公式如下:

$$W_{\mathrm{e}} = 0.45 f W_{\mathrm{h}} \qquad (5-5)$$

式中,W_{h} 为净热提取速率,MW;W_{e} 为地热发电功率,MW。

2. 流动阻抗

地热系统的流动阻抗 I_{R} 是评价地热开采效率的一个关键因素,它表示生产单位质量地热流体所需要的外部消耗,计算公式如下(Zeng et al., 2016):

$$I_{\mathrm{R}} = (p_{\mathrm{inj}} - p_{\mathrm{pro}}) / q \qquad (5-6)$$

式中,p_{pro} 为生产井井底开采压力,MPa;p_{inj} 为注入井井底压力,MPa。由于地热开采过程中流体从注入井流向生产井沿程需要克服储层的摩擦阻力,因此,p_{inj} 将随时间增加而逐渐增加,表明地热开采系统的循环过程需要提供更多的额外消耗(注入泵做功),并导致 I_R 逐渐增加。

3. 能源利用效率

地热开采系统的能源效率定义为热能/电能的总产出量与能量总消耗量的比值,外部能源的消耗包括注入井和生产井的水泵做功 W_{p1} 和 W_{p2},定义如下:

$$W_{p1} = q(p_{inj} - \rho g h_1)/\rho \eta_p \tag{5-7}$$

$$W_{p2} = q(\rho g h_2 - p_{pro})/\rho \eta_p \tag{5-8}$$

根据式(5-7)和式(5-8),可以得到热能提取效率 η_h 和热能发电效率 η_e 的计算公式如下:

$$\eta_h = \frac{\rho \eta_p (h_{pro} - h_{inj})}{(p_{inj} - p_{pro}) - \rho g(h_1 - h_2)} \tag{5-9}$$

$$\eta_e = \frac{0.45\rho \eta_p (h_{pro} - h_{inj})(1 - T_0/T_{pro})}{(p_{inj} - p_{pro}) - \rho g(h_1 - h_2)} \tag{5-10}$$

式(5-7)至式(5-10)中:$h_1 = 3197.5$ m,为注入井的深度;$h_2 = 2702.5$ m,为生产井的深度;$\eta_p = 80\%$,为利用效率;ρ 为地热流体密度,kg/m³;g 为重力加速度,m/s²。

5.2.5 模拟结果与分析

1. 产流温度

图 5-37 显示了 30 年开采年限内生产井产流温度(T_{pro})及其热焓(h_{pro})随时间动态演化的特征。从图中可以看出,产流温度和热焓的变化可分为两个阶段:① 稳定阶段(0~8.6 年);② 温度下降阶段(8.6~30 年)。在稳定阶段,生产井井底产出温度保持为初始储层温度 180℃,热焓为恒定值 776.6 kJ/kg。在温度下降阶段,井底产出温度从 180℃ 下降到 166.8℃,而热焓从 776.6 kJ/kg 下降到 719.9 kJ/kg,产流温度和热焓均减少了 7.3%。Garnish 等(1985)提出,在 15~20 年的时间范围内,经济上可行的 EGS 地热开采系统,其产出温度下降应小于

10%。模拟结果表明,在 30 年内产流温度下降了 7.3%,表明设计的双水平井开采系统能够满足温度开采要求。

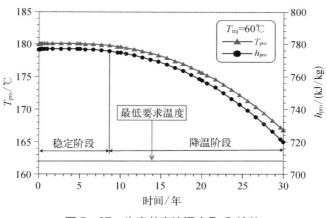

图 5-37　生产井产流温度 T_{pro} 和流体
焓值 h_{pro} 随时间演化的特征

　　生产井降温阶段的出现主要是由于在开采后期,注入井注入的低温流体逐渐运移到生产井,如图 5-38 所示。从图中可以看出,随着注入井的不断注入,在注入井附近首先形成一个低温区域,且低温区域逐渐向生产井扩展。在温度稳定产出阶段,注入的低温水在流向生产井的过程中能够吸收足够的热量并达到初始储层温度,但是随着注入井周围岩石基质的温度逐渐降低,在开采后期注入的流体不能获得足够的岩石热量,导致生产井产流温度逐渐降低。

　　2. 发电功率

　　图 5-39 显示了 30 年开采年限内净热提取速率(W_h)和发电功率(W_e)随时间动态演化特征。根据式(5-3)可知,系统的净热提取速率和发电功率均受制于生产井产流温度(T_{pro}),因此,净热提取速率和发电功率随时间的演化规律与生产井产流温度演化特征相似。在稳定开采阶段,净热提取速率和发电功率保持不变,分别为 20.54 MW 和 3.59 MW。在温度降低阶段,净热提取速率从 20.54 MW 降到 18.28 MW,降低了 11.0%;而发电功率从 3.59 MW 降到 3.05 MW,降低了 15.0%。研究提出的双水平井干热岩开采系统,在 30 年开采周期内的发电功率介于 3.05~3.59 MW,热水循环流量为 40 kg/s,可见具有较大的商业开发价值。

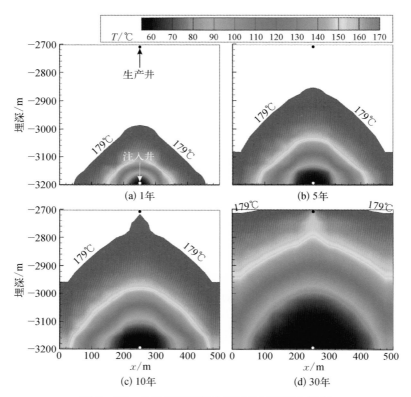

图 5-38   地热储层裂隙内温度的时空演化特征

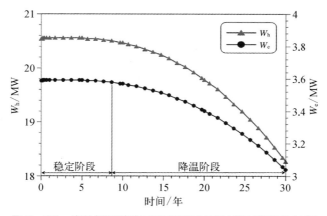

图 5-39   净热提取速率 W_h 和发电功率 W_e 随时间演化特征

3. 系统阻抗

图 5-40 显示了 30 年开采年限内注入井井底压力(p_{inj})和系统流动阻抗(I_R)随时间动态演化特征。从图中可以看出,在系统运行初期注入井井底压力迅速增加,这主要是由于注入初期大量流体难以快速向储层内部运移,在注入井底附近储层中聚集。随后,注入井底压力保持缓慢增加,这主要是由于:① 注入井压力增加引起注入井和储层之间的水力梯度增加,从而加快了注入流体向储层中运移扩散;② 生产井的降压作用逐渐影响到注入井;③ 随着地热开采的持续进行,注入井与生产井之间运移的流体温度逐渐降低,从而导致沿程流体的流动性降低(温度降低,流体的黏滞性增强)。

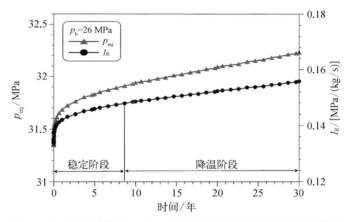

图 5-40　注入井井底压力 p_{inj} 和系统流动阻抗 I_R 随时间演化特征

根据式(5-6)可知,由于循环流量和生产井开采压力为定值,因此流动阻抗主要受制于注入井的注入压力。在整个开采周期内,系统流动阻抗随时间持续增加,定量分析结果显示,流动阻抗在 30 年开采周期内从 0.137 MPa/(kg/s)增加到 0.156 MPa/(kg/s),增加了约 14%。

相对于已有的 EGS 工程测试结果来看,本节研究提出的开采方案具有较低的流动阻抗。此外,对于经济可行的 EGS 工程,建议的最佳流动阻抗在整个开采周期内应介于 0.1~0.2 MPa/(kg/s),由此可以看出,提出的地热开采系统具有可行性。然而,地热系统开采过程中不可避免存在水的漏失,这将增大系统流动阻抗,因此,实际运行中的流动阻抗将大于模型运算结果。

4. 能源效率

图 5-41 显示了 30 年开采年限内热提取效率(η_h)和地热发电效率(η_e)随时间动态演化特征。从图中可以看出,在开采初期热提取效率和地热发电效率都快速降低,这主要是由于注入井井底压力快速增加。模拟结果显示,在整个开采周期内热提取效率从开始的最大值 412 降到 186;发电效率从 62.4 降到 31.0。热提取效率和地热发电效率的持续降低表明外部的能源消耗在逐渐增加,但是在整个开采周期内地热发电效率都远大于 1,这表明本节研究提出的双水平井地热发电系统具有良好的经济效益。

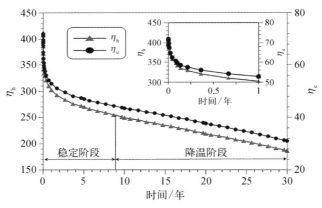

图 5-41　热提取效率 η_h 和地热发电
效率 η_e 随时间演化特征

5.2.6　模型不确定性分析

以上分析建立的数值模型中,裂隙间距和裂隙渗透率存在不确定性,注入温度是地热发电厂运行过程中的一个可控参数。因此,这些不确定性参数对地热系统的开采性能(如产流温度、发电功率、流动阻抗和发电效率等)的影响需要进一步分析,以便为今后设计更为合理的地热开采系统方案提供科学依据。

本节研究进一步设定的模型不确定参数的分析方案具体见表 5-4。

表 5-4　模型不确定参数分析方案

参　　数	基础方案取值	不确定方案取值
裂隙间距 d/m	50	30 和 100
裂隙渗透率 $k_f/(10^{-15}m^2)$	50	10 和 100
注入温度 $T_{inj}/℃$	60	40 和 80

1. 裂隙间距的影响

图 5-42 对比显示了裂隙间距对产流温度、发电功率、流动阻抗和发电效率的影响。从图 5-42(a)和图 5-42(b)可以看出,裂隙间距增加导致地热产流温度和发电功率显著降低。这主要是由于在热储裂隙体积分数一定的情况下,增大裂隙间距导致裂隙面和岩石基质之间的热交换面积减小,因此,在相同的开采时间尺度下更多的热量将储存在裂隙间距大的热储层中(岩体基质温度相对更高,如图 5-43 所示),而被循环流体带走的岩石基质热能减少。与基础模型中 50 m 的裂隙间距相比,增大裂隙间距到 100 m 导致稳定开采阶段持续时间从 8.6 年减

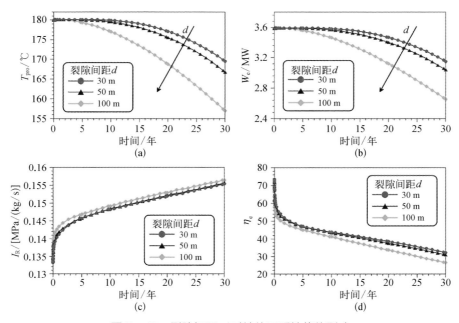

图 5-42　裂隙间距 d 对地热开采性能的影响

(a) 产流温度;(b) 发电功率;(c) 流动阻抗;(d) 发电效率

少到 3.1 年,这同时表明裂隙间距对地热系统的持续稳定开采具有较大影响。此外,裂隙间距从 50 m 增加到 100 m,导致 30 年开采期后的发电效率从 3.05 MW 降到 2.65 MW,降低了约 13%。从图 5-42(c)可以看出,地热储层裂隙间距的大小对流动阻抗的影响较小;裂隙间距从 50 m 增加到 100 m 仅引起流动阻抗轻微的增加,这主要是由于裂隙间距增大导致循环流体温度降低,并导致循环流体的流动性略微降低。虽然裂隙间距对产流温度和发电功率有较大的影响,但是对发电效率影响相对较小,这表明发电效率同时受到外部能源消耗的控制,且裂隙间距增大并未导致外部能源消耗的显著增加[图 5-42(d)]。

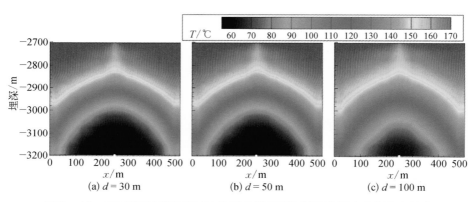

图 5-43　不同裂隙间距开采 30 年后最外层岩石基质中温度空间分布特征

　　总体而言,裂隙间距是影响 EGS 开采性能的关键参数,较小的裂隙间距可以有效提高产流温度、热提取速率和发电功率。从本质上讲,利用先进的储层改造技术对 EGS 储层进行压裂作业,形成裂隙网络储层是降低裂隙间距的有效措施。大量的野外观测结果表明,当注入压力远低于原位最小地应力时,同样会引起破裂并可探测到许多地震事件,这表明已有裂隙的剪切破坏可能是 EGS 储层发育的主要机制。Xie 和 Min(2016)明确提出基于低压刺激高温岩体中天然存在的裂隙,从而引起剪切滑移与剪切膨胀相结合的储层改造工艺是一种有效的裂隙网络地热储层建造方法。

　　2. 裂隙渗透率的影响

　　图 5-44 对比显示了裂隙渗透率对产流温度、发电功率、流动阻抗和发电效

率的影响。从图 5-44(a)和图 5-44(b)可以看出,在开采前 10 年,裂隙渗透率大小对产流温度和发电功率的影响较小;然而在随后的 20 年,增加裂隙渗透率导致产流温度和发电功率增加。这表明在不改变裂隙间距的情况下,增加储层渗透率并不会影响冷水与裂隙岩体之间的有效换热面积;然而,在开采后期低温区域逐渐扩展到生产井后,较高的储层固有渗透率提供了更好的流动条件,使得向生产井汇聚储层热流体的范围更大(图 5-45),因此,开采后期较大的裂隙渗透率模型中产流温度和发电功率更高。

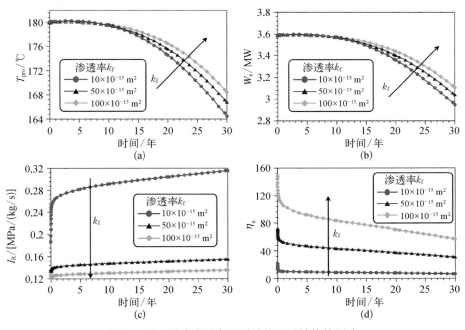

图 5-44　裂隙渗透率 k_f 对地热开采性能的影响
(a)产流温度;(b)发电功率;(c)流动阻抗;(d)发电效率

与裂隙渗透率对产流温度和发电功率的影响不同的是,裂隙渗透率对地热开采系统流动阻抗和发电效率有较大的影响,见图 5-44(c)和图 5-44(d)。增加储层裂隙渗透率导致流动阻抗在整个开采周期内显著降低,依据达西定律可知,较高的储层渗透率更有利于地热流体在储层中的运移,从而导致高渗透率条件下的储层流动阻抗显著降低[图 5-44(c)]。数值模拟结果显示,裂隙

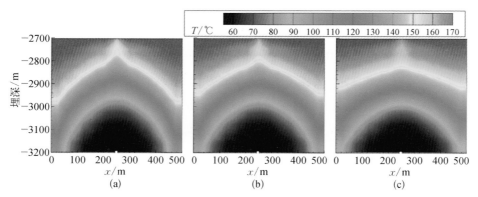

图 5 - 45　不同裂隙渗透率开采 30 年后最外层岩石基质中温度空间分布特征

（a）$k_f = 10 \times 10^{-15}\ \mathrm{m}^2$；（b）$k_f = 50 \times 10^{-15}\ \mathrm{m}^2$；（c）$k_f = 100 \times 10^{-15}\ \mathrm{m}^2$

渗透率从 $10 \times 10^{-15}\ \mathrm{m}^2$ 增加到 $50 \times 10^{-15}\ \mathrm{m}^2$ 导致 30 年开采期内最大的流动阻抗从 0.316 MPa/（kg/s）降到 0.156 MPa/（kg/s），降低了约 51%。此外，流动阻抗的显著降低表明，地热循环系统需要提供的外部能源消耗减少，并导致发电效率显著增加［图 5 - 44（d）］。综合以上裂隙渗透率对地热开采性能的影响分析可知，较高的热储裂隙渗透率是降低流动阻抗和节约外部能源消耗的必要条件。

3. 注入温度的影响

图 5 - 46 对比显示了裂隙渗透率对产流温度、发电功率、流动阻抗和发电效率的影响。从图 5 - 46（a）可以看出，改变注水温度在 30 年开采周期内对产流温度的影响较小；然而，提高注水温度导致发电功率显著降低［图 5 - 46（b）］。这主要是由于提高注水温度仅引起产流温度和热熔的轻微增加，但导致注入流体的热熔显著增加，根据式（5 - 3）和式（5 - 5）可知净热提取速率和发电功率将显著降低。另外，更高的注水温度表明在整个开采周期内热储平均温度和循环流体平均温度将更高，更高的温度导致循环流体流动性更强，同时注入井底累积压力更低，因此导致更高注水温度方案中系统的流动阻抗显著降低［图 5 - 46（c）］。依据式（5 - 10）可知，发电效率同时受到注入井井底压力和发电功率的影响，因此，虽然增加注水温度导致发电功率降低，但是并未对发电效率产生较大的影响［图

5-46(d)]。事实上,注水温度的最佳方案必须综合考虑现场地热流体化学组成和地热电厂发电模式进行确定。因为,如果注水温度过低,就会出现积垢和化学沉淀问题,并显著降低地热系统开采效率;但是注水温度过高,会导致净发电量降低。

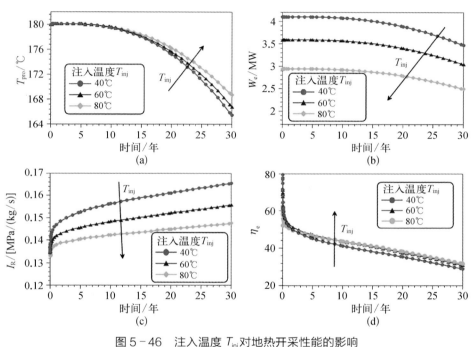

图 5-46　注入温度 T_{inj} 对地热开采性能的影响
（a）产流温度；（b）发电功率；（c）流动阻抗；（d）发电效率

5.2.7　结论

本节对共和盆地的裂隙型 EGS 地热储层在 30 年生命周期内稳定发电的可行性进行了数值模拟分析,地热开采系统采用双水平井进行开采和回灌。此外,本节详细讨论了注入温度、裂隙间距和储层渗透率对地热开采性能的影响。根据建模研究结果,可以得出以下结论:

（1）30 年开采周期内的地热开采过程可以分为两个阶段,即稳定开采阶段和降温阶段。稳定开采阶段可持续约 9 年,该阶段产流温度和发电功率保持不变;而降温阶段持续约 21 年,该阶段产流温度和发电功率分别降低 7.3% 和 15.0%。

（2）基于研究设计的双水平井开采系统,在 30 年开采周期内的发电功率可维持在 3.05~3.59 MW,系统流动阻抗为 0.137~0.156 MPa/（kg·s）,发电效率介于 30.0~62.4。

（3）储层参数敏感性分析结果表明,裂隙间距对地热开采系统的产流温度和发电功率影响较大;渗透率对地热开采系统的流动阻抗和发电效率影响较大;注入温度对地热开采系统的发电功率和流动阻抗影响较大。

5.3　青海贵德断裂型地热田优化开采数值模拟

水-热异常活动常与断层活动伴生。断层是地层中广泛发育的断裂结构,为地下深层的热能出露提供了重要运移通道（Cherubini et al.,2014）。由于断裂带区往往具有温泉、冒气孔等地表热异常显示特征,已成为地热勘察钻探和地热能开发的重点区域。近年来一些增强型地热系统建立在水热型地热田的深部,如美国的 Raft River EGS 场地（Bradford et al.,2016）,天然的裂隙通道和水力条件为人工储层的联通建立及工程运行提供了优越条件（彭涛等,2014）。因此,研究断裂型地热异常区的水热传递规律及优化开采策略,对受控于断层结构的天然地热田和增强型地热系统的可持续开采具有重要意义。

本节内容选取青海贵德盆地断裂型地热田（扎仓地热田）为研究对象,采用数值模拟程序 TOUGH2 对断裂热储内地下热水的循环过程进行传热-流动耦合数值模拟,对断裂热储内的压力、温度的时空演化过程及分布特征进行分析,揭示地热田的地质成因模式。在此基础上,本节建立了对井地热开采模型,预测了 50 年内的地热开采特征,并系统分析了地热开采过程中布井条件（包括开采深度、回灌深度和井间距）、运行条件（包括回灌温度和开采速率）及自然条件（包括大地热流、断裂带渗透性和围岩渗透性）对产热效率的影响机制,从而提出针对断裂型地热系统的优化开采策略（Liang et al.,2018）。

5.3.1　区域地质条件

青海省贵德盆地位于青藏高原东北边缘,为新生代时期形成的山内沉积盆地 [图 5-47(a)],受构造活动影响,盆地内水热活动剧烈。扎仓地热田坐落于贵德 盆地的西南边缘,地处松潘—甘孜印支期褶皱系的青海南山冒地槽带[图 5-47(b)]。地热田受制于河西系构造体系,温泉出露于压扭型热光泥岩逆断层 和张扭型扎仓正断层交汇的基岩山区前缘地带,出露标高约 2500 m,沿长约 100 m 的沟谷呈线状分布[图 5-47(c)]。出露温泉包括扎仓温泉、曲乃亥温泉、新街温 泉等,其中扎仓温泉出露温度最高为 93.5℃。

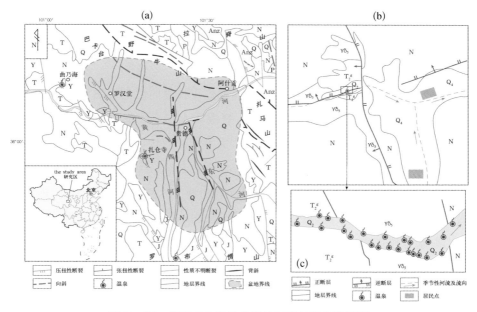

图 5-47　贵德盆地及扎仓地热田地热地质构造图

（a）贵德盆地地热地质构造图;（b）扎仓地热田地质构造及 ZR1 钻孔位置图;（c）沿 扎仓断裂出露温泉分布特征

扎仓正断层近东西向延伸约 2400 m,破碎宽度约 30 m。在其东侧出露第四 系含水层的冷泉(刚毅泉),流量范围为 200～279 m³/d(李小林等,2016)。冷泉沿扎仓断层出露约 100 m 发生断流。野外实测位于扎仓断层西侧的扎仓热泉流量为 2.5 L/s，水温在 35.0~93.5℃。水量均衡及同位素分析结果表明刚毅泉为扎仓热泉的主要水源（Jiang et al.，2018）。位于上游的刚毅泉流域低温地表水及浅层地下水通过渗透较强的扎仓断层破裂带运移至地下深处，被地下高温花岗岩体加热，运移至西侧阻水逆断层出露地表，形成热泉。热田区域浅部沉积了 100~300 m 厚的三叠系泥岩、板砂岩，形成了良好的储盖条件，深大断裂带的花岗岩裂隙发育，连通深部热源，是良好的导热通道，加上该区较活跃的水动力条件，使得扎仓地热田成为中低温地热资源的远景区（郭万成和时兴梅，2008）。

自 20 世纪 60 年代，区内开展了大量的地质、水文地质调查、勘探和地热地质勘查等研究工作（陈惠娟等，2010；薛建球等，2013；赵振等，2013）。2013—2014年，青海省环境地质勘查局在扎仓寺温泉沟口处施工了 ZR1 干热岩勘探孔，探获 151.34℃的高温热水-干热岩型地热资源（赵福森和张凯，2016），如图 5-48 所示。

根据区域地热勘探及开发实践，扎仓地热田在垂向上主要发育三叠系砂板岩孔隙含水层和印支燕山期花岗闪长岩裂隙含水层。浅部热储与中深部热储间相互联系属同一个地下水系统，是一个完整地热系统的不同部分。ZR1 地热钻井取样显示 40~100 m 岩性主要为三叠系砂板岩，少量花岗闪长岩穿插其中，构造裂隙发育，呈破碎带，从而形成良好的地下水赋存空间。此外，热田内的勘探孔 ZK19 在 100 m 以内同样钻遇裂隙破碎带，热水温度达 93℃，且该钻孔的取水直接影响到扎仓温泉的流量，证实了该浅层水平对流型热储的存在。在 200~300 m 深度，ZR1 测井温度从 105℃迅速增至 117℃，该部分同样由三叠系砂板岩和花岗闪长岩接触破碎带构成热储空间，深部地热流体经侧向补给储集于此，其上 100~200 m 完整花岗闪长岩构成热储盖层，并将浅部热储和中部热储分割开来。600~1000 m 基岩（花岗闪长岩和花岗岩）裂隙和节理发育，后期次花岗岩侵入形成断裂破碎及构造裂隙构成热储空间。此段热储温度稳定在 122℃，几乎不随深度变化。钻探结果表明，1500~2800 m 地层岩性主要为花岗闪长岩，构造裂隙发育较差，地温增幅较小，很可能为热光

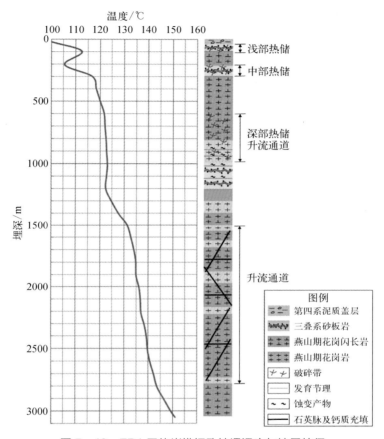

图 5-48　ZR1 干热岩勘探孔钻遇温度与地层特征

断裂与扎仓断裂的交汇部位,是深部热水垂直上涌的通道。2800 m 以下为不发育裂隙的完整基岩,有热无水。因此可以假定扎仓地热田的最大深度约为 2800 m。

扎仓断层内的流体和热量传输机制已基本查明。但是关于自然和人为因素对断层型地热储层的产能影响及断层型地热系统的优化开采策略仍缺乏讨论。为解决该问题,本节通过开展传热-流动耦合数值模拟,在扎仓地热田数值模型的基础上评估了地热对井的布井因素、运行参数及自然条件对断层型地热系统产能效率的影响机制,为今后断裂型地热田热能的优化开发提出了合理建议。

5.3.2　数值模型建立

1. 概念模型及数值剖分

根据野外调查及 ZR1 钻探结果,将扎仓热田概化为镶嵌在两层巨厚围岩中的破碎断层带,如图 5-49 所示。模型范围西起上游刚毅泉补给区,东至热光泥岩阻水断层,东西方向延伸 2400 m;垂向上由上部地表边界(近地表的中三叠统砂岩板砂岩互层)至地下 3000 m 深处(印支期花岗闪长岩),但仍以花岗岩为主。研究区垂向剖面面积为 7.2 km²。断层断裂带宽度为 30 m,垂向深度为2800 m, 2800 ~ 3000 m 为致密、不透水的花岗岩基岩,因此仅考虑其在垂向上通过热传导进行的热量交换。

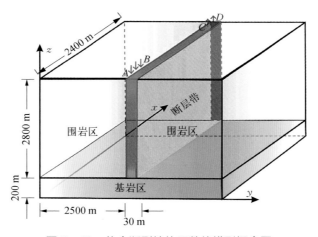

图 5-49　扎仓断裂地热田数值模型概念图

空间上模型采用 xyz 方式进行网格剖分,x 方向:模型长度为 2400 m,等距剖分为 48 层,网格间距为 50 m;z 方向:模型深度为 3000 m,等距剖分为 150 层,厚度为 20 m;y 方向:剖分为 3 层,其中断层主网格的厚度为 30 m,断裂带南北两侧各增加一层 2500 m 厚的隔水岩层,其剖分方式与断层主网格相同,与其侧向连接。数值模型将研究区共离散为 21600 个网格,其中断层主网格为 7200 个,侧向围岩为 14400 个网格,如图 5-50 所示。

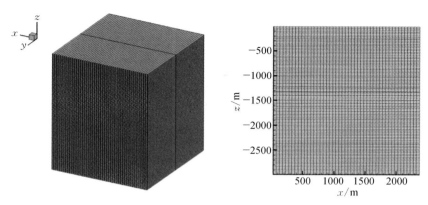

图 5–50　数值模型网格剖分示意图

本次研究通过将网格进一步加密剖分,扩大模型网格的数目到 2 倍和 4 倍,进行网格的敏感性分析。模拟结果的精度随模型网格数目的增加并没有显著提升,但随着网格数目的增加计算效率显著降低,模型计算时间由 1738 s 分别增加至 9270 s 和 25620 s。时间上采用了 TOUGH2 程序中自适应时间步长的方法进行离散。模型设置单个时间步长内迭代次数小于 4 达到收敛标准时,时间步长自动加倍,否则在下一次更新计算时时间步长缩小。为达到传热-流动平衡状态,天然模型的模拟时间设置为 100 万年,初始时间步长设置为 1 s,最大时间步长为 4383 h(约 182.6 d)。对井开采模型的模拟周期为 50 年,初始时间步长设置为 1 s,最大时间步长为 960 h(40 d)。

2. 初始和边界条件

模型西侧 100 m(CD)为扎仓热泉的排泄区,概化为压力为标准大气压(0.1 MPa)的 Dirichlet 边界条件;模型东侧 500 m(AB)为刚毅泉的补给范围,将其设置为 2.5 L/s 的定流量补给 Neumann 边界,补给水温为当地多年平均气温 7.2℃;模型底部存在通过热传导进行的热交换量,将其设置为 75 mW/m² 的热通量边界,热通量根据区域热流值及 ZR1 井测温曲线确定;模型侧面及其余边界皆设置为零通量的 Neumann 边界,为减小边界效应,断裂带两侧的围岩宽度设置为 2500 m。模型的初始温度场为顶板 7.2℃(当地多年平均气温),底板 151℃ 的垂向均匀分布。初始压力场为顶板为 0.1 MPa 的静水压力平衡分布。

3. 模型参数

本节研究中,断裂型热储数值模型的主要热物理参数根据郎旭娟等(2016)的实测结果进行设定,汇总于表5-5。

表5-5　扎仓地热田数值模型参数表

模　型　参　数	数　值
岩石密度 $\rho_R/(\mathrm{kg/m^3})$	2650
岩石比热容 $c_R[\mathrm{J/(kg \cdot ℃)}]$	9200
断层花岗岩热传导系数 $\lambda_f/[\mathrm{W/(m \cdot ℃)}]$	3.04
围岩热传导系数 $\lambda_m/[\mathrm{W/(m \cdot ℃)}]$	2.5
大地热流 $q/(\mathrm{mW/m^2})$	75
断层花岗岩密度 ϕ_f	0.1
围岩密度 ϕ_m	0.01
断层花岗岩渗透率 $k_f/\mathrm{m^2}$	$(1 \sim 1000) \times 10^{-15}$
围岗岩渗透率 $k_m/\mathrm{m^2}$	1.0×10^{-19}

由于岩层的渗透率及深部热流的补给条件等缺乏较为精确的实测值,因此在数值模拟的过程中,采用反演求参方法,即试估-校正法来对模型进行识别和验证。根据《青海共和—贵德地区干热岩体天然裂隙调查与热储地温场研究成果报告》(许天福等,2016)、《青海省贵德县岩石样品物理性质室内测试报告》(吕天奇和张通,2016)和前人的相关数值模型参数的设置(Fairley,2009;Person et al.,2012),在合理范围内调整参数的取值。根据储层温压稳定后的模拟结果与贵德 ZR1 地热钻孔实测温度的拟合情况,确定各参数的有效取值,从而推断地热田的实际地热地质条件。

模型中假设断层和围岩的热力和水力特性参数为均质各向同性。根据在扎仓断层地表露头野外实测的裂缝模式(包括裂隙密度、长度和开度),使用"火柴模型"估算了断层破裂带的渗透率(Seidel et al.,1992;Ma et al.,2011)。裂隙的渗透率 k 可基于立方定律进行估算,如下式所示:

$$k = \frac{b^3}{12a} \qquad (5-11)$$

式中,b 为裂隙开度,m;a 为基岩宽度,m。

　　据式(5-11),可估算出断层区露头花岗岩的渗透率约为 5000 mD。但由于上覆压力,随着埋深的增加,断层破碎带的渗透率值会大大降低。因此,通过与 ZR1 钻井的实测温度进行拟合,对断层破碎带的渗透率进一步调整。图 5-51 对比了不同断层渗透率条件下,模型在传热-流动平衡后与 ZR1 实测温度曲线的拟合情况。在断层垂向剖面上,模拟温度随断层渗透率的增加而降低。当渗透率由 10 mD 增加至 70 mD 时,2500 m 深处,温度降低了近 20℃。这是因为水流在渗透性较强的断层中快速流动,这极大地减少了水在储层中的滞留换热时间,吸收能量较少,温度下降。均匀设置断层带的渗透率为 50 mD,可以较好地再现 ZR1 钻孔的测温曲线。因此,将断层的渗透率设置为 50 mD,围岩的渗透率设置为 $1.0×10^{-4}$ mD,忽略围岩与断层间的对流过程,仅考虑热传导的影响。

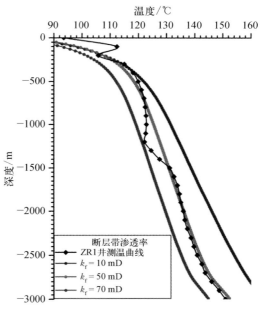

图 5-51　不同断层渗透率条件下模拟结果与 ZR1 钻孔测温曲线的拟合情况

　　按照上述条件运行 100 万年后,可得到自然状态下断层带的内温度和压力分布,作为对井开采模型的初始条件,如图 5-52 所示。

5.3.3　运行参数优化

1. 优化目标

　　在 ZR1 钻井的基础上设计了扎仓热田的地热对井系统,如图 5-53 所示。回灌井布设在扎仓断层带,位于 ZR1 井上游,以恒定流速注入低温回灌水;ZR1 井作

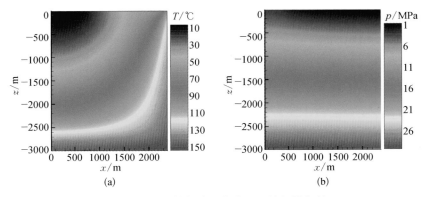

图 5-52　天然条件下扎仓断层的初始条件

（a）温度分布；（b）压力分布

为开采井，以井底降压的方式开采高温地热水，用于发电或直接利用。实际的工程经验表明，这种对井开采方式可以有效减少水量漏失，维持稳定的产能效率（Zeng et al., 2016）。在数值模型中，回灌井和开采井被概化为源汇项，忽略了井筒内的水-热传递过程。

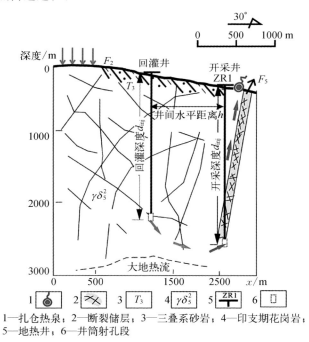

1—扎仓热泉；2—断裂储层；3—三叠系砂岩；4—印支期花岗岩；
5—地热井；6—井筒射孔段

图 5-53　扎仓地热田对井开采系统示意图

为满足可持续的经济运行目标,在 50 年的运行期间内,开采温度的降低不应超过 10%(Tester et al., 2006)。此外,考虑到在较高回灌压力下裂缝可能会扩张,从而引起水流损失,应将回灌压力限制在储层最小主应力以下(Seidel et al., 1992)。在本节研究中,回灌增压上限被控制在 6.9 MPa 以下。

下面将进一步讨论地热对井开采系统中布井条件及运行条件对产能的影响,包括开采深度 d_p、回灌深度 d_i、井间水平距离 h、回灌温度 T_{inj} 及开采井底压降 p_{pro}。采用单因素分析的方法评估布井条件,分析其中一项影响因素时,其余参数和模型条件保持基础值不变。对井开采系统的布井及运行参数汇总于表 5-6,其中粗体数值代表基础方案运行条件。

表 5-6　扎仓地热田对井开采系统布井及运行参数

模 型 参 数	取 值
开采深度 d_p/m	100~2500, **300**
回灌深度 d_i/m	0~2700, **1500**
注采井水平距离 h/m	100~2000, **300**
井筒射孔段长度 p_l/m	**20**
回灌流量 Q_{inj}/(kg/s)	**2.5**
回灌温度 T_{inj}/℃	10~60, **60**
开采井底压降 p_{pro}/MPa	0.5~1.0, **0.5**

2. 布井条件

地热对井的布设条件对产流量和产流温度至关重要,本节将讨论开采深度 d_p、回灌深度 d_i 和井间水平距离 h 三个因素对产能的影响机制,并提供相应的优化策略。

(1) 开采深度

图 5-54 显示了不同开采深度条件下的地热开采特征,图 5-55 显示了开采 50 年后热储内温度的空间分布情况。

从图中可以看出,开采深度较小时,抽取的地热流体易受浅层低温流体的混合干扰,开采温度较低[图 5-54(a)]。随着开采深度的增加,较深层的高温地热水进入井筒,可以获得较高的出水温度。但当开采深度设置在 1500 m 附近时,由

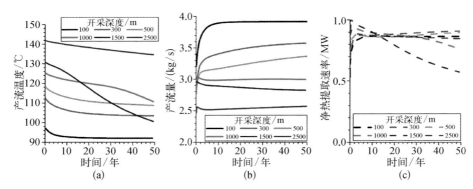

图5-54 不同开采深度条件下的开采特征在50年内的变化情况

（a）产流温度；（b）产流量；（c）净热提取速率

于抽水位置太靠近回灌深度，低温回灌水在储层中滞留换热时间较短而被开采井抽取，开采温度在50年内出现了较大幅度的下降。而且抽取储层深部的高温流体需消耗大量能量，在给定压差的开采条件下，净热提取速率随开采深度的增加而减小[图5-54(b)]。由图5-54(c)可知，300 m深的开采深度足以在50年内较稳定地保持0.884 MW的净热提取速率。随着开采深度的增加，产能效率的增加并不明显，且还会带来额外的钻井成本。因此，可以将300 m作为优化的开采深度。这将在对回灌深度的讨论中得到进一步的验证。

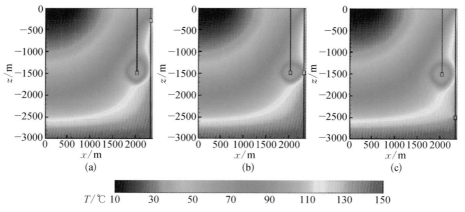

图5-55 开采50年时，不同开采深度条件下扎仓断层内的垂向温度分布

（a）开采深度为300 m；（b）开采深度为1500 m；（c）开采深度为2500 m

（2）回灌深度

将开采深度固定在 300 m,不同回灌深度条件的产能情况汇总于图 5-56。当回灌深度小于 1000 m 时,回灌水流的渗流深度小于 1500 m,快速被开采井抽取,因此开采温度较低,且在短期内出现热突破现象,如图 5-56(a)和图 5-57所示。产流温度随着回灌深度的增加而增加,且在回灌深度大于 1500 m 时较为稳定。不同于开采深度,回灌深度对开采速率的影响较小。因此,回灌深度优化为 1500 m,可在 50 年的开采周期内维持在 0.884 MW 的稳定净热提取速率。

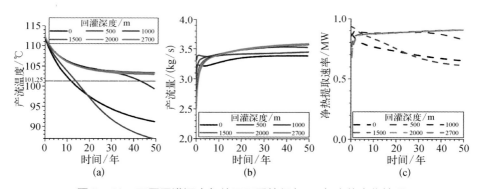

图 5-56　不同回灌深度条件下开采特征在 50 年内的变化情况
(a) 产流温度;(b) 产流量;(c) 净热提取速率

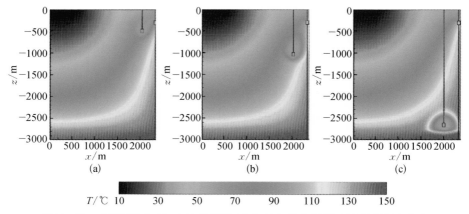

图 5-57　开采 50 年时,不同回灌深度条件下扎仓断层内的垂向温度分布
(a) 回灌深度为 500 m;(b) 回灌深度为 1000 m;(c) 回灌深度为 2700 m

为了进一步讨论回灌深度和开采深度间的相互影响,设置回灌深度和开采温度在 0~2800 m 范围内的 144 种开采方案。不同注采条件下 50 年内的平均净热提取速率汇总于图 5-58。

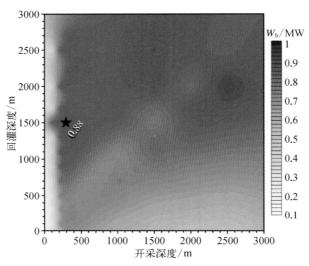

图 5-58   不同采灌深度条件下 50 年运行
周期内平均净热提取速率分布

从图 5-58 中可以看出,当开采深度低于 200 m 时,由于浅层低温水流的混合扰动,开采井无法抽取高温地热水,因此 50 年内的平均净热提取速率低于 0.3 MW。从图中可以看出,另一个产能效率较低的区域为对角线区域,对应采灌深度接近的情况,这种采热条件的井间距离较小,回灌的低温流体会被快速采出,产流温度较低且容易出现热突破现象。此外,当回灌深度小于 1000 m 或小于开采深度时,产能效率也较低。这是由于回灌水温较低,其密度较大,在生产井浅部进行回灌,会阻碍深部高温地热水的向上对流,从而降低产热量。综合考虑产热效率及钻井成本,将扎仓断层型地热对井系统的回灌井深确定为 1500 m,开采井深 300 m(图 5-58 中星号标记位置),可在 50 年的运行周期内维持 0.884 MW 的净热提取速率。

(3)井间水平距离

在开采深度为 300 m、回灌深度为 1500 m 的优化基础上,考虑注采井间水平

距离对产热性能的影响。井间水平距离 100 ~ 2000 m 的产能预测情况如图 5 - 59
所示。

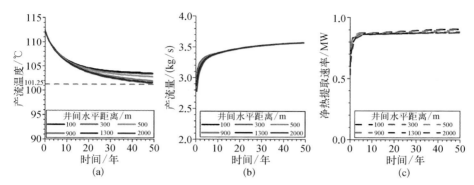

图 5 - 59　不同井间水平距离条件下开采特征在 50 年内的变化情况
(a) 产流温度;(b) 产流量;(c) 净热提取速率

从图 5 - 59 中可以看出,开采流量几乎不受井间距离的影响,但随着井间距
离的增加,开采温度略有下降。井距为 2000 m 时第 50 年的开采温度较井距
为 100 m 的降低约 4℃。水平井间距在 100 ~ 500 m,开采流量与水温几乎相同。
然而,当井间水平距离较小时,在回灌位置会形成压力明显的升高,如图 5 - 60 和
图 5 - 61 所示。当井距大于 500 m 时,随着井距的增加,需要更大的回灌压力,以

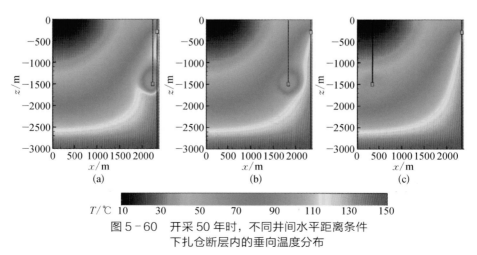

图 5 - 60　开采 50 年时,不同井间水平距离条件
下扎仓断层内的垂向温度分布
(a) 井间水平距离为 100 m;(b) 井间水平距离为 500 m;(c) 井间水平距离为 2000 m

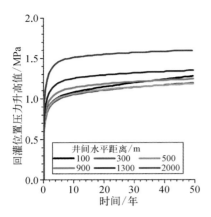

图 5-61　不同井间水平距离条件下 50 年内回灌位置压力升高情况

保持恒定的回灌速率。考虑到回灌压力的明显增加不利于维持热储的稳定应力条件,对比不同井距条件下的产能情况,确定 300 m 为优化后的井间水平距离。

3. 运行条件

本节在优化的地热对井开采系统布井条件下,考虑了工程运行中的回灌温度 T_{inj} 和开采井底的压力降低 p_{pro} 对产能的影响。

(1) 回灌温度

回灌水温度代表注入储层中循环流体的能量(焓值)不同,这将会直接影响开采系统的净热提取速率。考虑回灌温度在 10~60℃ 的产能情况,模拟结果见图 5-62。在 1500 m 的回灌深度条件下,回灌的低温流体迅速降低了回灌井附近区域的温度,且低温区域的范围随着开采的进行逐渐向生产井扩展,如图 5-63 所示。当回灌水温较低时,储层内会形成较大范围的降温区域。但是,在上述优化布井条件下,降温区域在 50 年的开采周期内不会到达开采井,开采温度和开采速率均不会受到影响[图 5-62(a)和图 5-62(b)]。如果不考虑地热尾水的实际温度条件,较低的回灌水温可在储层内吸收更多的热量,意味着更高的净热提取速率。因此,假设利用当地的地表水进行回灌,即将优化回灌温度设置为 10℃。

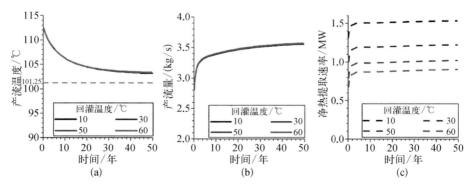

图 5-62　不同回灌水温条件下的开采特征在 50 年内的变化情况
(a) 产流温度;(b) 产流量;(c) 净热提取速率

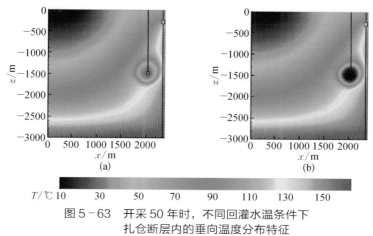

图 5-63　开采 50 年时，不同回灌水温条件下
扎仓断层内的垂向温度分布特征

（a）回灌水温为 30℃；（b）回灌水温为 10℃

（2）降压幅度

开采井井底的压力降低值为 0.5～1.0 MPa 条件下的产能预测情况，如图 5-64 所示。从图 5-64(a) 和图 5-64(b) 可以看出，开采井井底压力下降值增大时，在产流量增加的同时，产流温度会快速下降。当开采降压增至 1.0 MPa 时，产流量可达到 4.4 kg/s，但在 22 年后产流温度降低了 10% 以上。由于采灌井间压力梯度的增加，回灌水流会较快地被抽取，缩短了在储层内的换热过程，如图 5-65 所示。基于以上分析，在保持开采温度的前提下，为了增加开采速率，将优化后的开采压差设置为 0.7 MPa。

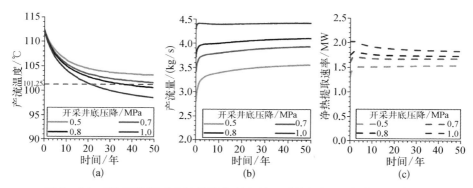

图 5-64　不同开采井底压力降低条件下的开采特征在 50 年内的变化情况

（a）产流温度；（b）产流量；（c）净热提取速率

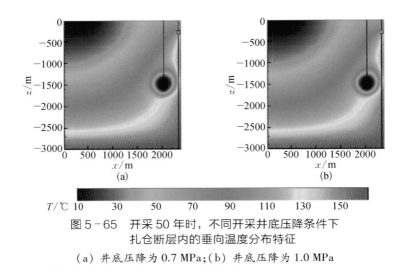

图 5-65 开采 50 年时，不同开采井底压降条件下
扎仓断层内的垂向温度分布特征

（a）井底压降为 0.7 MPa；（b）井底压降为 1.0 MPa

根据以上对布井及工程运行条件的讨论，扎仓断裂型地热储层对井开采系统的优化布设参数总结于表 5-7，在优化运行方案下，50 年的运行周期内，平均产流量为 3.94 kg/s，平均产流温度为 103.80℃，净热提取速率可达 1.67 MW。

表 5-7 扎仓地热田优化开采方案

开采深度 /m	回灌深度 /m	井间距离 /m	回灌温度 /℃	降压幅度 /MPa	产流温度 /℃	产流量 /(kg/s)	净热提取 速率/MW
300	1500	300	10	0.7	103.80	3.94	1.67

5.3.4 储层条件对产能影响分析

影响断层型地热系统产能的自然因素主要包括储层底部的大地热流补给、储层的渗透性及来自侧向围岩的补给（Aliyu and Chen，2017）。本节将讨论上述自然因素对断层型地热系统的产能影响。

1. 大地热流

根据前人的研究成果，热传导型盆地基底的大地热流范围为 79.5～

$123.1\ \mathrm{mW/m^2}$（姜光政等，2016；郎旭娟等，2016）。据此，设置了断层底部大地热流值为 4 个水平值的模型方案，不同大地热流对产能的影响预测结果如图 5 - 66 所示。从图 5 - 66 中可以看出，在 50 年的开采周期内，大地热流对产能的影响可忽略不计。这是因为在断层内，热量主要以对流的形式进行传递，主要受重力和水流温度差导致的密度流的驱动。通过热传导形式的热量传输速率远小于热对流。因此，在断层型地热系统中，热通量对开采的热能贡献很小。

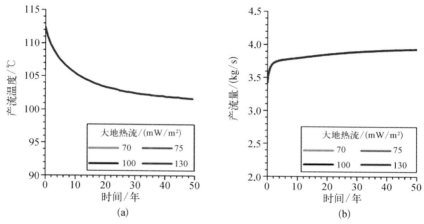

图 5 - 66　不同大地热流条件下的开采特征在 50 年内的变化情况
（a）产流温度；（b）产流量

2. 断层渗透率

地热储层的渗透性是控制流体流动和热量提取过程的重要因素。断层带和围岩的渗透率关系会改变断层型地热系统中的水-热传递形式。断层渗透率在 $10 \sim 100\ \mathrm{mD}$ 的产能情况及天然温泉的排泄流量预测结果汇总如图 5 - 67 所示。由于低渗储层中的热对流作用较弱，降低了注入流体的热量吸收作用，随着断层渗透性的下降，产出温度急剧下降。此外，开采流量和地热泉流量的总和随着断层渗透率的增加而增加，因为在相同的开采条件压力下，储层渗透率越高，储层内部的地层水越容易被开采出来，使得产流量增加。在低渗储层中，回灌会导致回灌井口周围的压力积聚，将对储层的稳定性产生威胁。

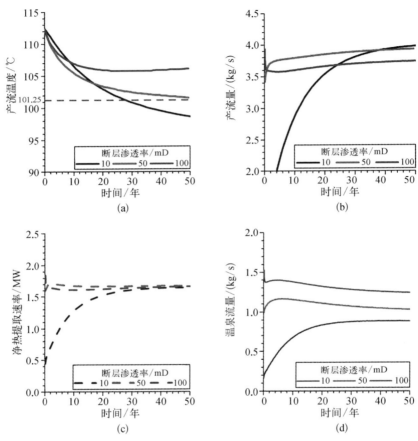

图5-67 不同断层渗透率条件下的开采特征在50年内的变化情况
(a) 产流温度;(b) 产流量;(c) 净热提取速率;(d) 温泉流量

3. 围岩渗透率

由于围岩渗透率的增加会导致围岩对断层的侧向补给增加,从而影响断层内的水-热运移机制。本节分析了围岩渗透率为 $10^{-4} \sim 1.0$ mD 的产能情况,模拟结果如图5-68所示。由于围岩渗透率的增加,来自围岩的侧向低温补给增加,产流温度降低,产流量明显增加(图5-69)。当围岩的渗透率超过 0.1 mD 时,产流温度降幅超过10%,需要对开采方案进行调整。但在围岩渗透率较低的情况下,优化策略仍然适用。

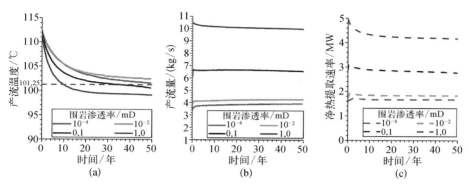

图 5-68　不同围岩渗透率条件下的开采特征在 50 年内的变化情况

（a）产流温度；（b）产流量；（c）净热提取速率

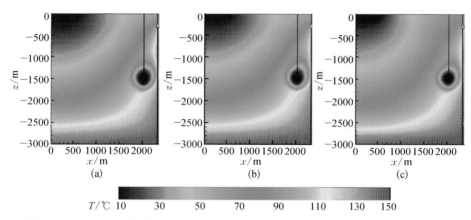

图 5-69　开采 50 年时，不同围岩渗透率条件下扎仓断层内的垂向温度分布特征

（a）围岩渗透率为 0.01 mD；（b）围岩渗透率为 0.1 mD；（c）围岩渗透率为 1.0 mD

5.3.5　结论

　　本节在深入认识区域地质背景和水-热活动特征的基础上，建立了贵德盆地扎仓地热田的水文地质概念模型，利用传热-流动耦合数值模拟程序 TOUGH2 对热储内的水-热传递过程进行了分析，建立了扎仓断层热储内部的水-热循环模式。在此基础上，本节讨论了断层型地热系统的地热对井开采方案优化，得出以下主要结论：

（1）在断层型地热对井开采系统中，可通过增加回灌深度和开采深度间的位置差来改善产能，这也有助于避免低温回灌流体的快速突破。开采井段应位于回灌井段上部，有利于低密度的高温流体被采出。注采井间的水平距离对产流温度和产流量几乎没有影响，但随着井间距的增加，回灌压力增加明显，井间距过小亦会造成热突破，因此，水平井距为 300~500 m 较为可行。

（2）较低的回灌水流温度会导致储层内较大范围的降温，但在优化布井条件下，产流温度在 50 年内的运行周期并无明显变化。开采井段较大的压降会增加产流量，但也会加快热突破速率，在产流压降大于 0.8 MPa 时，产流温度在 50 年内将下降 10% 以上。

（3）大地热流的补给对以热对流为主导传热方式的断层型地热系统的产能影响可忽略不计。断层带渗透率的增加会增大产流速率，提高产流温度。围岩渗透率的增加，会使围岩对断层的侧向补给增加，产流量增加，但产流温度降低。当围岩的渗透率大于 0.1 mD 时，产流温度的下降大于 10%。

本节研究结果的不确定性主要为地质参数的不确定性，缺少原位测定的相关数据。但是模型主要的边界、补排条件是实地调查得出的，与 ZR1 地热钻孔的测温资料的拟合也为结论的可靠性提供了重要的保障。目前研究区内地热勘探孔数量较少，建议增加地热钻孔的布设，结合相关地球物理勘察方法，丰富地层岩性的实测资料，圈定出不同深度地热储层的分布范围，为扎仓地热田地热资源的定量评价和开发方案设计提供依据。

5.4　单井闭循环式地热系统开采潜力数值模拟

闭循环式地热开采系统（Closed-Loop Geothermal Systems）指冷水或其他循环工质（如 CO_2）注入储层内封闭井筒中，通过井壁传热吸收储层内的热量，循环工质仅通过连续封闭的井筒循环到深部储层再返回地面，其间没有与地热储层发生直接接触。这种地热系统实现了取热不取水的构想，在保护地下环境的同时也避免了很多开循环式地热系统在开发和运行过程中遇到的问题。闭循环式地热系统的优点在于：① 在生产过程中不消耗水，也不在地层中抽取水，因此无须考虑储层内原始的含水量和渗透性能,也不必考虑运行过程中注入的地热水与储层岩石之间发生的难以预测的化学作用造成储层渗透性的降低。② 对储层渗透性要求低,无须进行储层改造工程,消除了由于水力压裂带来的附加成本和风险。③ 在循环过程中工质与储层不发生直接接触,在运行过程中抗干扰能力强,性能稳定,且对环境的影响可以忽略不计。但在闭循环式地热系统中,由于循环过程中热量的交换仅发生在井壁与围岩接触处,因此该地热系统取热功率较低。

此前受到井筒材料和施工技术限制,有学者认为仅靠井筒周围岩石和井筒外壁的传热难以维持闭循环式地热系统在运行周期内的稳定产热(Nalla et al, 2005),但近年来随着技术的进步和成本的降低,上述问题在一定程度上得到了解决,使闭循环式地热系统成为在低孔、低渗储层中提取大量地热能的新技术。从以往的经验来看,一般内循环系统的出水温度较低,这种温度的热水对于发电来说并不合适。而低温地热资源的一个典型应用就是为建筑物或农业设施供暖,目前已经有许多学者进行过这方面的研究(Lv et al., 2014; O'Sullivan et al., 2016)。

根据地热井布置方式和循环结构设计,可以将闭循环式地热系统划分为同轴式、多段井式和 U 形井式(Riahi et al, 2017),三种地热系统的结构如图 5 - 70 所示。在同轴闭循环式地热系统中,地热井中设置有保温内管,如图 5 - 70(a)所示,运行时低温工质通过外管注入,在流动到井底的过程中被地层加热,而后从保温内管中抽到地面加以利用。同轴式设计结构简单、运行稳定,且对井筒施工要求较低,曾一度受到广泛关注,但受当时技术条件的限制,内管保温水平不足以达到要求,因此同轴式设计停滞了一段时间。随着内管保温材料的突破,同轴内循环式地热系统又开始受到关注,国内外相关企业和研究单位通过实际工程试验,得到了较好的运行效果。多段井式闭循环地热系统分为两个部分,上部充有气体(如 N_2 等),下部注满流体(如水),井中分别布置有注入管和抽出管。考虑井底温度较高,将抽出管设计得较长以便抽取井底热水,注入管设计得较短,如图 5 - 70(b)所示,抽出管的流速与注入管相同。由于井内需要并列放置两根管路,并且为了保持流量,管路的直径又不能太小,多段井式的井径要求较大,但在深层地热资源的开发过程中,大口径深井的施工成本依然是目前亟须解决的问题,因此多段井式设计一般用于浅层地热工程。U 形井式设计是将垂直的注入井和抽出井通过封闭的水平井相连接,如图 5 - 70(c)所示。由于水平井段一般处于温度较高的地层内,所以 U 形井式设计的产流温度和热提取速率一般比其他两种设计高,但由于水平井的造价昂贵,且抽出井和水平井之间的对接难度较大,所以一般 U 形井式设计较少被采用。

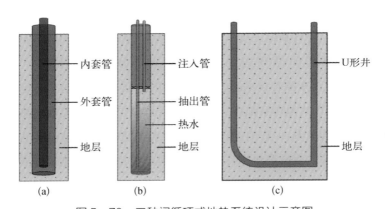

图 5 - 70　三种闭循环式地热系统设计示意图
(a)同轴闭循环式;(b)同轴闭循环改进式;(c)U 形井式

本节研究利用中国北方某地热场地的实际地热地质条件,建立了单井同轴内循环式地热系统的井筒-储层耦合模型,结合实际的地质条件和系统运行条件,利用 T2Well 程序对模型进行求解,并利用运算结果对地热系统长期的供暖性能进行了定量分析,预测了未来的地热系统产流温度变化趋势和地层温度变化趋势,为实际的工程设计提供参考。

5.4.1　研究区概况

研究区属华北平原地貌,区内新生代沉积层较厚,第四系盖层约 400 m,以黏土为主。区内缺失上元古界震旦系、南华系以及古生界志留系与泥盆系地层,其他地层齐全。由老到新主要有中-上元古界长城系、蓟县系和青白口系;下古生界寒武系、奥陶系;上古生界石炭系、二叠系;中生界侏罗系、白垩系;新生界古近系、新近系和第四系。各系地层基本为近水平的沉积地层,岩性以泥岩、砂岩和白云岩为主,少有岩浆侵入,断裂不发育。在地热供暖过程中钻井揭露的地层岩性分布和井温记录如图 5 - 71 所示。井底 2800 m 处所测温度为 77℃,地温梯度约为 2℃/100 m。

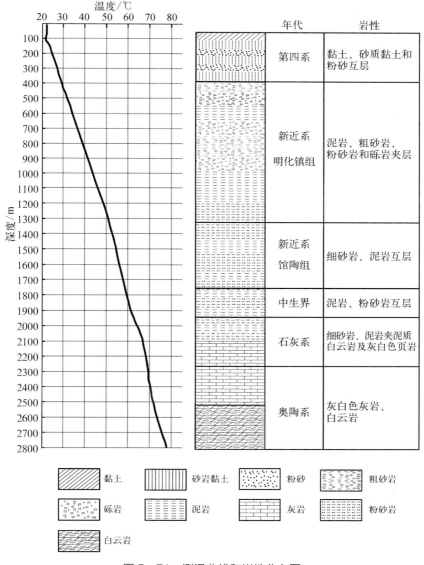

图 5-71　测温曲线和岩性分布图

5.4.2 数值模型建立

1. 概念模型及数值剖分

以地热井和井筒周围地层为研究对象,建立概化的井筒-储层耦合开采模型。在系统运行时冷水从外管注入,运移至井底被加热后从保温内管抽出,单井同轴取热不取水的概念模型如图5-72(a)所示。为了提高计算性能,采用如图5-72(b)所示的轴对称三维模型。地热井位于模型的对称轴上,深度为2800 m。为了消除边界条件对地热井周围地层中传热的影响,将侧向边界和底部边界分别向外延伸300 m和200 m。这样模型中地层的侧向延伸长度为300 m,纵向长度为3000 m。

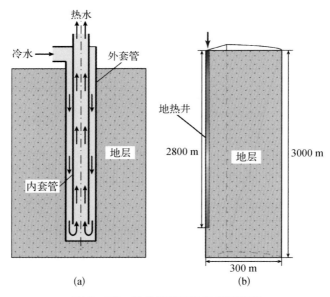

图 5-72　单井闭循环地热井示意图

(a)地热井实际结构示意图;(b)数值模型概念图

径向剖分上,由于在近井范围内的温度变化非常剧烈,因此在近井范围内的网格密度要适当加大,一般的原则是网格宽度接近地热井的直径。根据以往的研究经验来看,在地热井附近5~10 m的温度场变化非常剧烈,因此在地热井5 m范围内需要将网格加密到剖分精度为0.2~1 m;远井区域的网格宽度可以逐渐增

大,在本例中远井区域的网格精度逐渐增大到 20 m;垂向剖分上采取均匀剖分,剖
分精度为 20 m,剖分结果如图 5-73 所示。

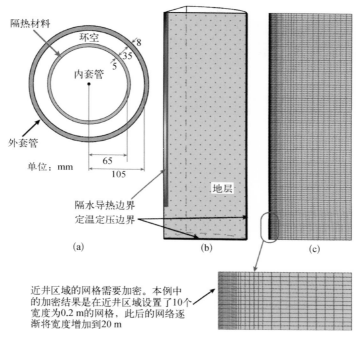

图 5-73　地热井数值剖分结果示意图
(a) 结构尺寸;(b) 模型边界条件;(c) 剖分结果

2. 初始和边界条件

模型中包含井筒内的流动过程和传热过程以及地层内的流动和传热过程,这
样在初始边界条件和初始条件下需要对地层中的压力和温度分别设置。在
T2Well 中,初始条件的建立是通过将边界网格的初始条件设置好以后进行足够
长时间的温度压力平衡,以此获得整个模型的初始条件。在本例中,地层中的压
力初始条件按照静水压力进行设置。如此对于 3000 m 的模型可以得到,顶部的
压力设置为 1 atm(0.1013 MPa),底部的压力设置为 3000 m 水柱的静水压力,
即 29.41 MPa。地层中的温度按照如图 5-71 所示的测温曲线和地温梯度进行设
置。其顶部设置为 21℃,底部设置为 81℃。地热井中的顶部压力设置为 1 atm,底
部压力设置为 2800 m 水柱(27.44 MPa),初始平衡后的结果如图 5-74 所示。

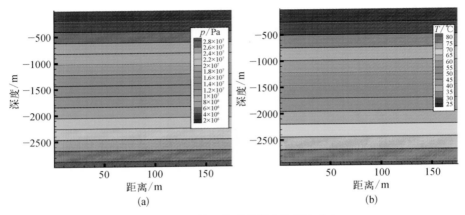

图 5-74　初始平衡后的温度和压力分布

（a）压力分布；（b）温度分布

　　边界条件主要根据实际的情况进行设置,其中外套管和地层之间也设置为隔水导热边界。地层的顶底面和侧面均设置为定温、定压边界。由于模型边界留出的距离不会影响系统的运行,因此储层外侧设置何种类型的边界对结果的影响有限(但如果将整个地层设置为初始地下水流场,则将对模型运行结果影响很大)。对于地热井来说,内套管和外套管被概化成两个独立的井筒,但内、外套管对应深度的井筒网格之间存在换热,所以地热井的内、外套管之间设置为隔水导热边界。内、外套管的底部进行正常的连接,顶部的外套管井口网格设置为定流量注入边界,内套管井口网格设置为顶压力排泄边界。

　　3. 模拟参数

　　模拟所需的参数汇总如表 5-8 所示。模型中大部分参数的确定基于现场施工得到,其他参数基于前人研究所使用的经验数据。

表 5-8　数值模型所需岩石热物性参数

模 型 参 数	取　值
岩石密度/(kg/m³)	2440
岩石孔隙度	0.19
岩石横向渗透率/mD	1.6

模 型 参 数	取 值
岩石垂向渗透率/mD	0.17
岩石的热传导系数/[W/(K·m)]	2.8
岩石的比热容/[J/(kg·℃)]	750
井筒外套管的热传导系数/[W/(K·m)]	4.0
井筒保温内套管的热传导系数/[W/(K·m)]	0.02

5.4.3 模拟方案

本节研究设定地热系统的供热年限为 20 年,据此分析开采年限内建筑物的供暖性能以及在供暖过程中的产流温度和地层温度变化过程。根据在每年中运行方式的不同,供暖系统的运行可以分为两种模式:连续运行模式和间歇运行模式。连续运行模式一般在对农业建筑物或其他功能性建筑物等的供暖中比较常见;而间歇运行模式则常见于对建筑物的冬季供暖中。例如中国华北地区,建筑物的冬季供暖期一般为 120~150 天(4~5 个月),每年的冬季进行供暖,本节研究中设供暖时间为 120 天,其余时间供暖系统停止运行。对于地热系统,停止运行期间可以给地层中的温度回升设一个恢复时间,因此从长远来看,间歇式运行对地层热能的充分开采利用具有更好的效果。结合以上的考虑,拟定的间歇运行和连续运行模拟方案见表 5-9。本节数值模拟采用 T2Well 程序完成求解。

表 5-9 模拟方案

方案编号	运 行 模 式	注入温度/℃	循环流量/(kg/s)
方案 1	间歇运行 20 年 (每年运行 120 天)	15	5
方案 2	连续运行 20 年	15	5

为了分析地热系统的产热性能,可以在模拟结果中提取地热井出口端的产流温度和流速,以及地热井周围地层内的温度变化。通过分析这些指标的动态演化

特征,可以得到地热系统的产热性能。根据得到的产流温度和循环流速,可以计算地热井的热提取速率,如式(5-3)所示。

5.4.4　模拟结果与分析

1. 产流温度和产能随时间的变化趋势

图5-75显示了间歇运行模式(方案1)和连续运行模式(方案2)下的产流温度和热提取速率的模型预测结果。结果表明,在间歇运行条件下,产流温度和热提取速率均高于连续运行条件下的。在地热系统间歇运行的条件下,各年的产流温度和热提取速率平均值相同,只是前四年平均温度和平均热提取速率略有下降。从数值上看,在系统运行4年后,间歇运行方案的平均生产温度(53.62℃)比连续运行方案的平均生产温度(43.64℃)高出约10℃。热提取速率也显示出相似的结果,间歇运行的热提取速率平均值比连续运行大200 kW左右,平均值从570 kW下降到508 kW。在间歇运行的20年中,吸热率几乎是恒定的。这表明近井范围内的地层温度在每年的245天供暖间歇期可以基本恢复到初始值。因此,我们有足够的把握来确定两个运行期之间地热系统的停泵期间能够满足地层的温度恢复,这将基本上维持地热系统的长期稳定供热。

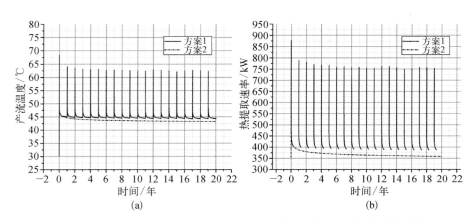

图5-75　不同运行模式条件下产流温度和热提取速率随时间的变化对比

(a) 产流温度;(b) 热提取速率

2. 地层温度场演化规律

对于连续开采模式,系统运行不同时间储层的温度空间分布演化如图 5 - 76 所示。可以看到,随着地热系统的运行,温度下降区域也逐渐向外拓展。20 年后

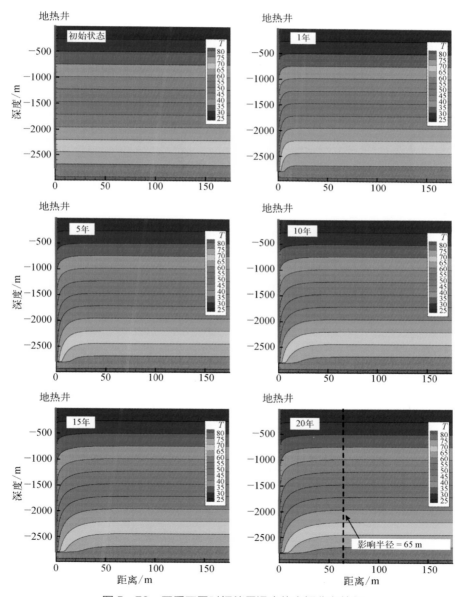

图 5 - 76　开采不同时间储层温度的空间分布特征

影响距离在 65 m 以内。因此,可以推断,如果钻井不止一口,则每两口井之间的距离应大于 130 m。当现场施工条件有限且无法提供足够的距离进行钻井施工时,80~100 m 也是一个可接受的距离。这对于连续运行和间歇运行条件都适用。

对于间歇运行模式的供暖间歇期,从图 5 - 75 的结果可以看到,第一年的温度下降在整个运行年限中是最为剧烈的,因此我们研究了在第一年供暖结束后的地层温度恢复期的地层温度表现和井底温度的恢复情况。地层温度在间歇期开始和结束时的分布以及井底温度在此期间的变化特征如图 5 - 77 所示。从模拟

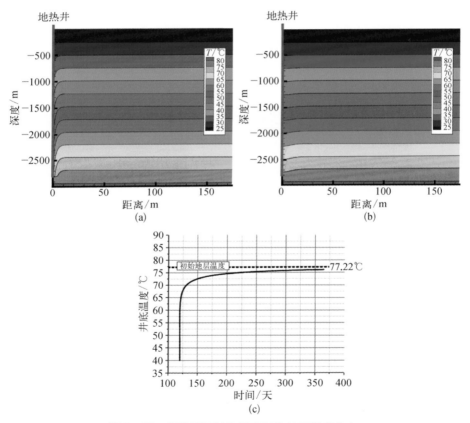

图 5-77   间歇期开始和结束时的地层温度分布
以及在此期间的井底温度变化特征

(a) 地热井周围地层进行温度恢复之前的温度场分布;(b) 地热井周围地层进行了 245 天的温度恢复以后的温度场分布;(c) 恢复过程中的井底温度变化过程(时间从 125 天开始到 365 天)

结果可以看出,在恢复期之前井筒附近降温区域的范围半径较小但温度梯度非常大,根据傅里叶热传导定律,较大的温度梯度会导致较大的热量通量,这就意味着在近井范围内的热量流动较快,井筒周围的温度恢复在此时会较快。而随着热量流动的进行,温度梯度逐步减小,热量流动逐渐降低,这就导致了图 5 - 77(c)中的温度恢复速度逐渐降低的现象。根据模拟结果,在经过 245 天的温度恢复后,近井范围内的温度场可以达到接近 93% 的恢复,但降温区域的影响半径会随着温度恢复的过程进一步向外延伸。不过随着降温区域的半径越来越大,根据能量守恒定律和傅里叶热传导定律,低温对远端温度场的影响也会逐渐减小,这对于地热系统来说是有利条件。

5.4.5　结论

本节基于实际工程运行条件,对单井同轴式内循环地热开采系统进行了数值模拟分析,得到了在长期供暖条件下的产流温度变化趋势,同时对连续运行和间歇运行的取热性能进行了对比。根据数值模拟研究结果,可以得出如下结论:

(1)在 20 年的连续运行过程中,地热井的产流温度仅在第一年的前半段内发生较大下降,此后基本保持平稳。这表明内循环式地热系统具有较好的产热稳定性。

(2)间歇式运行可以比连续运行产出更多的热能。在 20 年的间歇运行过程中,仅第 1 年到第 2 年的全年平均产流温度下降比较大,此后每年的产流温度基本维持在一稳定水平。

(3)由温度场的分布结果可以得出,地热井经过 20 年的运行后,周围温度影响区域的半径为 65 m 左右,因此若布置多个地热井,其相互的间距建议不小于 130 m。但由于比较大的降温区域仅维持在 20~30 m,因此在施工条件有限的场地条件下,地热井间距设置为 40~60 m 也不会造成较大的温度下降。

(4)根据温度恢复研究的结果可以得出,地热井在每年 245 天的恢复过程中可以将近井温度场恢复至原始地层温度的 93% 左右。因此在每年的供暖间歇期可以保证地层温度的恢复。

5.5 意大利 Pisa 盆地地热开发数值模拟

利用低碳、可再生的地热能进行供暖是实现智能城市能源行动的关键。意大利 Pisa 盆地勘探和钻探结果表明,该区域深部碳酸盐岩储层地热资源丰富,具有较大的城市供暖潜力。在 20 世纪 90 年代末,意大利国家研究委员会(CNR)针对校园的地热供暖项目在 Pisa 盆地正式启动。该项目计划在深度 800~1200 m 范围内钻两口斜井,用于开采和回灌。但当时只钻了一口井(San Cataldo 1 井),深度约为 1050 m(垂直深度约 850 m)。由于技术和经济条件难以维持长期运行,随后该井被废弃,整个项目也被迫中止。但是温度和监测数据显示,该地区具有进一步地热开发的潜力。

本节研究针对意大利 Pisa 盆地深部碳酸盐岩地热储层,建立井筒-储层耦合对井地热开采系统,对 50 年内的地热开采可持续性进行了评估。为了满足场地尺度模拟需要,此次研究将 T2Well 程序进行并行化开发,可完成规模十万以上网格单元的数值计算。

5.5.1 研究区概况

意大利 Pisa 盆地的岩层主要由沉积在北西—南东向冲击地堑中的碎屑沉积物组成。该地区东北部为比萨山脉,西南部为利沃诺山脉,西部为第勒尼安海(图 5 - 78)。在比萨山脉和山前盆地之间有泉水出露,温度为 20~40℃。钻探结果表明,在地面以下 1000~1200 m 深处的碳酸盐岩地层中监测到开采潜力较大的地热异常区。Bellani 和 Gherardi(2014)分析了边界条件对热传导的影响,并分析给出了盆地地热开发的最适宜区域。

自 20 世纪 70 年代以来,通过地震和重力勘探的方法在意大利 Pisa 盆地进行了大量的油气和地热勘探,在盆地西部先后钻探了几口用于油气勘探的深井(700~3000 m)。根据深部钻探获取的地温梯度以及该区域广泛分布的水井温度

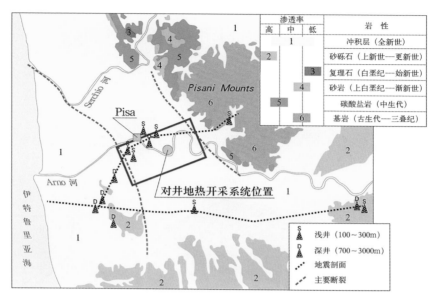

图 5-78　意大利 Pisa 盆地研究区域位置
（图中蓝色区域为此次研究区）

等热力学数据表明,该区地温梯度变化范围在 50~60℃/km。根据热流图,Pisa 盆地大地热流的平均值为 100 mW/m² (Bellani and Gherardi, 2014)。在 20 世纪 90 年代末,成功钻探了 S.Cataldo-1 井,深度约为 1050 m(垂直距离 850 m)。在抽水试验过程中,测得从地下埋深约 600 m 处的碳酸盐岩储层顶部上涌的热水温度为 49.5℃。水样分析显示,地热水 pH 近中性,中等盐度(<10 g/kg),地下水化学类型为 Cl·HCO₃—Na 型水,气体含量可忽略不计(Biagi et al., 2006)。数据分析表明,意大利 Pisa 盆地碳酸盐岩储层内热水不具有化学腐蚀性,非常适合地热开发。

5.5.2　数值模型建立

1. 概念模型

本节模拟开采的目标热储层为厚度超过 1500 m 的碳酸盐岩储层,其上覆约 550 m 的低渗透性盖层,东、西两侧分布有两条正断层。受断层的控制作用,模拟区顶部长度为 8000 m,底部的长度为 9050 m,沿南北方向距离约为 5000 m。模拟区域从碳酸盐岩储层顶部垂直向下延伸 1500 m,以消除系统底部边界的影响(图 5 - 79)。

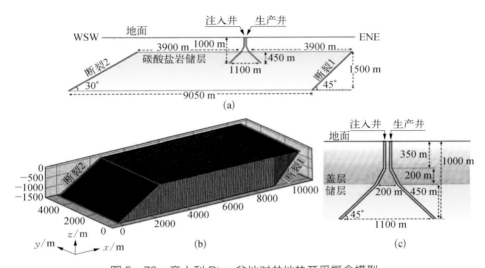

图 5 - 79   意大利 Pisa 盆地对井地热开采概念模型
(a) 模拟区二维横截面;(b) 模拟网格三维视图;(c) 地热井井眼结构图

本节研究建立的模型采用了特殊的对井布置结构[图 5 - 79(a)],即利用从同一个钻孔钻出的两眼定向井。在地层深部两口井对称倾斜,位于模拟区域的中心部分。在地表以下 200 m 范围内,两口井为垂直钻进,井径为 0.7 m。在 200~550 m,井径减小到 0.5 m,与竖直方向夹角为 15°。在碳酸盐岩地层内,井筒与竖直方向的夹角进一步增大至 45°。两个钻孔的开孔部分均位于碳酸盐岩地层内,竖直方向上埋深为 550~1000 m,井径为 0.3 m。每口井总长度约为 1200 m,垂直穿透地层深度约为 1000 m,两井井底位于地下埋深 1000 m 处,井底间距为 1100 m[图 5 - 79(c)]。为了最大限度地发挥回灌的效益,即有效维持地热储层孔隙压力,对井间距不宜过大;但也不宜过小,以避免开采井中出现过早的热突破。对井开采的最佳井位和井间距在很大程度上决定了地热开采系统的经济使用寿命,但在未来的开发中,可能受社会需求和经济等方面的限制。

2. 初始和边界条件

钻井测试结果显示,在 575 m 深处(碳酸盐岩储层顶部)所测温度为 49℃,而浅部含水层的温度为 15℃(即当地环境温度)。盖层的地温梯度大约为 59℃/km,然而在碳酸盐岩储层内,地温梯度降至约 15℃/km。据此,整个模型的初始温度按照实测的地温梯度分布进行设置。初始孔隙压力按照静水压力分布进行设置。

模型两侧受到两个北西—南东向低渗透性断层的横向影响,且储层上覆有 550 m 厚的低渗透黏土和砂岩混合层充当非渗透性盖层。因此,数值模型中侧向边界和顶板被设置为隔水边界。垂直方向模型总厚度为 1500 m,由于井底与模型底板的距离足够大,因此可将底板设为零流量边界,但模型中通过半解析解考虑顶底板以外地层对热储的传热作用。

3. 模型参数

通过查阅文献获得研究区碳酸盐岩储层的密度、孔隙度和导热系数等参数,见表 5 - 10。根据 1998 年在本研究区域内探井中进行的回灌试验(San Cataldo 1 井,CNR - IGG 未公布的数据)结果来确定储层渗透率。回灌试验期间,井口的压力保持在 0.2 MPa,注入能力为 $250\sim300$ $m^3/(h\cdot MPa)$。试验进行了 33 h,注入速率保持在 108 m^3/h。通过对测试数据进行分析,最终得出,碳酸盐岩储层渗透率约为 $5.0\times10^{-14} m^2$。考虑到沉积地层渗透率通常存在各向异性,本节研究在模型中假设垂直渗透率为 $5.0\times10^{-15} m^2$,即水平方向与垂直方向渗透率之比为 10∶1。

表 5 - 10　碳酸盐岩储层和井筒的水热参数

参　　数		取　　值
储层参数	孔隙度	0.08
	渗透率/m^2	5.0×10^{-14}
	岩石干密度/(kg/m^3)	2700
	岩石比热容/$[J/(kg\cdot℃)]$	830
	导热系数/$[W/(m\cdot℃)]$	3.0
井筒参数	粗糙度/mm	0.046
	导热系数/$[W/(m\cdot℃)]$	3.0

4. 模拟方案

数值计算利用井筒-储层全耦合的模拟程序 T2Well。T2Well 是通过将动量守恒方程引入 TOUGH2 程序,在储层中仍采用达西定律,而在井筒中采用动量守恒作为控制方程。此外,在本节研究中我们将 T2Well 进行了并行化开发,并行方法与 TOUGH-MP 相同。对于井筒网格的处理,将井筒网格规划到单一进程,避免了不同进程与井筒单元之间的数据交换,也实现了井筒网格和储层网格数据交换的最小化。

5.5.3 模拟结果与分析

1. 恒定速率开采方案

基础方案(Reference case,RCS)假设地热储层参数均质分布,每年 12 个月均以 80 m^3/h 的恒定速率进行回灌和开采。图 5-80 显示了基础方案在连续开采 50 年后,过注入井和生产井剖面中储层温度和压力的空间分布特征。从图中可以看出,基础开采方案导致储层的压力发生微小变化,在生产井附近的最大压降不超过 1 MPa。另外,在注入井周围的压力略有增加。模拟预测结果显示,在基础方案条件下,50 年开采周期内生产井中产流体温度基本保持不变。这主要是因为两井距离较远,注入的冷水在重力作用下更多的是向储层下部迁移,而非横向流动至生产井,因此没有导致回灌井和生产井之间的热短路,相反会促进储层中原有地热水的对流,使得碳酸盐岩储层中的热水从储层深部流向开采井。这导致在持续开采 50 年后,生产井中的温度不但没有降低,反而有所升高,其中生产井底部温度升高 1.2℃,生产井顶部温度升高 3.6℃。

由于在基础开采方案条件下,系统可以稳定运行 50 年,未出现生产井温度降低,这表明目标地热储层还有更大的地热开发潜力。为了进一步探究目标碳酸盐岩地热储层的极限开采潜力,设计了更多的开采模拟方案,即将生产速率和回灌速率按一定梯度由基础方案的 80 m^3/h 增加到 600 m^3/h。

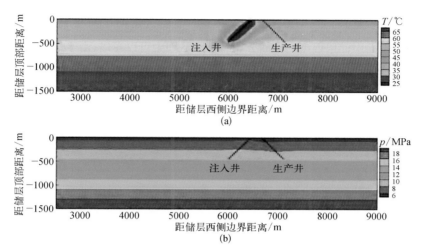

图 5-80　开采 50 年后过注入井和生产井剖面中储层的温度
和压力分布图（回灌／生产速率为 80 m³／h）

（a）温度分布；（b）压力分布

　　图 5-81 显示了不同回灌/生产速率在 50 年开采期间,生产井井口产流温度和净热提取速率随时间演化的特征。从图中可以看出,当注采速率高于 150 m³/h 时,在连续开采 50 年后可能会导致生产井井口产流温度出现显著降低。在注采速率为 400 m³/h 和 600 m³/h 的条件下,不到 10 年的开采时间生产井产流温度便开始下降,模型预测在 50 年后两种方案的产流温度分别降低 6℃和 8℃［图 5-81(a)］。

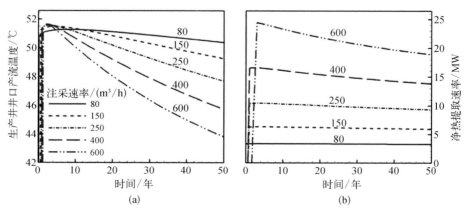

图 5-81　不同注采速率生产条件下的地热动态开采特征

（a）产流温度；（b）净热提取速率

图 5-82 显示了在回灌/生产速率达到 600 m³/h 持续开采 50 年后,过注入井和生产井剖面中储层温度的空间分布特征。从图中可以看出,由于开采流量显著增大,导致在生产井周围形成水平直径约为 1.5 km、垂直厚度约为 0.6 km 的低温区域(储层温度<25℃)。由于低温区域快速延伸至生产井,这导致生产井温度出现降低。在设计开采年限内,如果出现生产温度过度降低,这不利于地热开采系统的稳定运行。因此,在均质储层条件下,我们认为对井开采方案运行 50 年的理想注采速率为 150 m³/h。

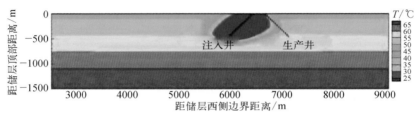

图 5-82   开采 50 年后沿井剖面中储层的温度分布
图(回灌/生产速率为 600 m³/h)

2. 间歇式开采方案

间歇式开采方案假定在每年中有 5 个月以 200 m³/h 的恒定速率进行注采,其余 7 个月停止开采,以使储层进行热量恢复。该方案条件下提取热水总量约为 $720×10^3 m^3/a$,这与基础方案中(每年 12 个月以恒定速率 80 m³/h 抽水)的每年热水总开采量几乎相同。图 5-83 显示了在 50 年开采周期内,恒定速率开采方案和间歇式开采方案中生产井井口产流温度随时间演化的特征。从图中可以看出,在 50 年的开采周期内,间歇式开采方案中生产井产出温度比基础方案中以恒定速率开采条件下的温度高出约 0.5℃。此外,间歇式开采方案的模拟结果显示,经过 7

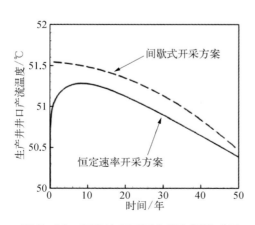

图 5-83   恒定速率开采方案和间歇式开采方案中生产井井口产流温度随时间演化的特征对比

个月的停止开采,储层中的水温可以完全恢复到初始温度状态。

5.5.4　地热储层非均质性影响分析

天然含水层通常存在非均质特性,因此在对井地热开采过程中可能产生阻滞作用或优先流通道,已有研究结果表明,这在较大程度上会影响地热开采效率。本节研究基于 Pisa 盆地对井地热开采模型,进一步研究了储层非均质性对地热开采效率的影响,主要目的在于讨论可能存在的热突破条件和相应的地热开采特征。由于储层渗透率的变化对地热开采寿命和效率影响最大,因此这里重点讨论储层渗透率的非均质情况。

基于之前的均质储层模型,主要将井筒周围的地热储层进行非均质刻画。因此,在 x 方向上取 $5500 \sim 7500$ m, y 方向上取 $2000 \sim 3000$ m, z 方向上取 $0 \sim 1000$ m 范围内进行非均质刻画。其余部分储层仍为均质分布。

1. 非均质实现方法

对于非均质的实现,首先根据地质统计理论,在一定区域内的渗透率符合对数正态分布,因此采用规则剖分,设定网格间距($\Delta x = \Delta y = \Delta z = 50$ m),则非均质区域共剖分为 $40 \times 20 \times 20 = 16000$ 个网格。给定平均渗透率为 5.0×10^{-14} m^2,与均质基础方案相同,方差为 0.8,最大渗透率为 5.0×10^{-12} m^2,最小渗透率为 5.0×10^{-16} m^2,如图 5-84(a)中的蓝色曲线为理论值。

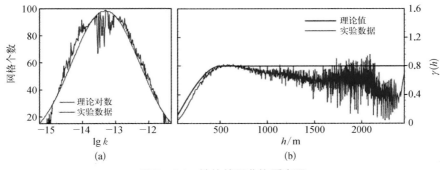

图 5-84　地热储层非均质实现

(a) 渗透率的对数正态分布;(b) 变差函数模型(球形模型)

而对于非均质渗透率的分布,可以通过变差函数实现。变差函数可以定量描述随机非均质场的空间相关性,可用场中任意两点之间的非均质的方差表示,如下式所示:

$$\gamma(h) = \frac{1}{2} \times \mathrm{Var}[Z(x) - Z(x+h)] \qquad (5-12)$$

$$= \frac{1}{2} \times E \times [Z(x) - Z(x+h)]^2$$

$$\gamma(h) = \begin{cases} 0, & h = 0 \\ C_0 + C \times \left(\dfrac{3h}{2a} - \dfrac{h^3}{2a^3} \right), & 0 < h \leqslant a \\ C_0 + C, & h \geqslant a \end{cases} \qquad (5-13)$$

式中,x 是场中的任意一点;h 是从 x 到其他任意点的距离;Z 是空间变量(本次模型中是渗透率);$\gamma(h)$ 是任意两个点的相关性,$\gamma(h)$ 值越高表明两点间相关程度越弱,如图 5-84(b)中蓝色曲线为理论值。因此,对于进行非均质赋值的网格,需要同时满足正态分布与变差函数。在此通过忽略块金效应($C_0 = 0$),计算得到 16000 个网格的渗透率大小和分布如图 5-84 中红色曲线所示。

对于考虑孔隙度的非均质分布特征,通常孔隙度与渗透率的关系取决于多孔介质固有的复杂结构。为了简化计算,假设渗透率和孔隙度的关系符合以下公式:

$$\lg k = a \times \phi + b \qquad (5-14)$$

式中,k 是渗透率,m^2;ϕ 是孔隙度;a 和 b 是两个经验系数,在碳酸盐岩储层中,a、b 分别为 28.5 和 15.9。据此,该式计算的 Pisa 盆地碳酸盐岩含水层孔隙度的最小值、平均值和最大值分别为 0.01、0.08 和 0.15。

2. 非均质方案

利用随机数可以产生无数个不同的非均质储层模型。本次研究仅选择三种非均质方案作为代表进行讨论:① 井间存在高渗透性区域[图 5-85(a)和图 5-85(b),非均质方案 1,下文称 HC1]。② 井间存在低渗透区域[图 5-85(c)和

图 5 - 85(d),非均质方案 2,下文称 HC2]。③ 回灌井底部位于低渗透区域,储层顶部存在高渗透区域[图 5 - 85(e)和图 5 - 85(f),非均质方案 3,下文称 HC3]。

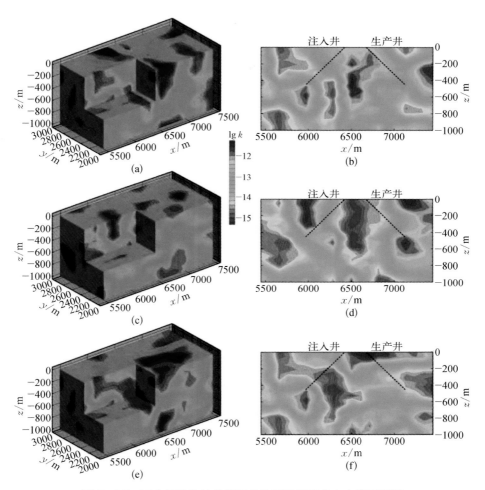

图 5 - 85　三个假设的地热储层非均质渗透率分布方案示意图

（a）HC1 方案；（b）HC1 方案中 $y = 2500\,\mathrm{m}$ 的二维横截面图；（c）HC2 方案；（d）HC2 方案中 $y = 2500\,\mathrm{m}$ 的二维横截面图；（e）HC3 方案；（f）HC3 方案中 $y = 2500\,\mathrm{m}$ 的二维横截面图

　　这三个方案只是储层的几种可能出现的结构形式,因此,本质上它们不代表储层的任何部分。我们只是利用这几个非均质方案进行数值模型的敏感性分析,并利用已确定的孔隙度和渗透率的分布范围,以定量评价储层非均质性对地热开

采过程的影响。

3. 地热开采特征

为保证非均质储层方案和均值储层方案的模拟结果具有横向对比性,三个非均质储层模型的开采方案均采取了与基础方案中相同的注采条件,即一年 12 个月连续进行,注采速率均为 80 m^3/h。

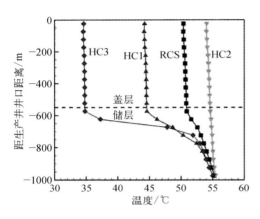

图 5-86 显示了不同地热储层模型方案在连续开采 50 年后,沿生产井不同深度温度的分布特征对比。从图中可以看出:① 由于储层顶部两井距离较近,因此储层顶部的高渗通道容易导致热突破,生产流体温度较低,如方案 HC1 和 HC3 所示。② 两井之间的低渗区在避免生产和回灌井之间过早出现热突破现象的问题上发挥了重要作用,如方案 HC2 所示。

图 5-86 均值储层模型(RCS)和三个非均质储层模型(HC1、HC2、HC3)持续开采 50 年后,沿生产井不同深度温度的分布特征

图 5-87 显示了四个热储模型在持续开采 50 年后,过注入井和生产井剖面储层的温度分布特征。从图中可以看出,由于 HC1 和 HC3 模型中在注入井和生产井之间存在高渗区域,因此两井之间的温度较低。然而,在 HC2 模型中情况完全不同,由于井间的低渗透性区域充当了流体的运移屏障,阻碍了注入的低温流体快速流向生产井,使得生产井能够在同样的开采年限内有效地输送储层中的热流体。这种阻隔作用不仅可以有效防止流体短路的发生,而且使得流体向更深处流动,提高生产井产出流体的温度。尽管如此,仍不能说明回灌井和生产井之间储层渗透率降低与对井开采性能的提高之间存在直接联系。

图 5-88 显示了均质储层模型(RCS)和三个非均质储层模型(HC1、HC2、HC3)的开采特征对比。从提取热量方面来看,HC2 模型是最佳方案。在 50 年的对井开采运行期间,其热量产出速率稳定在 3.6~3.7 MW[图5-88(a)]。事实上,由于注采井之间储层渗透率的降低,导致井间的流动效率降低,因此过低的渗透率实际

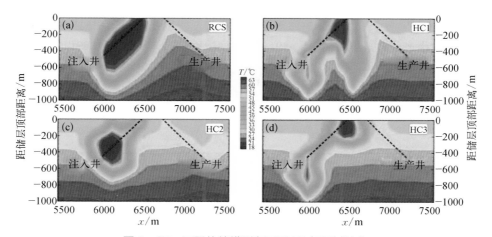

图 5-87　不同热储模型在开采 50 年后过注入
井和生产井剖面储层的温度分布

（a）均质储层模型（RCS）；（b）非均质储层模型（HC1）；（c）非均质储层模型
（HC2）；（d）非均质储层模型（HC3）

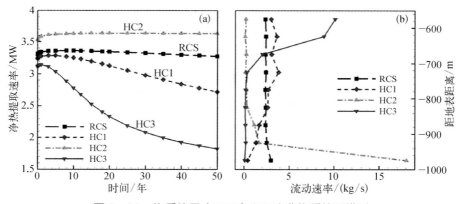

图 5-88　均质储层（RCS）和三个非均质储层模型
（HC1、HC2、HC3）开采特征对比

（a）净热提取速率；（b）开采 50 年后的流量对比

上可能导致储层中流体的流速降低，进而产生不利于地热开采的效应。渗透率的不
均匀分布导致对井开采的开采热量、生产速率和压力随深度的变化而变化。与均质
储层（RCS）开采方案相比，HC1 和 HC3 方案中产出的热水的大部分热量实际上是由
储层顶部附近地层所提供的，相反，HC2 方案中模拟结果显示所提取的热量主要来自
井筒底部，而储层顶部几乎没有提供热量[图 5-88（b）]。

　　图 5-89 显示了均质储层模型（RCS）和三个非均质储层模型（HC1、HC2、HC3）中生产井井口压力［图 5-89（a）］和回灌井井口压力［图 5-89（b）］随时间变化的特征。从图 5-89 中可以看出，相对于其他非均质储层方案，均质储层方案（RCS）中生产井井口压力是最低的；而 RCS 中回灌井井口压力是最高的。

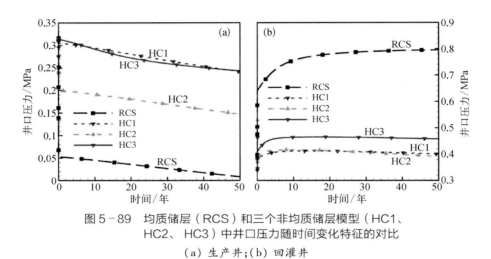

图 5-89　均质储层（RCS）和三个非均质储层模型（HC1、
HC2、 HC3）中井口压力随时间变化特征的对比
（a）生产井；（b）回灌井

　　总的来说，Pisa 盆地的对井开采预计可以在保证生产温度没有明显降低的条件下，以可持续的方式运行数十年。本节研究的一个内在的局限是没有考虑与地层有关的物理和化学过程，比如井筒中的矿物结垢、储层中的矿物溶解或沉淀，以及细颗粒沉积物的机械运移等，均可能导致储层孔渗参数出现动态变化并影响地热开采性能。

5.5.5　结论

　　本节研究基于意大利 Pisa 盆地碳酸盐岩型热储建立了井筒-储层耦合的对井开采模型，分析了不同开采方案条件下的热提取效率，并讨论了储层孔渗非均质性对水-热运移过程的影响，主要得到以下结论：

　　（1）对于均质储层，在给定布井方案条件下，以 150 m³/h 的开采速率可以保证在 50 年生命周期内开采流体温度不出现显著降低。

（2）非均质条件下,两井之间存在高渗通道时,更易形成热突破,不利于地热开采系统的稳定运行。但过低的储层渗透率也不利于回灌过程保持储层压力稳定。因此,地热工程建造前的热储探测工作极为重要。

（3）为了更可靠地预测碳酸盐岩热储的开采可持续性,需要对开采过程中可能发生的化学反应、储层中可能产生的矿物沉淀以及固体颗粒在井筒中的沉积过程进行更深入的研究。

5.6　超临界地热开采数值模拟

5.6.1　研究背景

1. 超临界地热概念

水的相图如图 5 - 90 所示,蓝色线段为水的气-液相变线,上部为液相,下部为气相,蓝色线段的两端分别为水的三相共存点和超临界点,其温度、压力条件分别为（675 Pa, 0.01℃）和（22.064 MPa, 373.946℃）。沿着气-液相变线从三相点到超临界点,气-液两相的物理性质越来越接近,到达超临界点时,气-液两相水的物理性质完全一致,当温度和压力超过超临界点时,水就以超临界态存在。当温度在超临界点以上而压力未达到超临界时,称之为过热蒸汽（Superheated gas）;而当压力超过临界压力而温度未达到临界温度时,称之为过冷流体（Subcooled liquid）。

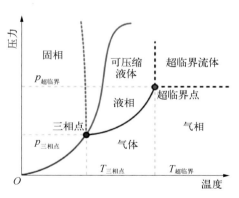

图 5 - 90　水的相态与温度和压力关系图

超临界水具有较低的密度、动力黏度和介电常数等性质,同时具有较高的热焓和压缩系数,如图 5 - 91 所示。这些特征决定了超临界地热资源的开采相比传统中低温地热资源具有明显优势。根据 Cladouhos 等（2018）的研究表明，在 60 kg/s的质量流速下,400℃条件下的热提取效率可达到 50 MW,约 10 倍于 200℃ 条件下液态水的热提取效率。Friðleifsson 等（2015）的计算同样验证了上述结论, 计算得到 450℃,2400 m³/h 的体积流速下热提取效率可达 40~50 MW,超过传统 地热开采约一个数量级以上。

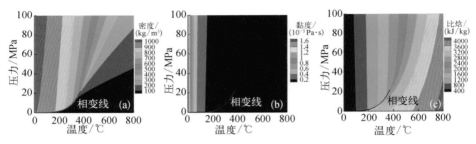

图 5-91　不同温度、压力条件下水的物理性质
（a）密度;（b）动力黏度;（c）焓值

2. 超临界地热场地概况

在世界范围内,对超临界地热资源的研究仍处于初步探索阶段,目前世界上 仅有约 25 口深部超临界地热钻井,其中包括美国的 Geysers 和 Salton Sea,冰岛的 Krafla,日本的 Kakkonda,意大利的 Larderello,墨西哥的 Los Humeros,肯尼亚的 Menengai 等。上述钻井钻遇的超临界条件一般出现在地壳脆性-韧性转换带附 近,主要为火山分布区域,通常利用板块活动能量以及岩浆囊作为热源。世界范 围内主要超临界地热工程的典型场地分布如图 5-92 所示,主要包括:冰岛深部 钻探工程(Iceland Deep Drilling Project, IDDP),意大利的欧洲大陆深部超临界钻 探 计 划 (Drilling in dEep Super-CRitical AMBient of continentaL Europe, DESCRAMBLE),日本的超越脆性岩工程(Japan Beyond Brittle Project, JBBP),美 国的纽贝里深部钻探工程(Newberry Deep Drilling Project, NDDP)等,其中以冰岛 IDDP 系列工程最为典型。

冰岛地域上存在大量火山,在 21 世纪初就开展了冰岛深部钻探工程(Iceland Deep Drilling Project, IDDP),试图在地下 3.5~5 km 找到 450~600℃的适宜储层 以实现经济性开发(Friðleifsson et al., 2014)。有三个备选的场地,分别位于

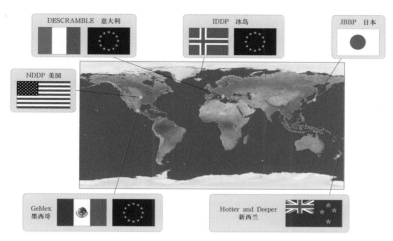

图 5-92　超临界地热工程典型场地世界分布图

Krafla，Reykjanes 和 Hengill，目前，除 Hengill 外均已开展钻探工程。

在 2009 年，IDDP-1 工程首先在 Krafla 进行。在 2104 m 深度钻遇岩浆，由于其具有剧烈的侵蚀性而停钻，最终完井深度为 2072 m（Elders et al.，2014）。通过开采测试，出口压力约为 14 MPa，温度为 452℃，为过热蒸汽，流量可达 10~12 kg/s。其中含有大量酸性气体（HCl、HF、H_2S 等），其中 HCl 约为 100 mg/kg，在蒸汽凝结时形成盐酸，井筒以及大量地面设备均受到腐蚀，另外约 62 mg/kg 的 SiO_2 溶解在蒸汽相中，在井口随着压力降低而大量沉淀（Friðleifsson et al.，2015；2017）。关于 IDDP-2 工程，将在下节详细介绍。

5.6.2　超临界地热的模拟工具开发

目前关于超临界地热资源开发有待继续研究的方向包括：① 更好的资源评价与勘探方法；② 针对原位流体和原位岩石物理特性的室内实验研究；③ 合适的钻完井技术；④ 测井和监测的设备与策略；⑤ 能够处理超临界条件流体的数值模拟工具；⑥ 更多可以用于获取整个地热开发过程中井下条件和测试技术方法的示范工程（Dobson et al.，2017）。

在超临界流体的数值模拟工具方面，由于水在超临界附近物理性质的剧烈变化,常规模拟器无法满足模拟需要。目前,已有多个研究团队尝试了超临界地热模拟程序的开发工作,其中包括 HOTH2O(Pritchett,1995),HYDROTHERM(Hayba and Ingebritsen,1994),Complex System Modeling Platform(CSMP++)(Driesner et al.,2015),以及基于 TOUGH 系列程序开发的系列模型,例如AUTOUGH(Croucher and O'Sullivan,2008),iTOUGH - EOS1sc(Magnusdottir and Finsterle,2015)等。其中,HOTH2O 和 HYDROTHERM 作为 STAR 模拟器的扩展,采用压力和流体内能作为模拟过程中的基本变量,虽然可以满足超临界条件的模拟需求,但在网格剖分上不够灵活,仅接受径向或矩形网格剖分。Croucher 和 O'Sullivan(2008)更新了 TOUGH2 中采用的热力学方程,将 IFC - 67(International Formulation Committee of the 6th International Conference on the Properties of Steam,1967)更新为 IAPWS - IF97(International Association for the Properties of Water and Steam)(Wagner et al.,2000),以计算超临界条件下水的物理性质。随后,研究团队将模块继续完善,将状态方程扩展到超临界水-空气两相(O'Sullivan et al.,2016),并添加到 AUTOUGH2(Croucher et al.,2016)中。Magnusdottir 和 Finsterle(2005)将 Croucher 和 O'Sullivan 的方法应用至 iTOUGH2,开发了一个新的状态方程模块(EOS1sc),并优化程序提高计算效率。Driesner 等(2015)基于 C++语言开发了一个新的数值模拟平台 CSMP++,用以模拟流体流动和传热等地质过程以及岩土力学和地球化学过程。另外,为研究超临界水开发过程中在井筒内部的流动过程,冰岛大学基于 MATLAB 开发了 FloWell,主要应用于地热工程水-气两相管流模拟。

IAPWS - IF97 是由国际水-蒸汽性质协会(International Association of Properties of Water and Steam)在前一版本 IAPWS - 95 基础之上进一步优化得来的,计算更为精准与快速。首先将温度压力平面划分为 5 个区域(图 5 - 93),其中区域 4 为水-气两相相变线。区域 1 到 3 覆盖的温度、压力区间为 $0℃ ≤ T ≤ 800℃$、$0 ≤ p ≤ 100 MPa$,区域 5 覆盖的温度、压力范围为 $800℃ < T ≤ 1500℃$、$0 ≤ p ≤ 50 MPa$。区域 1 与区域 3 的分界为 $T = 350 ℃$,区域 1 与区域 2 的分界为相变线,区域 2 与区域 3 的分界为一给定方程。对于区域 1、2、5 的计算,均依据吉布斯(Gibbs)自由能,函数的基本变量为压力和温度。而对于区

域 3,由于覆盖超临界点,包含气-液两相,因此采用密度和压力作为基本变量,采用亥姆霍兹(Helmholtz)自由能进行描述。对于不同区域均采用大量的参数进行精确回归,回归参数可高达四十余个,可以计算摩尔体积、比定压热容、内能、热焓等。

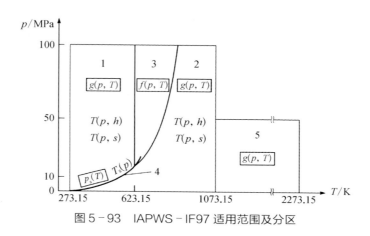

图 5-93　IAPWS-IF97 适用范围及分区

　　目前,AUTOUGH 和 iTOUGH-EOS1sc 两款程序分别基于 TOUGH 系列不同的程序开发,但对于超临界的处理基本一致。首先,对于基本变量的选取,为保证计算的方便,其基本变量的选取与 IAPWS-IF97 一致。即对区域 3 采用温度和密度作为基本变量,本书作者认为这会给用户带来一定困扰。首先,因为区域 3 的边界并不是相边界,仅是方便回归方程的建立,不存在实际物理意义,而且区域 3 包括气-液两相及两相共存。相比原版 TOUGH2-EOS1 模块,基本变量为压力-温度(单相情况)和压力-气体饱和度(两相情况)。新的基本变量的选择必然会带来一定的困扰与混淆。其次,对于相对渗透率和毛细压力的处理,水-气两相的物理性质沿着相变线向超临界点的方向趋近,因此,相对渗透率与毛细压力的作用应该逐渐被弱化,相对渗透率的值会逐渐趋近于相态饱和度,毛细压力逐渐趋近于零。对于此类问题,吉林大学研究团队同样基于 TOUGH2 程序框架以及 IAPWS-IF97 状态方程,开发了适用于超临界条件模拟的状态方程模块。下面将以冰岛 IDDP-2 钻井工程应用为例进行简单介绍。

5.6.3　冰岛 IDDP－2 超临界地热场地

1. 地质概况

冰岛形成于早中新世晚期,由大西洋中脊裂谷溢出的上地幔物质堆积而成,属于火山岛,共有 200~300 座火山,其中 40~50 座为活火山。IDDP－2 钻井位于冰岛 Reykjanes 半岛西南端的 Reykjanes 地热田中(图 5－94),Reykjanes 地热田的熔岩覆盖面积为 25 km²,其地理位置处于半岛的张扭性板块边界和伸展构造的 Reykjanes 海脊板块边界之间的过渡带。

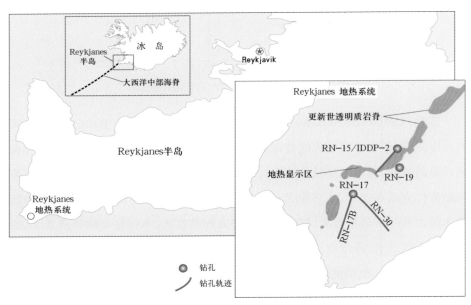

图 5－94　冰岛 IDDP－2 井位置图(Friðleifsson et al., 2017)

如图 5－95 所示,火山扩展带(黑色)和非火山断裂带(红色)在构造中占主导地位。火山张扭断层(粉红色)与偏移的扩展带相连。由过渡性岩石组成的火山侧翼(蓝色)在拉斑玄武岩壳上形成了成层火山。

如图 5－96 所示为过 IDDP－2 钻井的地层剖面图,根据 Reykjanes 地热田现有的 34 个钻孔确定岩性主要分为两部分,上部为火山喷发的岩溶盖层,下部为片状岩

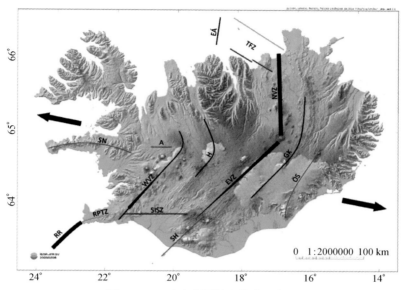

图 5-95　冰岛主要地质构造示意图

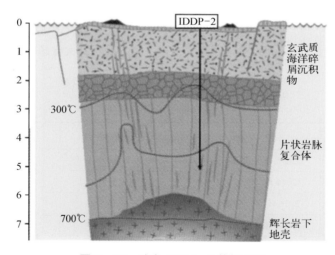

图 5-96　冰岛 IDDP-2 井剖面图

脉复合体。由于地热田的特殊地理位置,地热系统中的流体主要为海水补给,其化学成分受玄武岩的影响发生较大变化,含有大量硫化物与金属元素。并且受岩浆的影响,其地质流体具有超高温度,在 4000 m 以下达到了超临界流体的温度、压力条件。深部流体经岩浆加热向上运移至浅表,形成了地热田的地下流体系统。

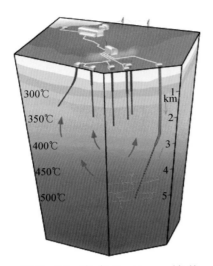

图 5-97 冰岛 Reykjanes 地热
田概念模型图,现有井
(棕色)和 IDDP-2
井(蓝色)

2. IDDP-2 工程概况

Reykjanes 地热田中现有钻孔揭露的热储深度介于 1~2.5 km,温度约为 300℃,当前总发电量约为 100 MW,如图 5-97 所示。其中 RN-15 井于 2004 年 3 月完成,深度达 2500 m。2006 年开始发电,发电量为 2~3 MW。 IDDP-2 工程基于 RN-15 井继续钻进,最终成井深度为 4659 m,为地热田中现有的最深地热井。钻井轨迹向西南方倾斜,井底距地面垂直深度约为 4500 m。

在 RN-15 钻进加深过程中,随着钻探的进行出现了各种挑战,如频繁扩孔带来的井壁稳定性问题,然而最大的难题就是在 3060 m 以下钻井循环液完全漏失。另外,在岩芯提取过程中也遇到了困难,13 次尝试中只截取到约 27 m 的岩芯(表5-11)。这也是世界首次在超临界状态下获取到岩芯。

表 5-11 钻井岩芯回收统计

取芯次数	时　　间	取芯段/m	取芯长度/m
1	2016 年 9 月 18 日	3068.7~3074.1	0
2	2016 年 10 月 4 日	3177.6~3179.0	0
3	2016 年 10 月 30 日	3648.0~3648.9	0.52
4	2016 年 11 月 2 日	3648.9~3650.7	0
5	2016 年 11 月 11 日	3865.5~3869.8	3.85
6	2016 年 11 月 12 日	3869.8~3870.2	0.15
7	2016 年 11 月 22 日	4089.5~4090.6	0.13
8	2016 年 11 月 28 日	4254.6~4255.3	0.28
9	2016 年 12 月 6 日	4308.7~4309.9	0
10	2016 年 12 月 7 日	4309.9~4311.2	0.22

续表

取芯次数	时　　间	取芯段/m	取芯长度/m
11	2017 年 1 月 16 日	4634.2~4642.8	7.58
12	2017 年 1 月 17 日	4642.8~4652.0	9
13	2017 年 1 月 19 日	4652.0~4659.0	5.58
总　　计			27.31

　　如图 5 - 98 所示为 IDDP - 2 成井 6 天后,进行热刺激后得到的测温与测压曲线,注入冷水流量为 40 L/s。井底压力达 34 MP,温度 427℃。通过测温曲线可以看出,在 3000 m 以下,温度迅速升高,存在三个拐点,因此推测在 3400 m、4200 m 以及 4500 m 深度分别存在三个高渗破碎带。尤其以 3400 m 为主,钻井过程中 70% 以上流体流失在该层位。通过测温与测压曲线,可推测 IDDP - 2 深部热储

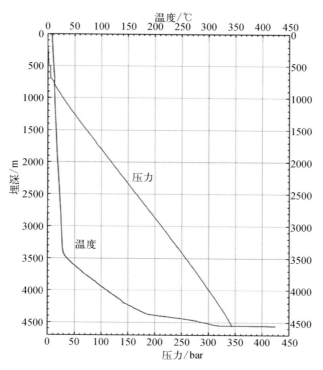

图 5 - 98　IDDP - 2 井温度、压力曲线
（Friðleifsson et al.，2017）

渗透率和导热系数等参数的大致范围。值得注意的是,在注入过程中,注入井口的注入能力在不断提升,热刺激起到明显的效果,在储层中产生了更多的裂隙,增加了储层的渗透率。

5.6.4　数值模型建立

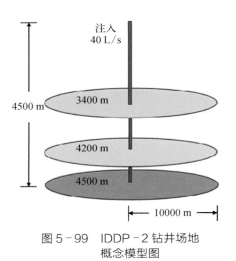

图 5-99　IDDP-2 钻井场地
概念模型图

1. 概念模型

以 IDDP-2 井和三层高渗储层为模拟对象建立井筒-储层耦合的径向-垂向二维模型。储层厚度均设置为 50 m,径向模拟范围考虑 10 km 以消除侧向边界的影响(图 5-99)。

2. 储层参数识别

为简化模型计算,模拟过程中仅考虑三层高渗储层,忽略其他低渗透性岩层。IDDP-2 井稳定后的测温数据显示在埋深为 4659 m 时,地层温度为 535℃,地表温度为 9℃,平均地温梯度为115℃/km,据此可以获得三层储层的初始温度分别为 398.98℃、506.26℃、523.20℃;静水压力分别为 25.53 MPa、28.86 MPa、29.01 MPa。井筒直径设置为 0.1778 m,注入流量为 40 L/s,模型其余参数见表 5-12。

表 5-12　模型基本物理参数

参　　数	取　　值	参　　数	取　　值
岩体密度/(kg/m³)	3000	储层厚度/m	50
比热容/[J/(kg·℃)]	900	注入速率/(kg/s)	40
孔隙度	0.02	注入温度/℃	70

经过多次模拟实验,当上、中、下储层渗透率分别为 100 mD、1 mD、1 mD 时,且 0~3550 m 的岩层导热系数为 2.0 W/(m·K),3550~4659 m 的岩层导热系数为

2.5 W/(m · K)时,模型预测和钻井实测温度、压力数据拟合效果最佳,如图 5-100 所示。

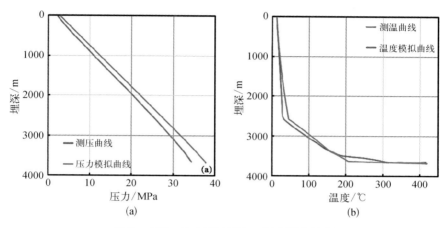

图 5-100　注水试验压力、温度拟合情况

3. 对井开采模型

本次研究基于 IDDP-2 井,分析超临界地热能开采过程中可能发生的流体相变及其传热过程。模拟选取渗透率最高的上部储层进行数值模拟研究,储层埋深为 3450 m,储层厚度为 50 m,模拟时长为 50 年(图 5-101)。为避免开采

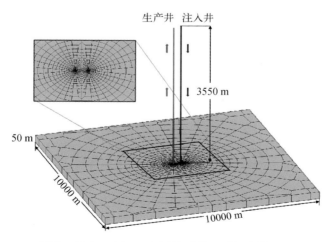

图 5-101　IDDP-2 场地对井开采概念模型图

井受边界影响,模型中开采井距离侧向边界的距离为 5 km,考虑顶底板的围岩传热作用。

为精确评价注入井和生产井中的相变及其周围储层的流动、传热等现象,采用以注入井和生产井为中心的局部加密剖分方式,剖分效果如图 5 - 101 所示。储层中的渗透率、压力以及井筒的导热系数等参数根据拟合结果进行赋值。井间距设置为 600 m,以定流量方式进行注入和开采,循环流量为 40 kg/s。

5.6.5　模拟结果与分析

1. 水热运移及相变过程

注入井及生产井的井口和井底的压力及温度变化如图 5 - 102 所示。对于压力而言,注入井和生产井底部以及注入井井口压力都相对稳定;但是在生产井井口处压力在系统运行三年后便开始下降。这主要是由于注入的低温流体经三年左右运移至生产井,形成热突破,生产井中流体温度持续降低[图 5 - 102(b)],导致流体的容重(ρg)增加,由于井筒中流体压力满足 $P_{井口} + \rho g h = P_{井底}$,而生产井井底压力基本不变,因此出现生产井井口压力降低。

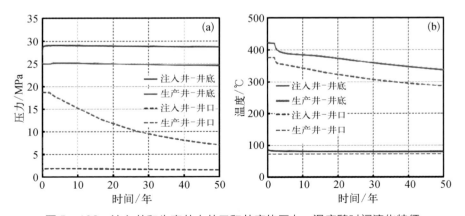

图 5 - 102　注入井和生产井中井口和井底的压力、温度随时间演化特征

提热效率为流量与焓值的乘积,模型预测结果如图 5 - 103 所示。从图中可以看出,随着系统的运行,更多的冷水自注入井流入生产井,并且在 3 年左右发生

注入冷水热突破的现象。因此,在开采的前 3 年生产井的提热效率保持稳定,随后出现陡降并逐渐趋于平缓[图 5-103(a)]。储层内流体初始呈超临界状态,沿生产井向上流动过程中,随温度压力的下降,到达生产井井口时以气相形式存在。系统运行 3 年后,由于低温注入流体的热突破,生产流体开始向液相转化,随着系统持续运行,温度不断降低,气相饱和度逐渐降低[图 5-103(b)]。

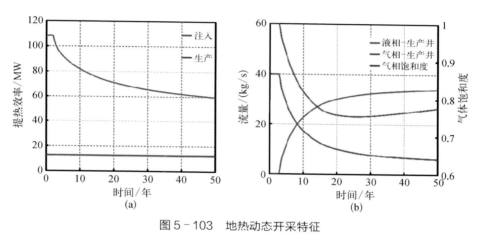

图 5-103　地热动态开采特征

(a) 注入井和生产井的注热和提热效率;(b) 生产井井口处液体、气体的质量流量和气体饱和度

　　由于储层的高温、高压条件,在生产井中出现了气-液两相的水[图 5-103(b)],生产井井筒中最初存在的流体生产结束后,储层中的流体向上运移过程中转化为气态水并进行生产,随着注入冷的流体运移至生产井中,井中温度降低导致井中流体又以液态水进行生产,因此气态水的流量在三年后逐渐降低并最终趋于稳定;而液态水的流量在三年后逐渐上升并最终趋于稳定。生产井中的热液演化过程是本次研究的重点,比注入过程更为复杂。图 5-104 为主要变量的演变,包括压力、温度和气体饱和度等。储层中的超临界流体自井筒向上流动的过程中由于压力的降低,超临界态向气态转化[图 5-104(a)](本次模拟的程序设定超临界水的气体饱和度为 0)。在系统运行三年后,注入井低温流体运移至生产井中,生产井中出现温度骤降的现象。而井筒底部的压力需要克服流体重力的积累作用以驱动流体向上运移,因此在井底压力保持不变的情况下,井口的

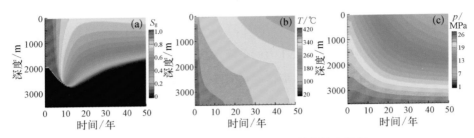

图 5-104　沿着生产井中的主要参数的演变特征
(a) 气体饱和度;(b) 温度;(c) 压力

压力会随着时间的推移逐渐下降以使流量保持在 40 kg/s 进行生产。

　　值得注意的一点是温度沿井筒深度的变化,以 20 年时温度沿生产井分布为例,可以看到在生产井中下部,温度保持相对稳定;而在井筒中上部,则下降得较快。随时间的推移,这种现象越发明显,且中下部相对稳定区域也逐渐扩大,其原因我们将在后文讨论。另外,对于气体饱和度沿生产井的变化过程,在一定范围内存在突变。这是由于模型中的超临界相作为独立于常规的气-液两相而单独存在。在突变界面下部,流体以超临界相存在。

　　焓值为温度与压力的函数,通过对流体焓值的分析可以更好地理解超临界地热开发中的传热-流动耦合过程。流体在井筒中的流动近似等焓过程,仅受重力势能转换以及与周围岩体换热的轻微影响。图 5-105 为系统运行 1 年和 50 年时,流体焓值沿井筒的分布,其中黑色曲线为气-液两相相变线。可以看到注入井内流体 1 年与 50 年时焓值的变化趋势几乎相同;而对于生产井,则差距较大。低温流体运移至生产井,井底焓值降低。此外,在 1 年时,生产流体均为超临界相或气相,不存在相态变化,因此在 1 年时,焓值变化曲线是平滑的。而在 50 年时,由于温度降低,流体向液相转化,温度、压力曲线沿着相变线分布,因此曲线出现拐点,这也就是图 5-104(b) 中所

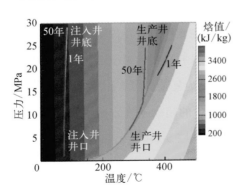

图 5-105　沿井筒不同时间的压力、
温度剖面以及相应的焓值

示的,温度在生产井中上部下降得更快的原因。

2. 与常规地热储层对比

与常规液态水相比,超临界水具有一定气态性质,具有高度的可压缩性。本节拟与常规型地热对比,分析超临界地热在热开采性能方面的优势。在此,除热储温度外,其他参数均保持不变。本节研究进行对比的储层温度分别为 428.6℃ 和 300℃。提热效率如图 5-106(a)所示,从图中可以看出储层温度越高,提热效率越高。井口的压力和温度变化分别如图 5-106(b)和图 5-106(c)所示,由于超临界型地热的流体密度较低,因此在相同储层压力条件下,超临界型地热的生产井井口压力较高。

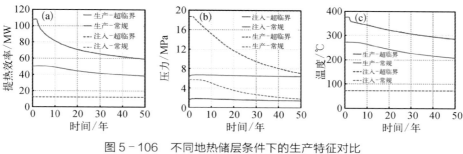

图 5-106　不同地热储层条件下的生产特征对比
(a) 提热效率;(b) 井口压力变化;(c) 温度变化

为更深入地分析生产井内的压力变化,根据本书 2.2.2 节中的多相动量守恒方程[式(2-50)],压力随深度的变化 $\dfrac{\partial p}{\partial z}$ 主要有 4 个影响因素,分别为式(5-15)括号中的惯性项、加速度项、摩擦项和重力项。其中 ρ_m 与 v_m 为多相流体的混合密度与速度,d 为井筒直径。相对而言,惯性项和加速度项较小,可以忽略不计,仅需要考虑摩擦项和重力项。

$$\rho_m\left(\frac{\partial v_m}{\partial t} + v_m\frac{\partial v_m}{\partial z} + f\frac{v_m^2}{2d} + g\cos\theta\right) = -\frac{\partial p}{\partial z} \qquad (5-15)$$

将上式中的摩擦项、重力项与压力变化沿井筒做积分,可以得到自井口至井底由不同机制导致的压力变化。如图 5-107 所示,红线表示井口与井底的压力

差值,其他两条线是由重力和摩擦所引起的压力变化。在 300℃ 条件[图
5-107(b)]下,生产流体主要为水相,摩擦很小,压力变化主要由重力引起;但在
超临界条件下,特别是最初 3 年中井筒中气体饱和度较高,流体密度低、流速快,
因此摩擦造成的压力损失较大[图 5-107(a),黄色曲线],随着气体饱和度的降
低,摩擦造成的压力损失降低。因此,对于更高温度的储层来说,通过控制生产压
力以控制生产流体相态,以降低摩擦造成的压力损失则更为重要。

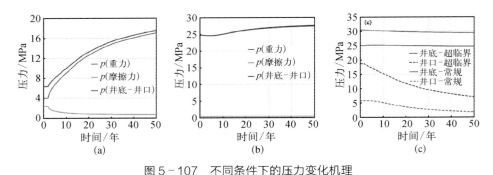

图 5-107　不同条件下的压力变化机理
(a) 低温常规热储;(b) 超临界热储;(c) 井口和井底压力对比

5.6.6　结论

本节基于 TOUGH2 程序的超临界模块,根据冰岛 IDDP-2 井获取的地质数
据,对超临界地热在开采过程中的水-热运移及相变等过程进行了数值模拟分析;
并且,进行了超临界型与常规型地热的对比研究。根据建模研究结果,得出以下
结论:

(1) 井筒中的流体流动可近似视作等焓过程,对于超临界地热系统,在开采
初期,生产流体为气相,生产井井口的温度和压力均保持较高状态。随着系统持
续运行,温度逐渐降低,生产井内出现液相,且气体饱和度逐渐升高。由于相态变
化的影响,生产井井口的温度和压力均大幅降低。

(2) 超临界型地热流体具有更高热焓,428.6℃ 热储的提热效率约为 300℃ 时
提热效率的 2 倍;此外,高温流体用于发电,其热转化效率更高。

（3）生产井中压力演化分析表明,超临界地热开采过程中生产井中气体受井壁摩擦影响较大,因此适当控制生产压力,控制生产流体相态,以减小摩擦造成的压力损失,从而提高生产效率更为重要。

参考文献

Aliyu M D, Chen H P, 2017. Sensitivity analysis of deep geothermal reservoir: Effect of reservoir parameters on production temperature[J]. Energy, 129: 101 – 113.

Bellani S, Gherardi F, 2014. Thermal features of the Pisa plain, a Neogenic basin in central Italy[C]. GRC Trans, 38: 357 – 361.

Biagi S, Gherardi F, Gianelli G, 2006. A simulation study of CO_2 sequestration in the Arno River Plain (Tuscany, Italy)[J]. Energy Sources Part A, 28(10): 923 – 932.

Bradford J, McLennan J, Moore J, et al, 2016. Hydraulic and thermal stimulation program at Raft River Idaho, a DOE EGS[C]. GRC Transactions, 39: 261 – 268.

Cherubini Y, Cacace M, Scheck-Wenderoth M, et al, 2014. Influence of major fault zones on 3-D coupled fluid and heat transport for the Brandenburg region (NE German Basin)[J]. Geothermal Energy Science, 2(1): 1 – 20.

Cladouhos T T, Petty S, Bonneville A, et al, 2018. Super Hot EGS and the Newberry Deep Drilling Project [C]//Proceedings, 43rd Workshop on Geothermal Reservoir Engineering Stanford University, Stanford, CA.

Croucher A E, O'Sullivan M J, 2008. Application of the computer code TOUGH2 to the simulation of supercritical conditions in geothermal systems [J]. Geothermics, 37(6): 622 – 634.

Croucher A, O'Sullivan M J, O'Sullivan J, et al, 2016. Geothermal Supermodels Project: an update on flow simulator development [C]//Proceedings, 38th New Zealand Geothermal Workshop.

Dobson P, Asanuma H, Huenges E, et al, 2017. Supercritical geothermal systems-a review of past studies and ongoing research activities[C]//Proceedings, 42nd Workshop on Geothermal Reservoir Engineering.

Driesner T, Weis P, Scott S, 2015. A new generation of numerical simulation tools for studying the hydrology of geothermal systems to "supercritical" and magmatic conditions [C]//Proceedings, World Geothermal Congress.

Elders W A, Friðleifsson G Ó, Albertsson A, 2014. Drilling into magma and the implications of the Iceland Deep Drilling Project (IDDP) for high-temperature geothermal systems worldwide[J]. Geothermics, 49: 111 – 118.

Fairley J P, 2009. Modeling fluid flow in a heterogeneous, fault-controlled hydrothermal system[J]. Geofluids, 9(2): 153 - 166.

Friðleifsson G Ó, Elders W A, Zierenberg R A, et al, 2017. The Iceland Deep Drilling
    Project 4.5 km deep well, IDDP - 2, in the seawater-recharged Reykjanes geothermal
    field in SW Iceland has successfully reached its supercritical target [J]. Scientific
    Drilling, 23: 1 - 12.

Friðleifsson G Ó, Elders W, Albertsson A, 2014. The concept of the Iceland deep drilling
    project[J]. Geothermics, 49: 2 - 8.

Friðleifsson G Ó, Pálsson B, Albertsson A L, et al, 2015. IDDP - 1 drilled into magma —
    World's first magma-EGS system created [C]//Proceedings, World Geothermal
    Congress.

Hayba D O, Ingebritsen S, 1994. The computer model HYDROTHERM, a three-dimensional
    finite-difference model to simulate ground-water flow and heat transport in the
    temperature range of 0 to 1, 200 degrees C[R]. US Geological Survey; USGS Earth
    Science Information Center.

Jiang Z J, Xu T F, Owen D D R, et al, 2018. Geothermal fluid circulation in the Guide
    Basin of the northeastern Tibetan Plateau: Isotopic analysis and numerical modeling[J].
    Geothermics, 71: 234 - 244.

Leake S A, Galloway D L, 2007. MODFLOW ground-water model — user guide to the
    subsidence and aquifer-system compaction package (SUB - WT) for water-table aquifers
    [R]. Techniques and methods 6 - A23, U.S. Geology Survey.

Liang X, Xu T F, Feng B, et al, 2018. Optimization of heat extraction strategies in
    fault-controlled hydro-geothermal reservoirs[J]. Energy, 164: 853 - 870.

Lv M M, Wang S Z, Luo X R, et al, 2014. Research on energy and environment engineering
    with heat transfer in the geothermal heating system with horizontal wells[J]. Advanced
    Materials Research, 908: 461 - 464.

Ma Q, Harpalani S, Liu S M, 2011. A simplified permeability model for coalbed methane
    reservoirs based on matchstick strain and constant volume theory [J]. International
    Journal of Coal Geology, 85(1): 43 - 48.

Magnusdottir L, Finsterle S, 2015. An iTOUGH2 equation-of-state module for modeling
    supercritical conditions in geothermal reservoirs[J]. Geothermics, 57: 8 - 17.

Nalla G, Shook G M, Mines G L, et al, 2005. Parametric sensitivity study of operating and
    design variables in wellbore heat exchangers[J]. Geothermics, 34(3): 330 - 346.

O'Sullivan J, O'Sullivan M J, Croucher A, 2016. Improvements to the AUTOUGH2
    supercritical simulator with extension to the air-water equation-of-state[C]. Geotherm
    Resour Counc Trans, 40: 921 - 929.

Pan L H, Oldenburg C M, Wu Y S, et al, 2011. T2Well/ECO2N Version 1.0: Multiphase
    and Non-Isothermal Model for Coupled Wellbore-Reservoir Flow of Carbon Dioxide and
    Variable Salinity Water[R]. Lawrence Berkeley National Laboratory, University of

California, Berkeley, CA.

Person M, Hofstra A, Sweetkind D, et al, 2012. Analytical and numerical models of hydrothermal fluid flow at fault intersections[J]. Geofluids, 12(4): 312 - 326.

Pritchett J, 1995. STAR: A geothermal reservoir simulation system[C]//Proceedings, World Geothermal Congress, pp. 2959 - 2960.

Pruess K, 2006. Enhanced geothermal systems (EGS) using CO_2 as working fluid-A novel approach for generating renewable energy with simultaneous sequestration of carbon[J]. Geothermics, 35(4): 351 - 367.

Pruess K, Curt O, George M, 1999. TOUGH2 USER'S GUIDE, VERSION 2.0[M]. Lawrence Berkeley National Laboratory, University of California, Berkeley, CA.

Riahi A, Moncarz P, Kolbe W, et al, 2017. Innovative closed-loop geothermal well designs using water and super critical carbon dioxide as working fluids[C]//Proceedings, forty-second workshop on geothermal reservoir engineering, Stanford University, Stanford, CA, USA, 13 - 15 February 2017.

Sanyal S K, Butler S J, 2005. An analysis of power generation prospects from enhanced geothermal systems[C]. Geothermal Resources Council Trans, 29: 131 - 138.

Seidel J P, Jeansonne M W, Erickson D J, 1992. Application of matchstick geometry to stress dependent permeability in coals[C]. SPE Rocky Mountain Regional Meeting.

Tester J, Anderson B J, Moore M C, et al, 2006. The future of geothermal energy: impact of Enhanced Geothermal Systems (EGS) on the United States in the 21st century[M]. An assessment by an MIT-led interdisciplinary panel 2006.

Wagner W, Cooper J R, Dittmann A, et al, 2000. The IAPWS industrial formulation 1997 for the thermodynamic properties of water and steam[J]. Journal of Engineering for Gas Turbines and Power, 122(1): 150 - 184.

Xie L M, Min K B, 2016. Initiation and propagation of fracture shearing during hydraulic stimulation in enhanced geothermal system[J]. Geothermics, 59: 107 - 120.

Zeng Y C, Zhan J M, Wu N Y, et al, 2016. Numerical simulation of electricity generation potential from fractured granite reservoir through vertical wells at Yangbajing geothermal field[J]. Energy, 103: 290 - 304.

陈惠娟,赵振,罗银飞,等,2010. 青海省贵德盆地地热资源赋存条件及开发利用前景分析[J]. 青海环境,20(4): 196 - 199.

高瑞琪,蔡希源,1997. 松辽盆地油气田形成条件与分布规律[M]. 北京: 石油工业出版社.

郭万成,时兴梅,2008. 青海省贵德县(盆地)地热资源的开发利用[J]. 水文地质工程地质,35(3): 79 - 80.

姜光政,高堋,饶松,等,2016. 中国大陆地区大地热流数据汇编(第四版)[J]. 地球物理学报,59(8): 2892 - 2910.

郎旭娟,刘峰,刘志明,等,2016. 青海省贵德盆地大地热流研究[J]. 地质科技情报,35(3):227-232.

李小林,吴国禄,雷玉德,等,2016.青海省贵德扎仓寺地热成因机理及开发利用建议[J].吉林大学学报(地球科学版),46(1):220-229.

吕天奇,张通,2016.青海省贵德县岩石样品物理性质室内测试报告[R].青海省水文地质工程地质环境地质调查院.

彭涛,张海潮,任自强,等,2014.导水断层对地温场影响的数值模拟研究[J].煤炭技术,33(6):61-63.

许天福,袁益龙,姜振蛟,等,2016.干热岩资源和增强型地热工程:国际经验和我国展望[J].吉林大学学报(地球科学版),46(4):1139-1152.

薛建球,甘斌,李百祥,等,2013.青海共和—贵德盆地增强型地热系统(干热岩)地质—地球物理特征[J].物探与化探,37(1):35-41.

严维德,2015.共和盆地干热岩特征及利用前景[J].科技导报,33(19):54-57.

张盛生,张磊,蔡敬寿,等,2018.共和盆地恰卜恰地区干热岩资源量初步估算及评价[J].青海大学学报,36(4):75-78.

赵福森,张凯,2016.青海贵德ZR1干热岩井钻进工艺研究[J].探矿工程(岩土钻掘工程),43(2):18-23,35.

赵振,罗银飞,孟梦,等,2013.青海省地热资源概况及勘查开发利用部署初步研究[J].青海环境,23(3):130-135.

第 6 章

地热能开发传热-流动-化学耦合模拟场地应用实例

6.1　青海贵德地热田开发化学堵塞数值模拟

地热能是一种环境友好型能源,地热能的规模化利用可以减缓对化石燃料的消耗。通常对地热能进行双井组成的系统开发,为了保持产热和地下水资源的可持续性,需要借助数值模拟对井位布置、开采速率、注水速率和井间距进行优化。由于储层中地热流体的深度循环和高温环境下长期的水-岩相互作用,地热水通常具有高溶盐的特点。因此,随着产热和注水过程中温度和压力的变化,地热系统中的储层、井筒和管道普遍会发生化学反应,产生结垢和腐蚀现象。此外,由于注入流体的温度和化学成分与储层原有地热水不匹配,在产热和注水过程中可能会引起化学沉淀。

本节研究针对实际地热场地贵德盆地扎仓地热田因产热和注水引起的储层结垢问题展开数值模拟研究,通过优化产热策略,使储层化学损伤最小化,以保持开采周期内较高的产热率。

6.1.1　扎仓地热田场地概况

青海贵德盆地位于青藏高原的东北边缘,北依拉脊山,东依扎马山,西依瓦里贡山,南依罗布愣山,如图 6-1(a)所示。盆地基底由三叠系沉积岩和花岗岩组成。新生代拉脊山沉积物在湖积、冲积交替的环境中搬运沉积,形成盆地基底上的主要地层。这些地层由层间砂岩、砾岩、粉砂岩和砂岩组成。新生代地层被第四系砂、粉砂和黄土覆盖。根据地层的岩性特征,确定了 3 个典型含水层(HG、XGG 和第四系含水层)和 2 个弱透水层,如图 6-1(b)所示。新生代的构造活动导致了花岗岩基底的抬升,形成了花岗岩的断层破碎带,这个断层损伤区域起着热传输作用。该地区存在两个断裂,分别是热光断裂和扎仓断裂。热光断裂是一个北北西向断裂,位于贵德盆地西缘,断裂南北向长约 76 km,属于压扭性逆断层。扎仓断裂是一个北西西—东西向断裂,属于张扭性断裂。因此,在北东方向传导型断层和西北向不透水断层的交汇处,出现温度超过 60℃的扎仓热泉。ZK19、

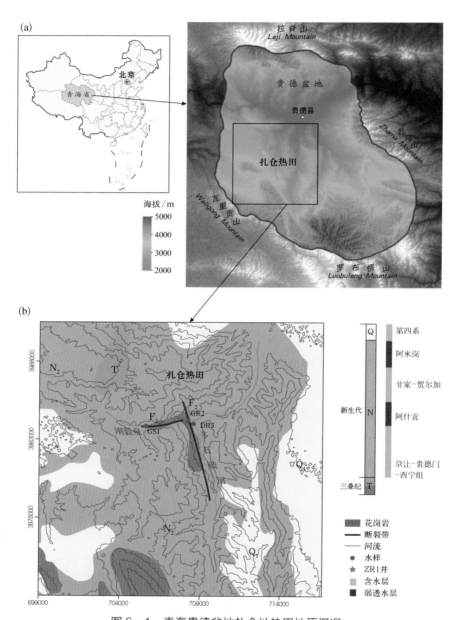

图6-1 青海贵德盆地扎仓地热田地质概况

（a）贵德盆地地形图；（b）扎仓地热田地区地层分布特征

ZR1 两口地热井的钻孔深度分别为 200 m、3000 m,均在扎仓热泉附近完成钻井,出水温度达到 90℃(当地沸点),因此该地区被命名为扎仓地热田。

为了解扎仓地热田的热流体传输过程,笔者所在课题组于 2015 年和 2016 年分别从该地热田附近的地热泉、自流井和河流地表水中采集了 14 个水样。在野外调查中发现,在 ZR1 自流井井口附近沉积有次生矿物,主要为方解石和石英,在花岗岩裂隙中也天然存在。2017 年,课题组进一步收集了扎仓地热田补给区和排泄区 3 个水样(Jiang et al.,2018)。对水样的水化学分析结果表明,补给水(GS1)为 Cl·SO$_4$—Na·Mg 类型;自流热泉水(GR2)排放的地热水为 SO$_4$·Cl—Na 类型;多石碲河(DR3)地表水为 HCO$_3$—Na·Ca 类型。

6.1.2　数值模型建立

1. 概念模型与数值剖分

模拟对象为青海省贵德盆地扎仓地热田断层型地热系统,本研究模型建立在 F2 断裂带上,其断层长度为 2400 m,发育深度约为 3000 m,断层破碎带平均宽度为 30 m,底部为厚度约 200 m 的不透水基岩(图 6-2)。将模型在 xyz 三个方向上进行均匀网格剖分,x 方向为 48 个单元格,每个单元长 50 m;y 方向上为 3 个单元格,两侧为围岩,中间 30 m 为断裂带;z 方向上为 60 个单元格,每个单元长 50 m。模拟区共剖分了 8640 个网格,其中断层 F2 区域为 2880 个网格,围岩区域共剖分 5760 个网格。数值网格精度敏感性分析显示,进一步加密单元网格剖分精度,数值计算结果无明显差异,反而使计算时间大幅度增加。

2. 定解条件

模型左上方为补给区,右上方为天然排泄区,断层带外围岩层不透水。选取 ZR1 在 300 m 的深度(恒定井口压力为 2.4 MPa)中进行开采,并在距 ZR1 以西 500 m 处 1000 m 的深度进行回灌。模型边界设置如下:

(1)地下水渗流边界

补给区设置为定流量边界,补给强度为 2.5 kg/s;排泄区设置为定压力边界,压力值为一个大气压,代表地下水流天然排泄过程。回灌位置设置为定流量边

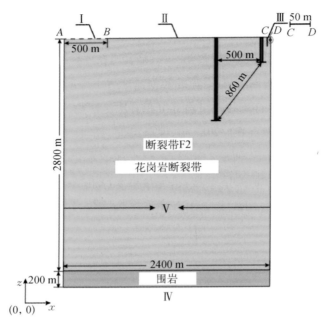

图6-2　扎仓断层地热系统概念模型图

界,注入速率为2.5 kg/s,开采位置为定压力边界。

（2）能量传输边界

补给区设置为定温度边界,温度为7.2℃,代表当地平均气温（地表水温）;排泄区设置为零热通量边界,代表水流通过该边界时,界面两侧不发生热量损失;模型底部根据3000 m钻孔井下实测温度,设置为定温边界,初始温度为151℃（Liang et al.,2018）;低渗透性围岩（渗透率为$1.0×10^{-20}\,\mathrm{m}^2$）之外的区域设定为零通量边界,同样将热传输的边界定义为零热通量边界,即对断裂带中水-热运移结果的影响可以忽略不计。

6.1.3　参数设置

模型假设区域内地层岩性为均质各向同性,热量传输控制参数根据模拟区岩性特征设置,热力学参数见表6-1。

表 6-1　岩石物性参数

模 型 参 数	取 值
花岗岩密度/（kg/m³）	2650
围岩密度/（kg/m³）	2650
流体密度/（kg/m³）	1000
花岗岩热传导系数/[W/（m·℃）]	3.04
围岩热传导系数/[W/（m·℃）]	2.5
流体热传导系数/[W/（m·℃）]	0.62
花岗岩比热容/[J/（kg·℃）]	920
围岩比热容/[J/（kg·℃）]	920
流体比热容/[J/（kg·℃）]	4200
断裂带孔隙度	0.1
围岩孔隙度	1.0×10^{-5}
断裂带渗透率/m²	5.0×10^{-14}
围岩渗透率/m²	1.0×10^{-20}

　　岩石矿物属性参数依据在 ZR1 钻孔深度 200～2400 m 处采集的 10 多个花岗岩-花岗闪长岩样品分析确定。矿物成分通过扫描电镜和 XRD 分析确定（Jiang et al., 2019）。储层中花岗岩的平均矿物组成为 24% 的石英、30% 的钾长石、30% 的钠长石、12% 的白云母和 4% 的方解石，见表 6-2。

表 6-2　采自 ZR1 钻井热储位置的花岗岩中主要矿物成分

矿 物	矿物丰度体积分数/%	$k_{n, 25}$/[mol/（m²·s）]	E_a/（kJ/mol）	反应比表面积/（cm²/g）
石 英	24	1.0×10^{-14}	87.70	9.8
钾长石	30	3.9×10^{-13}	38.00	9.8
钠长石	30	2.8×10^{-13}	69.80	9.8
白云母	12	2.8×10^{-14}	22.00	9.8
方解石	4	平衡	—	—
高岭石	<1	6.9×10^{-14}	22.20	151.6

矿　物	矿物丰度 体积分数/%	$k_{n,25}$ /[mol/(m²·s)]	E_a /(kJ/mol)	反应比表面积 /(cm²/g)
伊利石	<1	$1.7×10^{-13}$	35.00	151.6
绿泥石	<1	$3.0×10^{-13}$	88.00	9.8
钙蒙脱石	<1	$1.7×10^{-13}$	35.00	151.6

现场调查结果表明,天然补给来源为刚毅泉,该地区附近河流多石碛河地表水为 HCO_3—$Na·Ca$ 类型(TDS 较低),河水平均温度约为10℃,混合地热水,可减少回灌导致的储层堵塞问题,各水样的水化学组分见表6-3。

表6-3　贵德盆地扎仓地热田补给水（GS1）、地热水
（GR2）和河流水（DR3）的水化学组分

样　品　编　号	GS1	GR2	DR3
T/℃	10.4	70.4	11
pH	7.8	8.20	8.52
K^+/(mg/L)	6.05	17.14	4.41
Na^+/(mg/L)	466.1	389.19	54.05
Ca^{2+}/(mg/L)	175.71	63.01	48.54
Mg^{2+}/(mg/L)	127.01	3.94	26.53
Al^{3+}/(mg/L)	0.014	0.038	0.006
TFe/(mg/L)	0.0028	0.0026	0.052
Cl^-/(mg/L)	777.42	334.11	49.06
SO_4^{2-}/(mg/L)	540.74	532.54	67.73
HCO_3^-/(mg/L)	256.8	55.79	222.6
CO_3^{2-}/(mg/L)	0.00	0.00	18.87
SiO_2/(mg/L)	11.27	93.40	10.41
TDS/(mg/L)	2402.01	1401.05	495.17

6.1.4　模拟结果与分析

模型在设置的初始条件和边界条件下,运行了十万年,得到天然补给状态

下断裂带的温度和压力分布特征,如图 6 - 3 所示,作为对井产热条件下传热-流动-化学耦合分析模型的初始条件。从断裂带热储温度分布特征可以看出,随着西侧补给水在热储内循环深度的增加,从补给区到温泉出露区,热储温度逐渐升高。

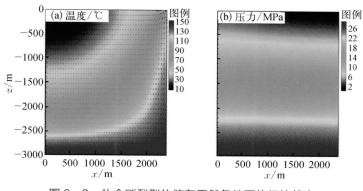

图 6 - 3　扎仓断裂型热储在天然条件下的初始状态

（a）温度分布;（b）压力分布

1. 储层化学反应

对井产热条件下反应输运的数值模拟基础方案注入温度设置为 40℃,注入流体仅由地热水组成。由于温度发生变化,导致了储层中的地球化学反应,特别是在注入井位置附近。注入井附近快速的流体循环可以促进方解石[图 6 - 4(b)]、钠长石[图 6 - 4(e)]和白云母[图 6 - 4(f)]矿物的溶解。方解石、钠长石和白云母溶解的化学反应式如下:

$$CaCO_3(方解石) + 2H^+ \longrightarrow Ca^{2+} + H_2O + CO_2 \tag{6-1}$$

$$2NaAlSi_3O_8(钠长石) + 2CO_2 + 11H_2O \longrightarrow Al_2Si_2O_5(OH)_4 \tag{6-2}$$
$$(高岭石) + 2Na^+ + 2HCO_3^- + 4H_4SiO_4$$

$$KAl_2(AlSi_3O_{10})(OH)_2(白云母) + 10H^+ \longrightarrow \tag{6-3}$$
$$K^+ + 3Al^3 + + 3SiO_2(aq) + 6H_2O$$

图 6 - 4 中,矿物体积分数正值表示化学沉淀,负值表示溶解,黑色箭头表示

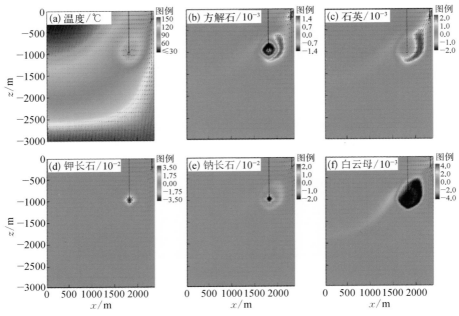

图 6 - 4   储层中不同矿物的空间变化特征

（a）温度；（b）方解石；（c）石英；（d）钾长石；（e）钠长石；（f）白云母

流速。井周储层矿物的溶解导致近井处地热流体中 Ca^{2+}、Na^+、K^+、SiO_2 和 HCO_3^- 浓度增加，并产生了次生矿物高岭石。这些离子随流体向下游运移，逐渐在下游方向（从注入井到生产井）出现了高浓度离子带，导致方解石和石英的二次沉淀。但在注入井上游位置，由于注入水流与地层原来水流的冲突，出现停滞区。在停滞区内由于温度降低，引起化学反应并出现沉淀，导致 Na^+、Ca^{2+}、SiO_2 和 HCO_3^- 的减少（图 6 - 5）以及白云母 [图 6 - 4（f）] 的增加。这些离子和矿物在储层中变化的主要趋势相反，且流体和钾长石中 K^+ 的变化趋势正好相反，这是因为高岭石次生矿物与 K^+ 和 HCO_3^- 反应形成近井区域的钾长石 [图 6 - 4（d）]，其反应式如下：

$$Al_2Si_2O_5(OH)_4(高岭石) + 2K^+ + 2HCO_3^- + 4H_4SiO_4 \longrightarrow$$

$$2KAlSi_3O_8(钾长石) + 2H_2CO_3 + 9H_2O \tag{6-4}$$

由于钾长石丰度的增加比方解石、石英、钠长石和白云母高出一个数量

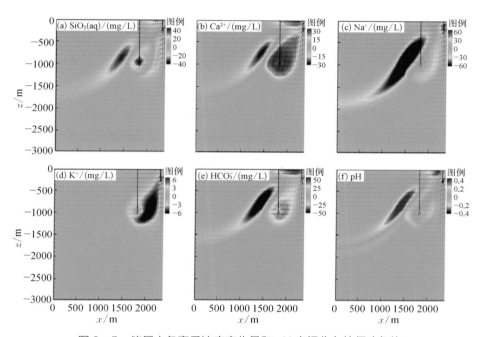

图6-5　储层中各离子浓度变化量和 pH 空间分布特征（负值
表示浓度下降，正值表示浓度上升）

级（图6-4），导致注入井附近的孔隙度降低了 0.06%，渗透率降低了 0.24%，如
图6-6 所示。在下游距离注入井位置超过 100 m 的区域出现孔隙度减小的情况，
主要是由于次生方解石、石英、钠长石和白云母的沉淀。

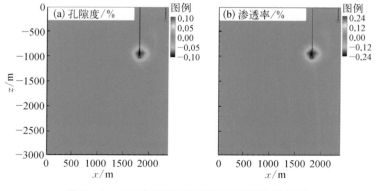

图6-6　100 年后储层孔隙度和渗透率的相对
变化（正值表示溶解，负值表示沉淀）

综合以上分析可知,在基础方案设置条件(注入流体仅由地热水组成,注入温度为 40℃)下,可能导致储层中发生化学结垢问题。化学反应过程受注入流体的流速、温度和化学成分等条件控制。为了保持高水平的产热,注入速率设定为 2.5 kg/s,生产压力设定为 2.4 MPa。

2. 水-岩相互作用对注入水化学组分的敏感性分析

继续分析注入温度和注入水化学组分对储层孔隙度和渗透率的影响。在注入温度为 40℃ 的情况下,注入水化学组分是由地热尾水(即换热后的储层水,TDS较高)与地热田附近的河水(TDS 较低)混合控制。混合比例从 0∶10(纯地热尾水)到 10∶0(纯河水)。不同配比条件下的水化学组分通过 PHREEQC 软件进行计算,获得的不同方案下注入流体化学成分汇总于表 6-4。

图 6-7 显示了不同混合比例下注入井与储层界面 100 年内矿物丰度随时间变化和储层中孔隙度空间变化的特征。从图中可以看出,注入纯地热尾水会明显导致钾长石的析出和钠长石的溶解[图 6-7(a)]。由于钾长石的析出量大于钠长石的溶解量,因此引起注入井附近的孔隙度减小[图 6-7(d)]。而随着注入水中河水的比例的增加,造成钠长石的溶解增强,方解石倾向于沉淀[图 6-7(b)]。注入纯河水时,注入井附近的矿物变化主要是钠长石的溶解和方解石的析出[图 6-7(c)]。由于钠长石的总溶解量远大于方解石的总析出量,因此引起注入井附近的孔隙率增大[图 6-7(f)]。比较图 6-7(a)和图 6-7(c)可知,注入水只是地热尾水时,矿物的体积变化量的大小低于河水,这是因为前者水化学组成与储层中流体的水化学组成一样,在地热储层水-岩相互作用仅仅是由温度的变化引起的。然而,为了保持储层孔隙度的最小变化量,认为最好的情况是矿物的沉淀和溶解相互平衡。

如图 6-8 所示,化学结垢主要发生在 0∶10 的混合比例(仅仅是尾水),导致注入井周围孔隙率降低了 0.06%。相比之下,溶解作用以 10∶0 的混合比例(仅是河水)为主,导致孔隙率增加了 0.12%。当地热尾水与河水的混合比例为 6∶4 时,注入井周围孔隙度变化趋于零,认为该条件是矿物沉淀与溶解的平衡点。

表 6-4　不同配比下的注入流体化学成分

比例	10:0	9:1	8:2	7:3	6:4	5:5	4:6	3:7	2:8	1:9	0:10
pH	8.52	8.47	8.43	8.38	8.33	8.29	8.24	8.19	8.15	8.10	8.06
Ca^{2+}/(mg/L)	1.21×10^{-3}	1.25×10^{-3}	1.28×10^{-3}	1.32×10^{-3}	1.36×10^{-3}	1.39×10^{-3}	1.43×10^{-3}	1.47×10^{-3}	1.50×10^{-3}	1.54×10^{-3}	1.57×10^{-3}
Mg^{2+}/(mg/L)	1.09×10^{-3}	9.99×10^{-4}	9.06×10^{-4}	8.13×10^{-4}	7.20×10^{-4}	6.27×10^{-4}	5.34×10^{-4}	4.41×10^{-4}	3.48×10^{-4}	2.55×10^{-4}	1.62×10^{-4}
Na^{+}/(mg/L)	2.35×10^{-3}	3.82×10^{-3}	5.28×10^{-3}	6.74×10^{-3}	8.20×10^{-3}	9.67×10^{-3}	1.11×10^{-2}	1.26×10^{-2}	1.41×10^{-2}	1.55×10^{-2}	1.70×10^{-2}
K^{+}/(mg/L)	1.13×10^{-4}	1.46×10^{-4}	1.78×10^{-4}	2.11×10^{-4}	2.43×10^{-4}	2.76×10^{-4}	3.09×10^{-4}	3.41×10^{-4}	3.74×10^{-4}	4.06×10^{-4}	4.39×10^{-4}
TFe/(mg/L)	9.32×10^{-7}	8.43×10^{-7}	7.55×10^{-7}	6.66×10^{-7}	5.78×10^{-7}	4.89×10^{-7}	4.01×10^{-7}	3.12×10^{-7}	2.24×10^{-7}	1.35×10^{-7}	4.66×10^{-8}
SiO_2/(mg/L)	1.73×10^{-4}	3.12×10^{-4}	4.5×10^{-4}	5.88×10^{-4}	7.27×10^{-4}	8.65×10^{-4}	1.00×10^{-3}	1.14×10^{-3}	1.28×10^{-3}	1.42×10^{-3}	1.56×10^{-3}
HCO_3^{-}/(mg/L)	3.65×10^{-3}	3.38×10^{-3}	3.1×10^{-3}	2.83×10^{-3}	2.56×10^{-3}	2.28×10^{-3}	2.1×10^{-3}	1.74×10^{-3}	1.46×10^{-3}	1.19×10^{-3}	9.16×10^{-4}
SO_4^{2-}/(mg/L)	7.05×10^{-4}	1.19×10^{-3}	1.68×10^{-3}	2.16×10^{-3}	2.64×10^{-3}	3.13×10^{-3}	3.61×10^{-3}	4.10×10^{-3}	4.58×10^{-3}	5.07×10^{-3}	5.55×10^{-3}
Al^{3+}/(mg/L)	2.23×10^{-3}	3.41×10^{-7}	4.60×10^{-7}	5.79×10^{-7}	6.98×10^{-7}	8.17×10^{-7}	9.35×10^{-7}	1.05×10^{-6}	1.17×10^{-6}	1.29×10^{-6}	1.41×10^{-6}
Cl^{-}/(mg/L)	1.38×10^{-3}	2.19×10^{-3}	3.00×10^{-3}	3.80×10^{-3}	4.61×10^{-3}	5.41×10^{-3}	6.22×10^{-3}	7.03×10^{-3}	7.83×10^{-3}	8.64×10^{-3}	9.44×10^{-3}

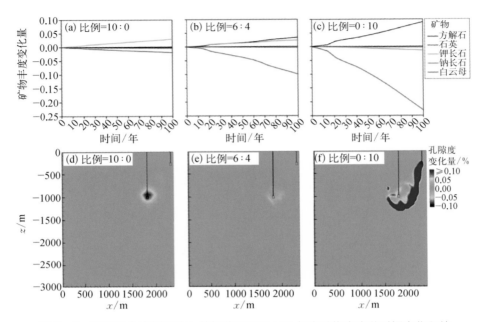

图6-7　不同混合比例下注入井与储层界面100年内矿物丰度随时间变化和储
层中孔隙度空间变化的特征（正值表示沉淀，负值表示溶解）
(a)~(c)矿物丰度变化;(d)~(f)储层孔隙度空间变化

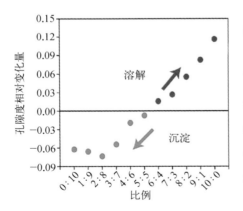

图6-8　注入尾水与河水混合比
0:10（仅为尾水）至
10:0（仅为河水）条件
下，注入井井底孔隙度相对
原始孔隙度的变化量

3. 水-岩相互作用对注入温度的敏感性分析

在混合比为6:4的情况下，对10~50℃，每5℃为一梯度进行传热-流动-化学反应。如图6-9(a)~图6-9(c)所示，注入井附近的化学反应受钠长石溶解、方解石和长石沉淀控制。溶解和沉淀作用均随温度的升高而增强。在注入温度为10℃时，钠长石的溶解量小于方解石和钾长石的析出量。在50℃高注入温度的条件下，钠长石的溶解量超过了其他矿物的沉淀量，导致孔隙度增加。

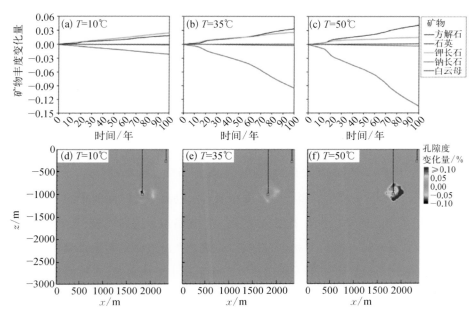

图 6-9　不同注入温度下注入井与储层界面 100 年内矿物丰度随时间变化
和储层中孔隙度空间变化特征（正值表示沉淀，负值表示溶解）

（a）～（c）矿物丰度变化;（d）～（f）储层孔隙度空间变化

如图 6-10 所示,对不同注入温度下孔隙度的变化量进一步分析表明,当注入温度为 35℃时,溶解沉淀达到平衡,此时孔隙度变化量趋于零。注入流体由 60% 的地热尾水和 40% 的河水组成,注入温度范围从 10℃ 到 50℃ 的变化过程中,6：4 的混合比例和注入温度 35℃ 的注入方式是减少储层孔隙度和渗透率变化的优化方案。

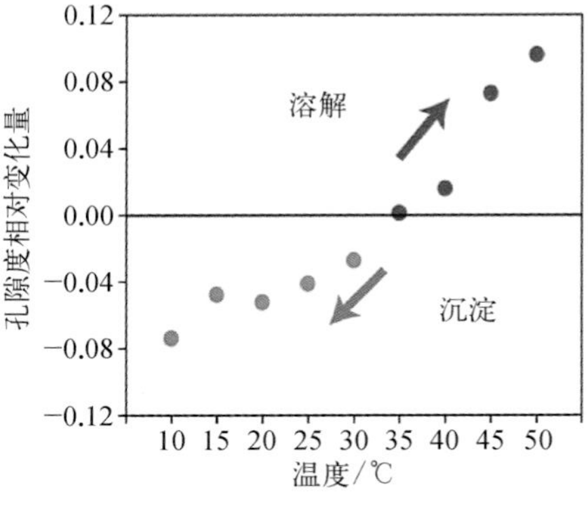

图 6-10　在 10～50℃ 的注入温度下，孔隙度相对于原始孔隙度的变化量

4. 能效分析

地热系统能源效率可由净热开采速率（W_h）和电能（W_e）定义（Xu et al., 2018）,表示如下:

$$W_{\mathrm{h}} = Q_{\mathrm{out}} \, h_{\mathrm{out}} - Q_{\mathrm{inj}} \, h_{\mathrm{inj}} \qquad\qquad (6-5)$$

$$W_{\mathrm{e}} = E\big[\,1 - (\,T_{\mathrm{rej}}/\,T_{\mathrm{out}}\,)\,\big]W_{\mathrm{h}} \qquad\qquad (6-6)$$

式中,Q_{out} 和 Q_{inj} 分别是产出速率和注入速率,kg/s;h_{out} 和 h_{inj} 分别是产出流体热
焓和注入流体热焓,kJ/kg;T_{out} 是开采流体温度,℃;T_{rej} 为贵德盆地的年平均温
度,为 7.2℃;E 是最大发电效率,取 0.45。本节研究模型中,注入速率为 2.5 kg/s,
注入温度为 35℃条件下对应的热焓为 148.07 kJ/kg。根据商业利用要求,出口温
度下降的范围在 20 年内应低于 10%,W_{e} 应低于 15%。

图 6-11 显示了模型预测产出温度和地热发电潜力随时间演化的特征。从
图中可以看出,前 20 年由于注入冷水,产出温度从 107℃降至 100℃[图
6-11(a)],20~50 年间几乎达到稳定状态,此时产出流体主要来自原始储层中
的地热流体,50 年后,由于注入流体在生产井中发生了热突破,产出温度再次迅
速下降,产出流体主要来自注入流体。50 年的产出温度估计在 98℃以上,相对
于 107℃的初始产出温度下降了约 8.4%,100 年的产出温度大约为 83℃,下降了
约 22%。产出温度的变化导致 W_{e} 相对于 150 kW 的初始值在 50 年内减少了
约 8%,在 100 年内减少了约 26%[图 6-11(b)]。由此可见,按照优化的产热策
略(注入温度为 35℃,注入流体由 60% 地热尾水和 40% 的河水组成),扎仓地热田
地热电站至少可以保证稳定运行 50 年。

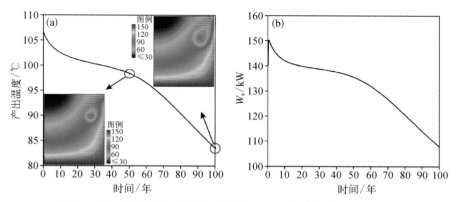

图 6-11　扎仓地热田优化开采策略下 100 年内的动态开采特征
(a) 产出温度;(b) 发电潜力 W_{e}

6.1.5　结论

本节以减小储层的孔隙度和渗透率变化量为重点,对产热优化方案进行了数值模拟研究。根据中国贵德盆地扎仓地热田的实际情况,确定了化学反应过程的注入水化学组分和温度,得出以下主要结论:

(1) 在由花岗岩和储层流体类型为 $SO_4 \cdot Cl—Na$ 的地热田中,尾水的注入导致了石英和钾长石的析出、钠长石和白云母的溶解。由于储层在产热条件下温度和流速的降低,导致在沿着注入井至生产井的流动路径上孔隙度减小。

(2) 通过将河水与地热尾水混合,稀释了注入流体。对比模拟结果表明,地热尾水的注入使储层各矿物组成的体积变化量最小,注入化学性质与储层水一致。但由于矿物的析出和溶解不平衡,导致储层孔隙度降低。注入水中河水比例的增加,增大了各矿物组分的体积变化,当在注入流体中河水占 40%、地热尾水占 60% 时,沉淀与溶解达到平衡,孔隙度的变化量接近于零。

(3) 各矿物组分体积变化也随注入温度的升高而增大。在 35℃ 的注入温度下,沉淀与溶解达到平衡,孔隙度的变化量接近于零。

(4) 在优化好的注入温度和水化学条件下,50 年能保持 W_e 在 135 kW 以上,100 年能保持 W_e 在 105 kW 以上。

(5) 本研究中,孔隙度的最大变化值小于 0.15%,说明扎仓地热田的化学堵塞风险较低。但本研究证实了地热储层中确实存在因产热导致的水-岩相互作用,并可能对地热储层造成严重破坏,这种影响不容忽视。

热液流体与岩石相互作用的问题范围研究很广泛。目前的模拟结果针对储层条件、参数和矿物学进行了分析。该模型可为研究在地热储层中注入井和生产井的传热-流动-化学反应提供一定依据。

6.2　常规化学刺激对 EGS 热储层改造作用数值模拟

在 EGS 地热场地储层改造措施中,化学刺激液可溶蚀热储层裂隙通道堵塞物,增大近井地层渗透率,并且可以避免水力压裂过程中可能诱发的地震。化学刺激和水力压裂的协同可以减少热储层改造对高压注水的依赖,进而降低水力压裂引发的地震威胁。常规化学刺激工艺是目前水-热型地热和 EGS 地热井最常见的化学刺激增产措施,该酸化工艺用液包括:前置液(一般为盐酸)、处理液(不同浓度土酸)、后置液(盐酸、盐水或者清水),一般注液顺序为:注前置液→注处理液→注后置液。

本节研究根据松辽盆地徐家围子地区营城组 EGS 热储层地质、水文地质和地球化学特征,建立研究区热储层常规化学刺激工艺过程中的数值模型。采用 TOUGHREACT 软件作为模拟工具,探索施工过程中酸-岩反应相互作用过程,研究主要矿物的变化特征及其溶解和沉淀作用对地层孔隙度、渗透性的影响。

6.2.1 数值模型建立

本节研究通过建立一维反应性溶质运移模型来模拟 EGS 热储层化学刺激措施引发的化学组分、孔隙度和渗透率等参数的变化。国内外学者研究 EGS 相关问题时,注入井和生产井的间距大多为 400~1 000 m(那金等,2014)。鉴于此,本节建立的模型中注入井和生产井间的距离设定为 600 m,共被剖分为 72 个计算网格,网格间的距离从注入井处 0.1 m 依次增加到生产井处的 20 m(图 6-12)。

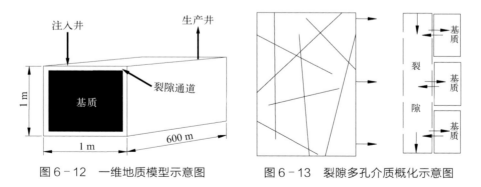

图 6-12   一维地质模型示意图   图 6-13   裂隙多孔介质概化示意图

理想 EGS 热储层的裂隙网格具有良好的连通性,其中的流体可看作连续统一体处理。因此,本次研究采用多重介质连续模型(MINC)模拟流体在裂隙多孔介质中的流动(图 6-13)。该模型设定流体仅能通过连续的裂隙网格,而基质间并没有直接的水力联系,只能同相邻的裂隙进行物质、能量交换(Xu et al.,2006)。

　　由于徐家围子地区深部埋深的热储层地下水流动滞缓,处于水交替停滞带。因此忽略了 EGS 热储层的初始水动力条件,储层流体只是在注入流体的驱动下由注入井向生产井运移。考虑到 EGS 热储层的顶底板为低渗透性岩体,其与热储层存在能(热)量交换,因此模型的上、下边界被设定为隔水传热边界,热传导过程通过 Vinsome 和 Westerveld 提出的解析公式进行刻画(Xu et al., 2006)。

6.2.2　水文地质参数设置

　　根据研究区的地质资料,EGS 热储层的相关参数见表 6-5。模型中设定储层为均质、各向同性。根据目标层的实际情况,热储层的地层温度设定为 150℃,地层压力设定为 35 MPa。基质孔隙度被设定为 0.1,渗透率为 $9×10^{-17}m^2$。参照国内外 EGS 数值模拟工作的研究成果,热储层裂隙部分的孔隙度被设定为 0.3,渗透率为 $8.0×10^{-13}m^2$。

表 6-5　人工地热储层及化学刺激参数设置

人工地热储层参数				化学刺激参数	
基质孔隙度	0.1	基质渗透率/m^2	$9×10^{-17}$	化学刺激时间/h	10.5
裂隙体积分数/%	10	裂隙渗透率/m^2	$8.0×10^{-13}$	注入流体温度/℃	40
裂隙孔隙度/%	30	比热容/[J/(kg·℃)]	900	注入速率/(kg/s)	0.04
热传导系数/[W/(m·℃)]	2.08	储层温度/℃	150	化学刺激液	15% HCl, 7% HCl+ 0.5% HF

　　已有研究结果表明,高速注入化学刺激液可以增强化学刺激效果,然而过大的酸液排量会导致人工地热储层的压裂破坏,对其造成伤害。在苏尔茨干热岩场地的常规化学刺激工艺措施中,化学刺激液的注入压力比地层静水压力高约

7 MPa（Fogler et al.，1975），鉴于此，本次模型的流体注入速率设置为 0.04 kg/s（化学刺激结束后注入压力比地层压力高 6.3 MPa）。

　　模型中的前置液设置为 15% 的盐酸，用来驱离地层水，并对热储层的碳酸盐矿物进行溶蚀，注入时间为 1.5 h。参照前期化学刺激液优选实验结果，前置液注入结束后选用 7% HCl+0.5% HF 作为处理液，对热储层方解石和石英、长石等硅酸盐矿物进行溶蚀，注入时间为 3.0 h。后置液的注入是化学刺激工艺重要的组成部分，其作用是驱替酸液进入储集层，并进一步改善井壁附近热储层的性质，尽量减少或消除处理液可能产生的有害沉淀物。在墨西哥 Los Humeros 地热田的化学刺激过程中（Morales，2012），选用清水为后置液，注入体积为处理液的 2 倍。鉴于此，本次研究注入蒸汽冷凝液作为后置液，注入时间为 6 h。化学刺激过程中的注入流体温度设置为 40℃。

6.2.3　地球化学参数设置

1. 矿物组成

　　根据徐家围子地区营城组火山岩的矿物成分含量，模型中矿物体积分数取值见表 6-6。考虑到受到深部地层方解石交代作用的影响（赵光辉，2007），徐家围子深部埋深的营城组火山岩局部含有方解石，所以在模型中对此进行了设置。由于酸-岩反应岩芯流动实验发现非晶态二氧化硅的沉淀作用，所以模型中也将非晶态二氧化硅设定为次生矿物，此外斜长石和碱性长石被处理为钠长石和钾长石。

表 6-6　热储层岩体矿物初始体积分数

矿 物 质	化 学 组 成	体 积 分 数
石英	SiO_2	0.62
方解石	$CaCO_3$	0.020
钠长石	$NaAlSi_3O_8$	0.15
钾长石	$KAlSi_3O_8$	0.21
非晶态二氧化硅	$SiO_2(am)$	0

2. 初始水化学成分

考虑到在 EGS 热储层液相组分和矿物组分基本处于化学平衡状态,研究结合水化学资料和化学平衡相的方法获得储层液相组分的初始浓度(表 6 - 7),模型中热储流体的初始 pH 为 7.62。大量研究资料表明,Na^+ 与 Cl^- 是松辽盆地热储层流体重要的液相组分,因此模型中热储层水化学成分是采用 0.22 mol/L 的 NaCl 溶液与地层岩体矿物在相应的地层温度进行化学反应平衡得到的。本节研究假定蒸汽冷凝液作为化学刺激的后置液,其化学成分与蒸馏水的成分基本一致(那金等,2014)。

表 6 - 7　热储层水化学组分初始浓度

主要成分	浓度/(mol/L)	主要成分	浓度/(mol/L)
K^+	$0.718×10^{-2}$	HCO_3^-	$0.550×10^{-3}$
Al^{3+}	$0.883×10^{-6}$	Ca^{2+}	$0.548×10^{-3}$
Na^+	0.213	Cl^-	0.220
Si^{2+}	$0.268×10^{-2}$		

3. 矿物反应热力学和动力学参数

矿物、气体和水相离子的热力学数据主要源自 EQ3/6。石英、长石、非晶态二氧化硅的溶解与沉淀反应动力学参数采用基于室内实验调整过的数值。注入的盐酸、土酸可对地层中的方解石进行溶蚀,其实质是酸中的 H^+ 和方解石发生化学反应。根据前人的研究成果(Fogler et al., 1975, 1976; Xu et al., 2014),本节中模型 H^+ 和方解石的反应速率动力学公式设置如下:

$$r = A_m k_m \left(1 - \frac{Q}{K} \right) \tag{6-7}$$

$$k = k_{25}^H \exp\left[\frac{-E_a^H}{R} \left(\frac{1}{T} - \frac{1}{298.15} \right) \right] a_H^{n_H} \tag{6-8}$$

式中,r 为溶解速率,$mol/(m^2 \cdot s)$;A_m 为反应比表面积,cm^2/g;k_m 是与温度有关的速率常数,$mol/(m^2 \cdot s)$;E_a 为活化能,kJ/mol;k_{25} 是在 25℃的速率常数;R 为气体常数,取为 8.31 $J/(mol \cdot K)$;T 为绝对温度,K;a 是反应活度;n 是幂项常数。参

照前人的研究成果,本节模型中 A_m 设置为 9.8, k_{25} 设置为 0.07, E_a 设置为 61, n 设置为 0.63。

4. 孔隙度-渗透率相互关系

在模型运行的过程中,矿物的溶解和沉淀作用会改变热储层的孔隙度和渗透率。本节研究利用 Kozeny – Carman 球体颗粒模型,计算由孔隙度的改变导致渗透率的变化(那金等,2014),具体表达式如下:

$$\frac{k}{k_0} = \left(\frac{\phi}{\phi_0}\right)^3 \left(\frac{1 - \phi_0}{1 - \phi}\right)^2 \tag{6-9}$$

式中,k_0 为初始渗透率,m^2;k 为渗透率,m^2;ϕ 为初始孔隙度;ϕ_0 为孔隙度。矿物的溶解和沉淀作用会导致热储层孔隙度和渗透率的变化,影响水的流动,而流动的改变又会反馈影响到地球化学过程。

6.2.4　模拟结果与分析

1. 前置液注入阶段

前置液盐酸注入后将储层水驱离,隔离处理液土酸与储层水,防止储层水中的 Na^+、K^+ 与 H_2SiF_6 作用形成氟硅酸钠、钾沉淀,减少由氟硅酸盐引起的储层污染。并且前置液盐酸可对热储层碳酸盐矿物方解石进行溶蚀,以便充分发挥土酸对硅酸盐矿物的溶蚀作用。如图 6-14 所示,前置液注入阶段结束后,方解石溶蚀现象明显,溶蚀范围可达到 2.5 m。注入井附近方解石溶蚀现象尤为强烈,溶解体积分数可达到 0.014(图 6-14 中,体积分数的正值表示沉淀,负值表示溶解)。同时 HCl 可维持低 pH,抑制 CaF_2 等酸-

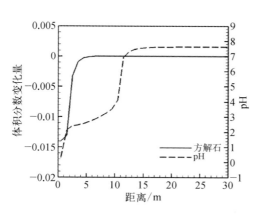

图 6-14　裂隙通道方解石体积分数
变化和 pH 分布图

岩反应沉淀物的析出。前置液注入阶段结束后,距井 11.5 m 范围内裂隙通道地下水的 pH 降低,注入点附近的 pH 降幅尤为明显,降低至 0.04。

2. 处理液注入阶段

处理液的 HCl 一般只溶解碳酸盐矿物,在土酸和含硅矿物化学反应中,具有维持低 pH 的作用。HF 可有效溶蚀含硅质矿物(石英、长石),进一步提高热储层渗透性。处理液注入阶段,裂隙通道中的方解石进一步溶蚀,溶蚀范围可达到 8.5 m。如图 6-15(a) 所示(正值表示沉淀,负值表示溶解),在距注入点 7.5 m 的范围内,裂隙通道中的方解石大部分被溶解掉(溶解体积分数为 0.014)。如图 6-15(b) 所示,土酸对钾长石和钠长石进行溶解,但由于长石-土酸的反应速率远小于方解石-土酸,长石的溶蚀程度明显弱于方解石,其溶解体积的分布也有所差异。处理液注入阶段结束后,钾长石和钠长石的溶解体积分数峰值出现在距

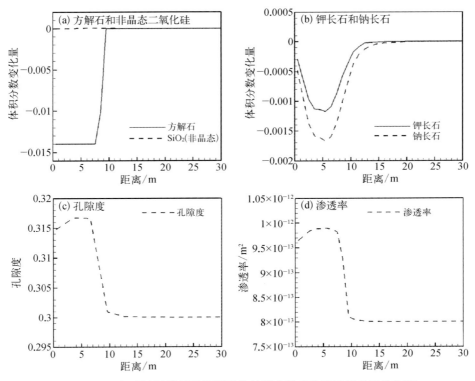

图 6-15　处理液阶段裂隙通道矿物体积分数变化和孔渗参数分布图

离井 5.5 m 位置处,分别可达到 0.00117 和 0.00167,这两种矿物的溶蚀范围为 12 m 左右。在此阶段,岩芯流动实验的酸-岩反应二次沉淀物非晶态二氧化硅沉淀现象不明显,其原因可能如下:① 该阶段钾长石和钠长石的溶蚀量较小,无法为非晶态二氧化硅的形成提供充足的液相 SiO_2 组分。② 非晶态二氧化硅的形成是动力学反应过程,在处理液较短的注入时间内沉淀量较小。注入土酸后石英发生微弱溶蚀,但其溶解体积分数变化均小于 $1×10^{-6}$,与主要反应矿物相比可以忽略不计。

方解石、钾长石和钠长石的溶蚀作用导致裂隙通道的孔隙度和渗透率发生变化[图 6-15(c)和图 6-15(d)],其变化趋势同方解石体积分数的变化趋势相似。在处理液注入阶段,储层裂隙通道最高孔隙度为 0.3168,比初始孔隙度(0.3)高 0.0168,增加幅度为 5.6%。由于模拟过程中采用的孔隙度-渗透率相互关联模型没有考虑到孔隙连通性、形状等多方面因素的影响,两者的关联性较好。储层裂隙的最大渗透率可达到 $9.9×10^{-13}$ m²,明显高于初始渗透率 $8.0×10^{-13}$ m²,增大了 23.75%。处理液注入阶段化学刺激液的有效穿透距离可达 10 m。

3. 后置液注入阶段

后置液注入阶段,清水将所注入的前置液和处理液驱离至热储层深部,进一步对热储层矿物进行溶蚀。如图 6-16(a)所示(正值表示沉淀,负值表示溶解),后置液注入结束后热储层裂隙通道的方解石溶蚀范围增加至 21 m,其中在距注入点 19 m 的范围内方解石大部分被溶解掉(溶解体积分数为 0.014)。和处理液注入阶段相比,钾长石和钠长石的溶蚀强度明显增强,溶蚀范围增至 17 m 左右,如图 6-16(b)所示。钾长石和钠长石的溶解体积分数峰值出现在距离井 7 m 位置处,分别可达到 0.004 和 0.0057。钾长石和钠长石剧烈的溶蚀作用为次生矿物非晶态二氧化硅的形成提供了充足的液相 SiO_2 组分,同时后置液清水的注入会稀释所注入处理液的 HF 浓度,减弱 HF 对非晶态二氧化硅沉淀的抑制作用。在长石溶蚀区的前缘,非晶态二氧化硅的沉淀现象明显,沉淀范围为 5~17 m。非晶态二氧化硅的析出会堵塞裂隙通道,对热储层造成伤害,削弱化学刺激措施对热储层的改造作用。在 EGS 化学刺激工艺实施过程中,应通过合理的工程设计来控制非晶态二氧化硅的沉淀。同处理液注入阶段一致,石英在后置液注入后溶蚀现象不明显,与主要反应矿物相比可忽略不计。

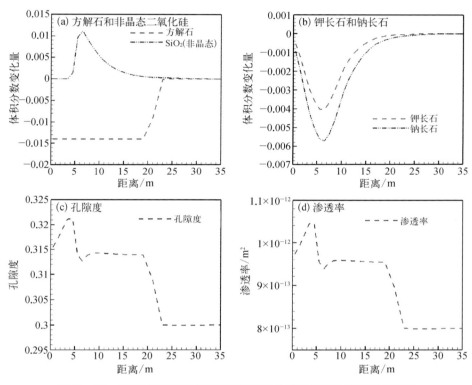

图 6-16　后置液阶段裂隙通道矿物体积分数变化和孔渗参数分布图

由图 6-16(c)和图 6-16(d)可知,随着酸-岩反应的持续进行,在后置液注入阶段热储层裂隙通道的孔隙度和渗透率得到进一步增大。在距注入点 10 m 范围内,孔隙度和渗透率的变化趋势与长石溶解体积及非晶态二氧化硅沉淀体积具有较好的相关性,可见钾长石、钠长石的溶蚀作用和非晶态二氧化硅沉淀作用对热储层孔渗参数的改善具有重要作用。后置液注入阶段化学刺激液的有效穿透距离可达到 21 m。储层裂隙通道最高孔隙度为 0.321,比初始孔隙度(0.3)高 0.021,增加幅度为 7%。储层裂隙的最大渗透率可达到 $1.04×10^{-12} m^2$,明显高于初始渗透率 $8.0×10^{-13} m^2$,增大了 30%。由此可见,常规化学刺激工艺实施过程中裂隙通道的孔隙度和渗透率增加明显。

6.2.5　模型不确定性分析

考虑到化学刺激过程中的酸-岩反应受到多个不确定因素影响,本次研究通过模型不确定性分析讨论了储层岩体矿物组分、反应动力学参数、后置液注入模式的改变对常规化学刺激工艺应用效果的影响,具体方案设置见表6-8。

表6-8　不确定性分析方案设计

分　类	方案名称	参　数　变　化
矿物组分	方案1	方解石体积分数由0.02降至0.01,其他条件同初始方案
	方案2	方解石体积分数由0.02增至0.05,其他条件同初始方案
反应动力学参数	方案3	初始矿物反应比表面积减小一个数量级
	方案4	初始矿物反应比表面积增大一个数量级
后置液注入模式	方案5	后置液注入速率由0.04 kg/s降至0.02 kg/s,注入时间由6 h增至12 h
	方案6	后置液注入速率由0.04 kg/s增至0.08 kg/s,注入时间由6 h减至3 h

1. 储层岩体矿物组分

研究区目标热储层的主要矿物为石英和长石,局部受到深部地层碳酸盐矿物交替作用的影响含有方解石。考虑到热储层方解石含量的分布不确定性,参照地质资料(王百坤,2010;赵光辉,2007;Xu et al.,2014),本次研究设计了以下两个方案来研究矿物组分的变化对常规化学刺激措施效果的影响:① 将方解石的体积分数从0.02降至0.01;② 将方解石的体积分数从0.02增至0.05。

裂隙通道的初始方解石含量改变后,对化学刺激过程中方解石溶蚀作用影响明显。如图6-17(a)所示,方解石的体积分数从0.02降至0.01后,其溶解体积峰值由0.014降至0.007,溶解体积峰值的分布范围由距注入点19 m增至33 m。方解石的体积分数从0.02增至0.05后,其溶解体积分数峰值由0.014增至0.035,溶解体积分数峰值的分布范围由距注入点19 m降至5 m。这是因为方解石含量增加后,增强了化学刺激液对近井处方解石的溶蚀强度,加剧了对H^+的消耗,降低了方解石的溶蚀距离。同时,H^+的消耗也会减少化学刺激液 HF 的含量,减弱长石的溶蚀作用。如图 6 - 17(b)和图 6 - 17(c)所示,方案 2 钾长石和钠长石的最大溶解体积分数为 0.001 和 0.002,明显小于初始方案和方案 1。长石溶解量的减少会降低液相 SiO_2 组分含量,导致非晶态二氧化硅的沉淀作用减弱。如图 6 - 17(d)所示,方案 2 非晶态二氧化硅的沉淀范围和最大沉淀体积分数分别为 8 m 和 0.0025,明显小于初始方案。

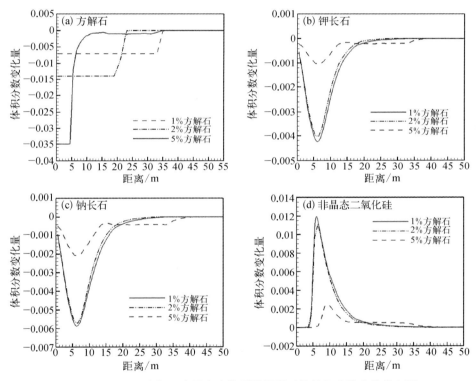

图 6 - 17　不同方解石含量方案的裂隙通道矿物体积分数变化分布图

如图 6 - 18(a)和图 6 - 18(b)所示,化学刺激后方案 1 中储层裂隙通道最高孔隙度和渗透率分别为 0.314 和 9.60×10^{-13} m^2,明显低于初始方案的 0.321 和 1.04×10^{-12} m^2;有效距离为 35 m,高于初始方案的 21 m。方案 2 中储层裂隙通道最高孔隙度和渗透率分别为 0.337 和 1.27×10^{-12} m^2,明显高于初始方案;有效距离为 9.5 m,低于初始方案的有效距离。由此可知,受到方解石溶解作用的影响,裂隙通道孔隙度和渗透率的最大改善程度随着初始方解石含量的增加而增强,然而化学刺激有效穿透距离却随着方解石含量的增加而减小。

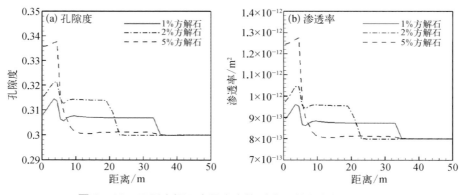

图 6-18 不同方解石含量方案的裂隙通道孔渗参数分布图

2. 反应动力学参数

受热储层矿物组织结构特征、矿物缺陷结构和比表面积活性位置分布等因素的影响,模型的反应动力学参数具有较强的不确定性(Palandri and Kharaka,2004)。鉴于本次研究中,在方案 3 中将地层初始矿物的反应比表面积降低一个数量级,在方案 4 中将矿物的反应比表面积增加一个数量级,考察反应动力学参数对常规化学刺激措施效果的影响。理论上反应比表面积的增加会增强矿物的反应速率,但是初始方案、方案 3 和方案 4 中方解石的溶蚀作用却随着比表面积的增大反而有所减小[图 6-19(a)]。这可能是方解石-酸液反应速率受比表面积的影响程度小于长石,在钾长石和钠长石的反应比表面积增加后,加快了这两种矿物和土酸的反应速率,促进化学刺激液中 HCl 和 HF 的消耗,不利于方解石的溶解。如图 6-19(b)和图 6-19(c)所示,比表面积的改变对钾长石和钠长石的溶蚀作用影响显著。方案 3 中的钾长石和钠长石溶解体积分数峰值分别为 0.00083 和 0.001,明显低于初始方案的 0.004 和 0.0057。方案 4 中的钾长石和钠长石溶解体积分数峰值分别为 0.0042 和 0.0076,高于初始方案。随着长石溶蚀作用的增强,非晶态二氧化硅的沉淀作用加剧[图 6-19(d)]。方案 4 中非晶态

6.3　CO₂-常规酸双相化学刺激工艺数值模拟

常规化学刺激工艺是石油天然气和地热领域最常见的化学刺激增产措施,也是使用时间最早、最为典型的砂岩、火山岩化学刺激工艺。然而,在 EGS 热储层的高温环境下,该工艺中的土酸、盐酸和岩体矿物反应速度快,对热储层的穿透距离有限。并且,高温会增强化学刺激液的金属腐蚀性,易对地下井、套管柱等造成破坏。同时,在以上数值模拟过程中,酸-岩反应产物非晶态二氧化硅在常规化学刺激工艺中沉淀作用明显,减弱化学刺激效果。

鉴于此,需要研发新的化学刺激工艺解决上述生产问题。本节研究在常规化学刺激工艺基础上,通过数值模拟技术研究不同的化学刺激措施对 EGS 热储层改造效果的影响,最终形成对 EGS 热储层化学刺激工艺的改进。

6.3.1　CO₂-常规酸双相化学刺激工艺的提出

CO_2是空气中多见的碳氧化合物气体,无色、无味,分子量是 44,由一个碳原子和两个氧原子通过共价键结合而成,分子形状呈直线型。当温度、压力条件改变后,CO_2将发生固态、液态及超临界态三相态的转变(图 6 - 23)。

在 EGS 热储层的高温、高压条件下,CO_2即处于超临界状态[临界点温度和压力为(30.978 ± 0.015)℃ 和(73.773±0.003)bar[①]]。该状态下 CO_2的密度接近液体,且其黏度接近气体,

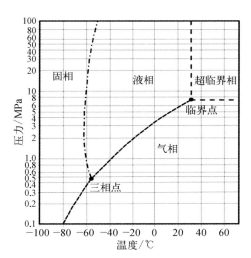

图 6 - 23　CO_2相态随压力和温度变化图

---

①　1 bar = 100 kPa。

如图 6‑24 所示，具有黏度小、密度大等特征。超临界状态 CO_2 的这些特征均有利于注入的 CO_2 在热储层中的运移。

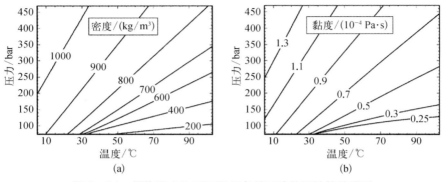

图 6‑24　超临界 CO_2 不同温压条件下流体属性等值线图

国内外学者对 EGS 热储层在高温、高压环境下的水‑岩‑气（CO_2）相互作用进行了大量研究工作（Liu et al.，2003；Ueda et al.，2005；Rosenbauer et al.，2005；Kaieda et al.，2009；Xu et al.，2014）。研究结果表明，CO_2 被注入 EGS 热储层后，发生相平衡反应形成 H^+，导致地层水 pH 降低。增加的酸度会改变地层中原本咸水与岩石之间的化学平衡，导致 EGS 热储层不稳定矿物如碳酸盐的溶解。在水‑岩‑气作用下，矿物的溶解在改变 EGS 热储层矿物组分的同时，也必然引起孔隙度、渗透率的变化。鉴于盐酸、土酸同岩体矿物的反应较快，其穿透距离有限，一些学者提出用 CO_2 作为 EGS 热储层化学刺激液（Xu et al.，2004；那金，2013）。Xu 等（2004）通过数值模拟技术探讨了 CO_2 化学刺激液‑岩体矿物的反应机理，研究结果表明 CO_2 和水混合注入热储层后，一部分溶于水并转化为碳酸对热储层岩体矿物进行溶蚀。碳酸和岩体矿物的反应速度较慢，因此在地层中的穿透距离较长。那金（2013）结合数值模拟和室内实验的研究方法，考察 CO_2 化学刺激液对松辽盆地 EGS 热储层的改造效果。研究结果表明，CO_2 化学刺激液被注入热储层后，对硅酸盐、硅铝酸盐的溶蚀性较弱，裂隙通道孔隙度和渗透率的增强主要来自原生碳酸盐矿物的溶解。同时，化学刺激过程中水‑岩‑气作用的时间较短，并且地层水维持较低 pH，可避免次生碳酸盐矿物的析出堵塞裂隙通道。

6.3.2　数值模型建立

　　尽管 CO_2 化学刺激液对 EGS 热储层碳酸盐矿物具有良好的溶蚀能力和穿透距离,但是对储层岩体以硅酸盐矿物为主,CO_2 化学刺激液对其溶蚀能力微弱,应用效果有限(Liu et al., 2003)。鉴于此,本节研究拟通过数值模拟技术,将 CO_2 化学刺激液的注入添加至常规土酸化学刺激工艺,形成 CO_2-常规酸双相化学刺激工艺,探讨其对常规土酸化学刺激工艺的改进效果。研究同样采用模型为一维MINC 的 EGS 反应性溶质运移模型,其网格剖分与常规化学刺激模型相同,人工地热储层的相关参数见 6.2.2 节中的表 6－5。CO_2-常规酸双相化学刺激工艺的模型需要考虑水、CO_2 所构成的多相组分的运移过程。

　　本节研究参考前人的研究成果,模型中采用的液相和气相相对渗透率计算模型分别为 Van Genuchten－Mualem 模型;多相流体毛细管力的计算模型为 Van Genuchten 模型,相对渗透率和毛细压力模型参数取值见表 6－9。模型的初始水化学成分、矿物组分及其相关的反应热力学、动力学参数和孔隙度-渗透率相互关系的设置同常规化学刺激模型部分一致。

表6－9　相对渗透率和毛细压力计算模型

相对渗透率液相 Van Genuchten－Mualem 计算模型
$k_{rl} = \sqrt{S^*}\,[1-(1-[S^*]^{1/m})^m]^2$　　$S^* = (S_l - S_{lr})/(1 - S_{lr})$
S_{lr}:残余水饱和度,　$S_{lr} = 0.30$
m:指数,　　　　　$m = 0.457$
气相 Corey 模型
$k_{rg} = (1 - \hat{S})^2(1 - \hat{S}^2)$　　　　$\hat{S} = (S_l - S_{lr})/(S_l - S_{lr} - S_{gr})$
S_{gr}:残余气饱和度,　$S_{gr} = 0.05$
毛细压力 Van Genuchten 计算模型
$p_{cap} = -p_0([S^*]^{-1/m} - 1)^{1-m}$　　$S^* = (S_l - S_{lr})/(1 - S_{lr})$
S_{lr}:残余水饱和度,　$S_{lr} = 0.0$
m:指数,　　　　　$m = 0.457$
p_0:突破压力 $p_0 = 19.61$ kPa(裂隙),　$p_0 = 6.25$ MPa(基质)

6.3.3　模拟方案设计

通过对比在常规化学刺激工艺中不同阶段注入 CO_2 对热储层改造效果的影响,探讨其对常规土酸化学刺激工艺的改进效果。CO_2-常规酸双相化学刺激工艺的具体模拟方案设置见表 6-10。

表 6-10　CO_2-常规酸双相化学刺激工艺数值模拟方案设计

分　类	方案名称	模拟方案参数变化
前置液阶段注入 CO_2	方案 7	前置液由注入 0.04 kg/s HCl 改为注入 0.04 kg/s 清水+0.008 kg/s CO_2,其他条件同初始方案
	方案 8	前置液由注入 0.04 kg/s HCl 改为注入 0.04 kg/s HCl+0.008 kg/s CO_2,其他条件同初始方案
处理液阶段注入 CO_2	方案 9	处理液由注入 0.04 kg/s 土酸改为注入 0.04 kg/s 土酸+0.008 kg/s CO_2,其他条件同初始方案
后置液阶段注入 CO_2	方案 10	后置液由注入 0.04 kg/s 清水改为注入 0.04 kg/s 清水+0.004 kg/s CO_2,其他条件同初始方案

从表中可以看出,CO_2-常规酸双相化学刺激工艺与常规酸液化学刺激方案相比,在方案 7 中,将前置液由 HCl 替换为 CO_2 化学刺激液(由 CO_2 和清水组成);在方案 8 中,随着前置液 HCl 的注入,同时将少量 CO_2 注入热储层;在方案 9 中,随着处理液土酸的注入,同时将少量 CO_2 注入热储层;在方案 10 中,随着后置液清水的注入,同时将少量 CO_2 注入热储层。

6.3.4　模拟结果与讨论

1. 前置液阶段注入 CO_2

方案 7 的 CO_2 化学刺激液注入以后,超临界 CO_2 从注入井沿着热储层裂隙通道运移(图 6-25)。一部分 CO_2 溶于水进而解离生成 H^+ 和 HCO_3^-,从而降低地层水的 pH,其中注入点 pH 由 7.62 降至 4 左右。由于同盐酸相比,碳酸的酸性较弱,方案 7 裂隙通道地层水 pH 明显高于初始方案。

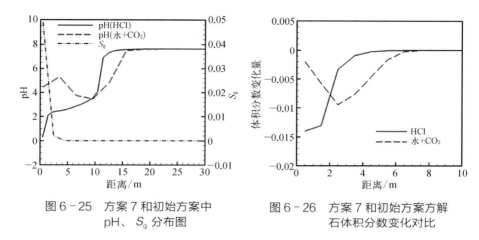

图 6-25 方案 7 和初始方案中
pH、S_g 分布图

图 6-26 方案 7 和初始方案方解
石体积分数变化对比

在注入点处,方案 7 在前置液注入阶段方解石的溶蚀强度明显小于初始方案(图 6-26)。方案 7 方解石溶解体积分数的峰值为 0.009,该峰值出现在距注入点 2.5 m 处,明显小于初始方案的溶解体积分数峰值 0.014。方案 7 方解石溶蚀范围为距注入井 7 m 左右,明显高于初始方案的 3.5 m。

方案 8,在前置液 HCl 注入期间加入少量 CO_2 后,一部分 CO_2 溶解生成 H^+,导致地层水的 pH 进一步降低(图 6-27)。在距注入点 1.5~15 m 范围内,前置液注入后,方案 8 中地层水的 pH 明显小于初始方案,更有利于方解石的溶解。

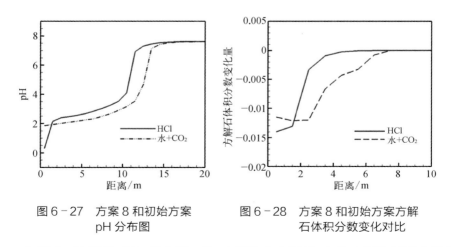

图 6-27 方案 8 和初始方案
pH 分布图

图 6-28 方案 8 和初始方案方解
石体积分数变化对比

如图 6-28 所示,同初始方案一致,在距注入点附近,方案 8 裂隙通道中的方解石大部分被溶解掉。方案 8 中方解石溶蚀范围为距注入井 7.5 m 左右,明显高于初始方案的 3.5 m。并且在距注入点 1.5~7.5 m 的范围内,方案 8 中方解石的溶蚀作用高于初始方案。

综合以上分析可知,将前置液 HCl 替换为 CO_2 化学刺激液后,注入流体酸性减弱,注入点附近热储层地层水无法维持较低 pH。然而,油气领域常规化学刺激工艺的研究结果表明,低 pH 会减少氟化物、氢氧化铁等酸-岩反应次生产物的沉淀作用,减缓化学刺激对储层的伤害。尽管方案 7 的 CO_2-水混合流体和岩体矿物的反应速率较慢,在地层中的穿透距离较长,但在注入井附近 CO_2 化学刺激液对方解石的溶蚀能力明显弱于 HCl,无法达到尽可能去除碳酸盐矿物的目的。由此可见,在 CO_2-常规酸双相化学刺激工艺中,用 CO_2 化学刺激液代替前置液 HCl 的措施并不适宜。而方案 8 在前置液 HCl 注入期间加入少量 CO_2 后,一部分 CO_2 会溶于水进而解离生成 H^+,对方解石进一步进行溶蚀,导致注入点附近方解石溶蚀作用明显增强,溶蚀范围也有所增加。由此可见在前置液 HCl 加入少量 CO_2 后,会增强化学刺激措施的作用效果。

2. 处理液阶段注入 CO_2

方案 9 中,在处理液土酸注入期间加入少量 CO_2 后,CO_2 沿着热储层裂隙通道运移。一部分 CO_2 发生分解反应生成 H^+,导致距注入点 40 m 范围内,方案 9 中地层水的 pH 明显小于初始方案,如图 6-29 所示。同前置液 HCl 注入的情况一致,在土酸注入阶段加入少量 CO_2 后方解石的溶蚀作用明显增强,如图 6-30 所示。

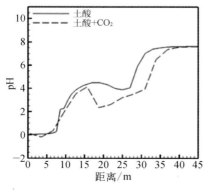

图 6-29　方案 9 和初始方案裂隙通道 pH 变化分布图

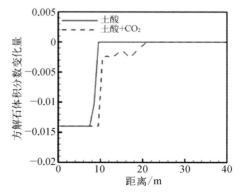

图 6-30　方案 9 和初始方案裂隙通道方解石体积分数变化分布图

　　方案 9 中,在距注入点 11 m 的范围内,裂隙通道中的方解石大部分被溶解掉(溶解体积分数为 0.014)。方案 9 方解石的溶蚀范围为 21 m,明显高于初始方案的 8.5 m。如图 6 – 31 所示,受方解石溶蚀作用影响,方案 9 处理液注入阶段化学刺激液的有效穿透距离可达到 21 m,明显高于初始方案的 10 m。由此可见,在处理液土酸加入少量 CO_2,会增强化学刺激措施的作用效果。

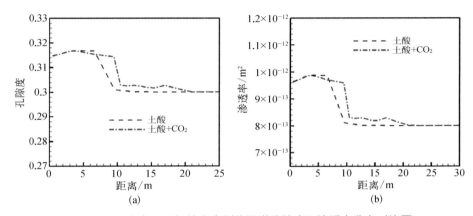

图 6 – 31　方案 9 和初始方案裂隙通道孔隙度和渗透率分布对比图

3. 后置液阶段注入 CO_2

　　如图 6 – 32(a) 所示,方案 10 方解石的溶蚀范围为 35 m,高于初始方案的 21 m。如图 6 – 32(b) 和图 6 – 32(c) 所示,向所注入后置液清水加入少量 CO_2 后,对钾长石和钠长石溶蚀作用的影响较小。如图 6 – 32(d) 所示,加入 CO_2 后方案 10 非晶态二氧化硅的沉淀作用有所减弱。这可能是由于 CO_2 注入后地层水 pH 降低,会增强 HF 对非晶态二氧化硅的溶解能力,进一步抑制其沉淀作用。

　　如图 6 – 33(a) 和图 6 – 33(b) 所示,受到矿物溶解、沉淀作用的影响,方案 10 孔隙度和渗透率改善效果强于初始方案。方案 10 后置液注入阶段化学刺激液的有效穿透距离可达到 35 m,高于初始方案的 21 m。

　　以上研究结果表明,CO_2-常规酸双相化学刺激工艺可增强热储层碳酸盐矿物的溶蚀作用,增强化学刺激效果。同时该工艺也可以使温室气体 CO_2 实现地质资源化。泡沫酸为石油天然气领域最常见的化学刺激工艺,其特点是向化学刺激

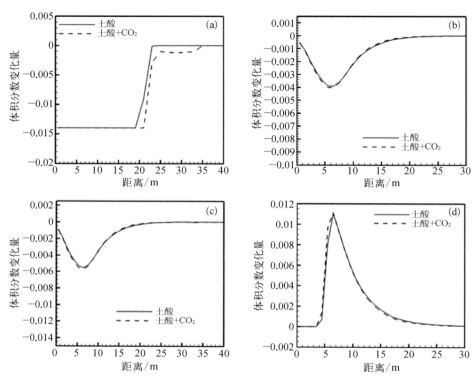

图 6-32　方案 10 和初始方案裂隙通道矿物体积分数变化分布图

（a）方解石；（b）钾长石；（c）钠长石；（d）非晶态二氧化硅

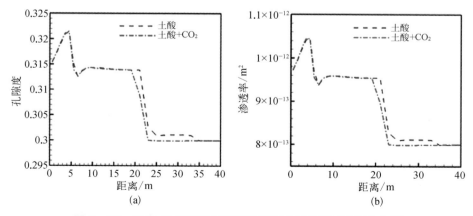

图 6-33　方案 10 和初始方案裂隙通道孔隙度和渗透率分布图

液加入气体(一般为氮气)和添加剂(包括起泡剂和稳泡剂),使化学刺激液产生泡沫。在 CO_2-常规酸双相化学刺激工艺中可借鉴泡沫酸技术,将化学刺激液、CO_2 和添加剂混合形成 CO_2 泡沫化学刺激液,该技术除了增强化学刺激措施对矿物的溶蚀效果外,还具有以下优点:① CO_2 具有膨胀能力,便于残余化学刺激液返排,减少对热储层的伤害。② 具有较高的表观黏度,携带固相颗粒能力强。③ CO_2 会覆盖一部分岩体和井下管线表面,减小液相化学刺激液与地下岩体、井下管线的接触面积,且具有缓速性和缓蚀性。

6.3.5　结论

鉴于常规化学刺激工艺的不足,本节研究提出 CO_2-常规酸双相化学刺激工艺,形成对 EGS 热储层化学刺激工艺的改进,并通过数值模拟对 CO_2-常规酸双相化学刺激的 EGS 热储层改造效果进行了定量评估,主要得到以下结论:

(1) CO_2-常规酸双相化学刺激工艺可增强热储层碳酸盐的溶蚀作用,扩大化学刺激液的穿透距离,进而增强其化学刺激效果。然而 CO_2 注入后,对钾长石和钠长石等硅酸盐矿物的溶蚀作用影响较小。

(2) 在热储层改造过程中,水力压裂的实施对化学刺激效果影响显著。水力压裂在井周地热储层中形成高渗透性通道,同时热储层的温度降低减缓了化学刺激过程中的酸-岩反应速率,利于化学刺激液向储层深部穿透。并且低温储层会降低次生非晶态二氧化硅的沉淀速率,减弱其对热储层的伤害。

(3) 考虑到短时间尺度的水力压裂可明显改进化学刺激工艺的应用效果,因此现场储层改造时推荐采用多级交替的方式来实施水力压裂-化学刺激联合工艺。

参考文献

Fogler H S, Lund K, McCune C C, 1975. Acidization Ⅲ — The kinetics of the dissolution of sodium and potassium feldspar in HF/HCl acid mixtures[J]. Chemical Engineering

Science, 30(11): 1325 – 1332.

Jiang Z J, Xu T F, Mallants D, et al, 2019. Numerical modelling of stable isotope (^{2}H and ^{18}O) transport in a hydro – geothermal system: Model development and implementation to the Guide Basin, China[J]. Journal of Hydrology, 569: 93 – 105.

Jiang Z J, Xu T F, Owen D D R, et al, 2018. Geothermal fluid circulation in the Guide Basin of the northeastern Tibetan Plateau: Isotopic analysis and numerical modeling[J]. Geothermics, 71: 234 – 244.

Kaieda H, Ueda A, Kubota K, et al, 2009. Field Experiments for Studying on CO_2 Sequestration in Solid Minerals at the Ogachi HDR Geothermal site, Japan [C]// Proceedings, 34th Workshop on Geothermal Reservoir Engineering, Stanford: Stanford University.

Liang X, Xu T F, Feng B, et al, 2018. Optimization of heat extraction strategies in fault-controlled hydro-geothermal reservoirs[J]. Energy, 164: 853 – 870.

Liu L H, Suto Y, Bignall G, et al, 2003. CO_2 injection to granite and sandstone in experimental rock/hot water systems [J]. Energy Conversion and Management, 44(9): 1399 – 1410.

Morales A L, 2012. Acid stimulation of geothermal wells in Mexico[R]. El Salvador and the Philippines, Geothermal Training Programme.

Palandri J L, Kharaka Y K, 2004. A compilation of rate parameters of water-mineral interaction kinetics for application to geochemical modeling [M]. U. S. Geological Survey.

Rosenbauer R J, Koksalan T, Palandri J L, 2005. Experimental investigation of CO_2– brine – rock interactions at elevated temperature and pressure: Implications for CO_2 sequestration in deep-saline aquifers [J]. Fuel Processing Technology, 86 (14 – 15): 1581 – 1597.

Ueda A, Kato K, Ohsumi T, et al, 2005. Experimental studies of CO_2– rock interaction at elevated temperatures under hydrothermal conditions [J]. Geochemical Journal, 39(5): 417 – 425.

Xu T F, Feng G H, Shi Y, 2014. On fluid-rock chemical interaction in CO_2 – based geothermal systems[J]. Journal of Geochemical Exploration, 144: 179 – 193.

Xu T F, Ontoy Y, Molling P, et al, 2004. Reactive transport modeling of injection well scaling and acidizing at Tiwi field, Philippines[J]. Geothermics, 33(4): 477 – 491.

Xu T F, Sonnenthal E, Spycher N, et al, 2006. TOUGHREACT — A simulation program for non-isothermal multiphase reactive geochemical transport in variably saturated geologic media: Applications to geothermal injectivity and CO_2 geological sequestration [J]. Computers & Geosciences, 32(2): 145 – 165.

Xu T F, Yuan Y L, Jia X F, et al, 2018. Prospects of power generation from an enhanced geothermal system by water circulation through two horizontal wells: A case study in the

Gonghe Basin, Qinghai Province, China[J]. Energy, 148: 196-207.

那金,2013. CO_2 - EGS 水-岩-气作用对地层孔渗特征的影响[D]. 长春:吉林大学.

那金,冯波,兰乘宇,等,2014. CO_2 化学刺激剂对增强地热系统热储层的改造作用[J]. 中南大学学报(自然科学版),45(7):2447-2458.

王百坤,2010. 火山岩储层酸化体系研究[D]. 合肥:合肥工业大学.

赵光辉,2007. 徐家围子地区火山岩储层矿物溶蚀与沉淀的热力学研究[D]. 北京:中国地质大学(北京).

第 7 章

地热能开发传热–流动–力学耦合模拟场地应用实例

目前世界上开采和利用的地热资源主要是水热型地热资源。干热岩（Hot Dry Rock，HDR）是一种没有水或蒸汽的深部高温岩体，主要是各种变质岩或结晶岩类岩体。保守估计地壳中干热岩（3~10 km深处，其温度范围在150~650℃）所蕴含的能量相当于全球所有石油、天然气和煤炭所蕴藏能量的30倍。中国地质调查局的最新评价数据显示：中国大陆3~10 km深处干热岩资源总量相当于860万亿吨标煤；若能开采出2%，就相当于中国2010年全国一次性能耗总量（32.5亿吨标煤）的5300倍。

增强型地热系统（EGS）是采用人工形成地热储层的方法，从低渗透性岩体中经济地开采出深层热能的人工地热系统，即从干热岩中开发地热的工程。干热岩的开发主要采用人工形成的地热储层，冷水通过注入井注入，进入人工压裂产生的连通裂隙带，并与高温的岩体接触后被加热，然后通过生产井返回地面，形成一个闭式回路。水力压裂过程中，低温高压流体被注入裂隙储层中，引起热储层有效应力降低，岩石发生破坏，从而导致岩层渗透性增强。水力压裂的成功与否是EGS开发的关键。考虑到场地压裂实施的复杂性、高投入和不可预知性，因此数值模拟是进行水力压裂方案设计、水力压裂效果评价最为经济和有效的方法。

7.1 美国 Desert Peak 地热田水力压裂数值模拟

本节研究首先根据美国 Desert Peak EGS 场地相关特征，建立基于随机裂隙系统的水力压裂模型，并在通用 T－H－M 耦合模拟器 TOUGH2－Biot 的基础上，加入随机裂隙等效渗透张量计算模块、裂隙渗透率增强评价模块，使其适用于场地压裂过程的水力压裂评价。然后基于改进的 TOUGH2－Biot 模拟器，联合井筒储层耦合模拟器对美国 Desert Peak EGS 场地水力压裂过程中的热、水动力和力学耦合过程进行数值模拟分析，评价了压裂过程中储层渗透率增强的时空演化特征。

7.1.1 Desert Peak EGS 工程概况

Desert Peak 地热田位于美国内华达州北部的热泉山，是一个高热焓的隐伏性水热型地热系统（Faulds et al.，2010）。该区的地热活动主要受一系列北北东向的断层控制（图 7 - 1），这些断层为深部高温的流体提供了良好的垂向通道（Zemach et al.，2009）。为了研究 EGS 压裂工艺技术的可行性，同时增加 Desert Peak 地热田的发电量，在美国能源部（U.S. DOE）和 Ormat 的支持下，Desert Peak 场地的井 27 - 15 被选择作为压裂井。虽然井 27 - 15 离地热田很近，但其渗透率很低，并不与南部的地热田存在很强的水力联系。在综合分析井 27 - 15 的地质特征、力学属性和测井数据等基础上，最终决定井 27 - 15 的压裂层段为 930～1085 m，钻井结果显示该段岩性以流纹岩和泥岩为主。

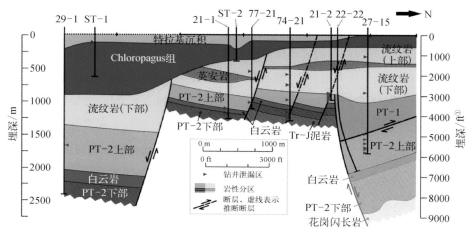

图 7 - 1　Desert Peak 地热田地质剖面图（Lutz et al.， 2009）

为了增强井 27 - 15 的注入能力，一系列的刺激工作从 2010 年 9 月开始被实施，包括剪切压裂、化学刺激和受控制的水力压裂（Chabora et al.，2012）。在储层刺激过程中进行了井口压力、注入流量和微地震的监测，以更好地评价储层刺激效果。剪切压裂是采用低于最小主应力的压力把流体注入地层，使地层沿已有裂隙的优势方向发生破坏。这种压裂工艺不仅能够大大降低微地震烈度的大小，而且可以明显增加热交换面积，同时相对于张性水力压裂可以避免出现优势流动通道。根据原位地应力计算结果，井 27 - 15 剪切压裂的井口注入压力不能大于 4.7 MPa。整个剪切压裂共分为 4 个阶段，井口压力从 1.5 MPa 逐级上升到

———————————

① 1 英尺（ft）= 0.3048 米（m）。

3.7 MPa。在每个阶段注入过程中,井口压力保持不变,注入速率根据井周储层的
注入能力的变化而发生改变。

第一阶段:以 1.5 MPa 的井口压力开始注入约 30℃ 的淡水,注入速率为
0.19~0.31 kg/s,对应的注入能力为 0.13~0.21 kg/(s・MPa)。该阶段注入持续了
约 2 天,但井的注入能力没有明显变化。

第二阶段:井口注入压力提高到 2.2 MPa,注入速率为 0.25~0.38 kg/s,对应
的注入能力为 0.11~0.17 kg/(s・MPa),该阶段持续注入了 8 天,井的注入能力同
样没有明显变化,如图 7-2 所示。

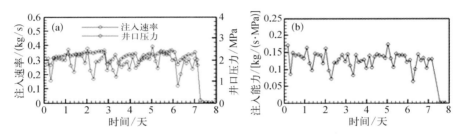

图 7-2　第二阶段(注入压力为 2.2 MPa)压裂过程监测结果
(a)注入速率和井口压力随时间演化特征;(b)井的注入能力随时间演化特征

第三阶段:井口注入压力继续提高到 3.1 MPa,初始的流量速率为 0.38 kg/s,
并持续了 4~5 天,注入能力为 0.12 kg/(s・MPa),与前两阶段的注入能力一致。
持续注入 40 天后,注入速率迅速增加到 4.4 kg/s 并逐步稳定,注入能力增加到
1.5 kg/(s・MPa)。该阶段注入能力发生明显变化,增加到初始注入能力的
10~15 倍,如图 7-3 所示。

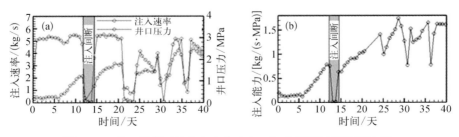

图 7-3　第三阶段(注入压力为 3.1 MPa)压裂过程监测结果
(a)注入速率和井口压力随时间演化特征;(b)井的注入能力随时间演化特征

第四阶段：第三阶段注入停止 40 天后,该阶段以 3.7 MPa 的井口压力持续注入了 9 天。开始注入时,井的注入能力约为 1.0 kg/(s·MPa),该阶段结束时最终达到最大注入能力,约为 1.5 kg/(s·MPa),如图 7 - 4 所示。

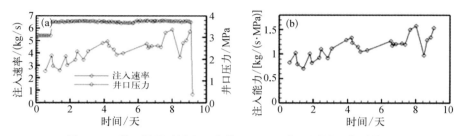

图 7 - 4 第四阶段（注入压力为 3.7 MPa）压裂过程监测结果
（a）注入速率和井口压力随时间演化特征;（b）井的注入能力随时间演化特征

7.1.2 水力压裂模型

由于 Desert Peak 场地井 27 - 15 的压裂目标层段的岩体裂隙广泛发育,并存在随机特征,采用传统的孔隙介质模型无法刻画压裂过程中裂隙宽度发生变化而引起储层渗透率发生变化的过程,而多重连续介质模型(MINC)虽然能够分别刻画裂隙和孔隙,但其中的集中参数法无法表观裂隙的方向性。研究采用裂隙介质中常用的渗透张量法把裂隙介质等效为孔隙介质,同时引入随机特征来表观裂隙的方向性。具体过程分为两步：① 根据统计的裂隙分布密度、方位和裂隙宽度等特征建立随机分布函数;② 在每个计算单元上随机生成裂隙,并根据生成的随机裂隙网络计算裂隙的等效渗透张量。

1. 裂隙网络的渗透张量

本节研究的随机裂隙网络模型是基于等效孔隙介质建立的。首先,假设整个模型区域可以按照积分有限差所需网格进行剖分,并认为所剖分网格远远大于裂隙岩体表征单元体(REV)体积;然后,在每个单元假设存在多个随机裂隙,该随机裂隙分布特征满足区域裂隙统计规律特征,并且均通过单元计算中心,也就是均影响网格的渗透率。渗透张量的计算分为两步：① 随机裂隙生成;② 渗透张量计算。

　　裂隙结构面的几何特征主要包括方位(倾向和倾角)、间距、粗糙度、张开度、充填物和连通性等,这些特征直接影响裂隙介质的渗透性。为了简化,研究仅考虑方位、张开度和间距。根据钻孔测井数据统计,可以得到裂隙结构面各个方向和角度的概率分布特征。各个埋深的裂隙数目统计可以获得当前剖分尺度下的每个网格的裂隙条数。基于这些数据便可以采用随机数产生各个计算节点的裂隙组。

　　裂隙介质的渗透系数张量是建立在单裂隙水流运动规律基础上的。单一裂隙的渗透率定义为:

$$k = \frac{b^2}{12} \tag{7-1}$$

　　若有一组裂隙,张开度相同、间隔相等,则其等效的渗透率计算公式为:

$$k = \frac{b^3}{12l} \tag{7-2}$$

　　可以发现,裂隙组的等效渗透率实际上是单个裂隙的渗透率在对应面积上的平均,其方向与裂隙组的一致。以裂隙面所在平面为 $x-y$ 平面,张量法表示的等效渗透率定义为:

$$\boldsymbol{K} = \begin{pmatrix} k & 0 & 0 \\ 0 & k & 0 \\ 0 & 0 & 0 \end{pmatrix} \tag{7-3}$$

　　以裂隙面为参考的坐标系的渗透张量虽然简单,但对于多组裂隙则无法表示。若取直角坐标系的三个方向 x、y、z 分别为正北、正东和铅直向上,则以上的等效渗透张量计算公式可表示为(周志芳,2007):

$$\boldsymbol{K} = \frac{b^3}{12l} \begin{pmatrix} 1 - \cos^2\beta \sin^2\gamma & -\sin\beta \sin^2\gamma \cos\beta & -\cos\beta \sin\gamma \cos\gamma \\ -\sin\beta \cos\beta \sin^2\gamma & 1 - \sin^2\beta \sin^2\gamma & -\sin\beta \sin\gamma \cos\gamma \\ -\cos\beta \sin\gamma \cos\gamma & -\sin\beta \sin\gamma \cos\gamma & 1 - \cos^2\gamma \end{pmatrix}$$

$$\tag{7-4}$$

式中,β 和 γ 分别表示裂隙面的倾向和倾角,(°);b 为裂隙开度,(°);l 为裂隙间距,m。渗透张量 $\boldsymbol{K}$ 为对称矩阵,其与裂隙方位、间距和张开度相关。对于多组裂隙的渗透张量,可以直接通过单组渗透张量相加求得:

$$\boldsymbol{K} = \sum_{i=1}^{n} \frac{b_i^3}{12l_i} \begin{pmatrix} 1 - \cos^2\beta_i \sin^2\gamma_i & -\sin\beta_i \sin^2\gamma_i \cos\beta_i & -\cos\beta_i \sin\gamma_i \cos\gamma_i \\ -\sin\beta_i \cos\beta_i \sin^2\gamma_i & 1 - \sin^2\beta_i \sin^2\gamma_i & -\sin\beta_i \sin\gamma_i \cos\gamma_i \\ -\cos\beta_i \sin\gamma_i \cos\gamma_i & -\sin\beta_i \sin\gamma_i \cos\gamma_i & 1 - \cos^2\gamma_i \end{pmatrix}$$
$$(7-5)$$

从式(7-5)中可以看出,裂隙系统的渗透张量与所选坐标系有关。在实际问题中,如果选取的坐标系合适(与渗透系数张量主轴一致),那么可以大大简化流动控制方程中的复杂形式,减小计算难度。寻找渗透主方向实际上就是求渗透张量式(7-5)的特征向量和特征值问题,其渗透张量的特征方程为:

$$\begin{vmatrix} K_{11} - \lambda & K_{12} & K_{13} \\ K_{21} & K_{22} - \lambda & K_{23} \\ K_{31} & K_{32} & K_{33} - \lambda \end{vmatrix} = 0 \qquad (7-6)$$

展开后可得一元三次方程如下:

$$A\lambda^3 + B\lambda^2 + C\lambda + D = 0 \qquad (7-7)$$

式(7-7)中,

$$\left. \begin{aligned} A &= -1 \\ B &= K_{11} + K_{22} + K_{33} \\ C &= -\begin{vmatrix} K_{11} & K_{12} \\ K_{21} & K_{22} \end{vmatrix} - \begin{vmatrix} K_{22} & K_{23} \\ K_{32} & K_{33} \end{vmatrix} - \begin{vmatrix} K_{11} & K_{13} \\ K_{31} & K_{33} \end{vmatrix} \\ D &= \begin{vmatrix} K_{11} & K_{12} & K_{13} \\ K_{21} & K_{22} & K_{23} \\ K_{31} & K_{32} & K_{33} \end{vmatrix} \end{aligned} \right\} \qquad (7-8)$$

　　由于渗透张量是对称正定矩阵,因此其对应的特征值必为三个实数。而这三个实根中又存在两种情况:三个不相等的实根和一个二重根。二重根实际对应单裂隙情况,因为单裂隙的两个渗透主方向可以为裂隙平面内任意两个正交方向。对一元三次方程式(7-7)的求解可以利用盛金公式(范盛金,1989),其基本过程与一元二次方程类似,通过判别式来确定根的特征值。

　　在求解出特征值以后,便可以得到对应的特征向量,即对应裂隙组的主渗透方向。设三个特征向量分别为 $\boldsymbol{a}_1(a_{11}, a_{12}, a_{13})$, $\boldsymbol{a}_2(a_{21}, a_{22}, a_{23})$ 和 $\boldsymbol{a}_3(a_{31}, a_{32}, a_{33})$。把特征向量代入特征方程中,并增加一限制方程,便可以唯一确定特征向量。以 $\boldsymbol{a}_1(a_{11}, a_{12}, a_{13})$ 为例:

$$\left.\begin{array}{l} (K_{11} - \lambda_1)a_{11} + K_{12}a_{12} + K_{13}a_{13} = 0 \\ K_{21}a_{11} + (K_{22} - \lambda_1)a_{12} + K_{23}a_{13} = 0 \\ K_{31}a_{11} + K_{32}a_{12} + (K_{33} - \lambda_1)a_{13} = 0 \\ a_{11}^2 + a_{12}^2 + a_{13}^2 = 1 \end{array}\right\} \quad (7-9)$$

　　式(7-9)的前三个并不是互相独立的,把第三个方程分别和第一个和第二个累加,可以得到:

$$\left.\begin{array}{l} (K_{11} - \lambda_1 + K_{31})a_{11} + (K_{12} + K_{32})a_{12} + (K_{13} + K_{33} - \lambda_1)a_{13} = 0 \\ (K_{21} + K_{31})a_{11} + (K_{22} - \lambda_1 + K_{32})a_{12} + (K_{23} + K_{33} - \lambda_1)a_{13} = 0 \\ a_{11}^2 + a_{12}^2 + a_{13}^2 = 1 \end{array}\right\}$$

$$(7-10)$$

　　式(7-10)可以简写为:

$$\left.\begin{array}{l} c_{11}a_{11} + c_{12}a_{12} + c_{13}a_{13} = 0 \\ c_{21}a_{11} + c_{22}a_{12} + c_{23}a_{13} = 0 \\ a_{11}^2 + a_{12}^2 + a_{13}^2 = 1 \end{array}\right\} \quad (7-11)$$

　　式(7-11)的解为:

$$
\left.\begin{aligned}
a_{11} &= \frac{r_{11}}{R} \\[2mm]
a_{12} &= \frac{r_{12}}{R} \\[2mm]
a_{13} &= \frac{r_{13}}{R}
\end{aligned}\right\}
\tag{7-12}
$$

其中，$r_{11} = -\begin{vmatrix} c_{12} & c_{13} \\ c_{22} & c_{23} \end{vmatrix}$，$r_{12} = -\begin{vmatrix} c_{11} & c_{13} \\ c_{21} & c_{23} \end{vmatrix}$，$r_{13} = -\begin{vmatrix} c_{11} & c_{12} \\ c_{21} & c_{22} \end{vmatrix}$，$R = \sqrt{r_{11}^2 + r_{12}^2 + r_{13}^2}$。

　　以上特征向量的求解只适用于三个特征值均不相等的情况，对于存在一个二重根的情况，该方法只能求出不是重根对应的特征向量，而其他两组特征向量可以通过两两正交法求得，在此不再赘述。

　　通常所求的主渗透方向和主渗透率在每个计算网格中是不同的，然而模型在网格剖分时并不能兼顾到所有网格的主渗透方向，而仅仅可能是平均的主渗透方向。因此，每个网格的渗透张量需要转化到网格剖分的方向上，设网格剖分的坐标为 x'、y'、z'，其与 x、y、z 的夹角余弦分别为 $(l_{x'}, m_{x'}, n_{x'})$，$(l_{y'}, m_{y'}, n_{y'})$ 和 $(l_{z'}, m_{z'}, n_{z'})$，则将旧坐标系下的渗透张量转化到新坐标系后的公式如下：

$$
\left.\begin{aligned}
\boldsymbol{K}' &= \begin{pmatrix} K_{11}' & K_{12}' & K_{13}' \\ K_{21}' & K_{22}' & K_{23}' \\ K_{31}' & K_{32}' & K_{33}' \end{pmatrix} = \boldsymbol{P} \begin{pmatrix} \lambda_1 & 0 & 0 \\ 0 & \lambda_2 & 0 \\ 0 & 0 & \lambda_3 \end{pmatrix} \boldsymbol{P}^{\mathrm{T}} \\[2mm]
\boldsymbol{P} &= \begin{pmatrix} l_{x'} & m_{x'} & n_{x'} \\ l_{y'} & m_{y'} & n_{y'} \\ l_{z'} & m_{z'} & n_{z'} \end{pmatrix} \begin{pmatrix} a_{11} & a_{21} & a_{31} \\ a_{12} & a_{22} & a_{32} \\ a_{13} & a_{23} & a_{33} \end{pmatrix}
\end{aligned}\right\}
\tag{7-13}
$$

2. 裂隙面应力计算

　　为了确定储层中裂隙面是否发生剪切破坏，在计算出每个单元的应力状态以后，首先需要把应力转化到相应的裂隙平面上来，假设计算单元的应力状态为

$(\sigma'_{xx}, \sigma'_{yy}, \sigma'_{zz}, \tau_{xy}, \tau_{xz}, \tau_{yz})$，裂隙面的外法线方向为 $\boldsymbol{n}$，根据微元体的力学平衡方法，可以得到如图 7-5 所示的裂隙面上的正应力和剪应力，如式(7-14)所示。其中：应力符号规定为正应力以压为正；剪应力在正面(外法线方向与坐标轴方向一致的面)与坐标轴正方向相反为正，在负面(外法线方向与坐标轴方向相反的面)与坐标轴正方向一致为正，斜面上产生顺时针的剪切力为正。

$$\left. \begin{array}{l} \sigma'_n = P_x l_1 + P_y l_2 + P_z l_3 \\ \tau_n = (P_x^2 + P_y^2 + P_z^2 - \sigma'^2_n)^{1/2} \end{array} \right\} \quad (7-14)$$

式(7-14)中：

$$P_x = \sigma'_{xx} l_1 + \tau_{xy} l_2 + \tau_{xz} l_3$$

$$P_y = \tau_{yz} l_1 + \sigma'_{yy} l_2 + \tau_{yz} l_3$$

$$P_z = \tau_{xz} l_1 + \tau_{yz} l_2 + \sigma'_{zz} l_3$$

$$\cos(\boldsymbol{n}, x) = l_1$$

$$\cos(\boldsymbol{n}, y) = l_2$$

$$\cos(\boldsymbol{n}, z) = l_3$$

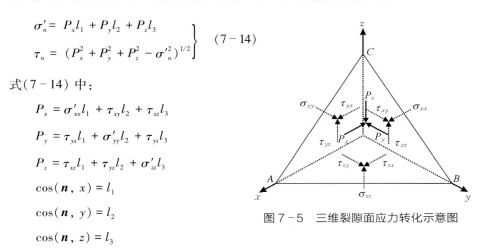

图 7-5　三维裂隙面应力转化示意图

3. 裂隙渗透率增强模型

在依靠剪切破坏来增加储层渗透性的水力压裂过程中，核心是剪切变形和渗透率的关系。裂隙面发生剪切错动会引起裂隙开度的变化，同时也会改变裂隙的曲度。由于裂隙面变化复杂，现有研究还无法准确描述剪切变形过程中对裂隙面各特征的影响，但可以通过实验方法建立剪切位移与裂隙渗透率的关系。Lee 和 Cho(2002)基于室内水动力-力学耦合实验，分析了花岗岩和大理石岩人造裂隙中不同剪切位移下的渗透率变化规律[图 7-6(a)]，并根据反指数函数建立了渗透率和相关参数的定量计算关系[图 7-6(b)]：

$$\Delta\kappa = \dfrac{\Delta\kappa_{\max}}{1 + \exp\left[\lg 19 \cdot \left(1 - 2.0 \dfrac{d - d_5}{d_{95} - d_5} \right) \right]} \quad (7-15)$$

式中，$\kappa = \lg k$，$\Delta\kappa_{\max} = \lg k_{\max} - \lg k_{\text{ini}}$ 为渗透率增加最大值；d_{95} 和 d_5 分别为渗透率

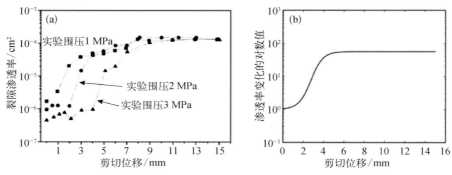

图7-6　不同剪切位移下的裂隙渗透率变化（Chabora et al., 2012）
（a）实验测试结果；（b）模型拟合结果

增加为最大增加量的95%和5%时对应的剪切位移量,m。

渗透率增强必须满足剪切破坏条件,根据莫尔-库仑破坏判定条件,裂隙面上有效应力应满足以下方程:

$$F_c = |\tau_n| - \mu_s \sigma_n' - c > 0 \qquad (7-16)$$

式(7-16)中,裂隙面上的剪应力和正应力依据式(7-14)确定。裂隙的剪切位移量需要根据超剪切应力和裂隙的刚度系数计算,其计算关系式如下:

$$d = \frac{\tau_{ex}}{K_f} \begin{cases} \tau_{ex} = 0, & F_c < 0 \\ \tau_{ex} = |\tau_n| - \mu_d \sigma_n' & F_c \geqslant 0 \end{cases} \qquad (7-17)$$

可以看到,裂隙面上未发生剪切破坏时,剪切位移为零,渗透率没有增加;而产生剪切破坏时,渗透率增加幅度与超剪切应力大小呈正相关关系。

综合以上分析,地热储层在水力压裂过程中裂隙的剪切破坏和储层渗透率增加的基本计算流程如图7-7所示。

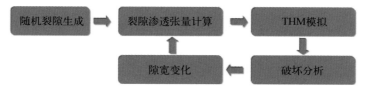

图7-7　裂隙介质水力压裂模拟计算流程

7.1.3 数值模型建立

1. 概念模型及网格剖分

由于 Desert Peak 场地井 27-15 的压裂段渗透率很低,同时压裂时间最多持续几十天,可以推断压裂影响的范围有限,因此,平面上选定一个 0.5 km×0.5 km 的研究区域,垂直方向向上和向下分别扩展到埋深 750 m 和 1250 m。与场地获取的渗透主方向一致,模型中选择北偏东 24°为 x 方向,北偏东 114°为 y 方向,垂直向上为 z 方向,建立直角坐标系。

剖分采用规则的正方体网格,x 方向 0~200 m 剖分为 4 个网格,网格大小为 50 m;200~300 m 剖分为 20 个网格,网格大小为 5 m;300~500 m 剖分为 4 个网格,网格大小为 50 m;y 和 z 方向与 x 方向剖分方式一样。由此可得数值模型网格总数为 28×28×28 = 21952。每个单元的顶点又是力学计算的节点,节点共计 24389 个。

2. 初始和边界条件

模型中的初始流体压力假设满足静水压力分布,即模型顶部的压力为 7.35 MPa,模型下部压力根据重力平衡计算获得。整个模型初始温度假设统一为 190℃。水-热边界除了顶部为一类边界外,四周和底部均设置为隔水隔热边界,对于这种时间较短的水力压裂过程来说,在足够远的地方设置为这种边界条件是合理的。对于力学边界,四周、底部和顶部边界沿 x 和 y 两个方向的位移均设置为零位移,底部边界沿 z 方向同样设置为零位移边界,其他边界位置节点可以沿 z 方向产生自由移动。

根据水压致裂法测试结果,井 27-15 附近的水平最小主应力方向为 114°±17°(Davatzes and Hickman,2009),与先前 23-1 井的分析结果 119°±15°高度一致。最小主应力与最大主应力比值为 0.61(Hickman and Davatzes,2010)。在以张性应力为主要区域应力的区域,最大主应力方向为垂直方向,大小为上覆地层自重,即 $\sigma_z = \rho_r gz$,并假设水平最大应力为最大主应力和最小主应力的平均值。水平最大主应力方向与井 27-15 和地热田连接的方向一致,这有利于水力压裂增强井27-15与所存在地热田之间的水力连通性。

3. 模型参数

（1）基本物性参数

基本属性参数包括储层密度、热传导系数、孔隙度、岩石力学性质，以及裂隙内摩擦因数和内摩擦角等参数，这些参数主要基于现场测试公布的文献资料进行确定，具体见表7-1。

表7-1　模型中储层和裂隙主要属性参数

储层主要参数	参数取值	裂隙变形主要参数	参数取值
岩石密度/(kg/m^3)	2480	静态内摩擦因数	0.65
孔隙度	10%	动态内摩擦因数	0.55
岩石热传导系数/[$W/(m \cdot ℃)$]	2.2	裂隙内摩擦力/MPa	2.7
岩石比热容/[$J/(kg \cdot ℃)$]	1200	裂隙剪切刚度系数/(MPa/m)	500
岩石热膨胀系数/℃	3.5×10^{-5}	渗透性增强参数 $\Delta \kappa_{max}$	1.7
剪切模量/GPa	10.4	d_5/mm	1.5
泊松比	0.2	d_{95}/mm	5

（2）随机裂隙生成

根据井下测井成像技术，统计得出压裂层段天然裂隙密度为0~5条/(5米)，裂隙开度在几十微米数量级上。统计显示，储层中天然裂隙发育特征与区域构造方向一致，平均走向为24°，平均倾角为60°，与区域张性应力背景产生的裂隙结果一致。为了体现垂直方向上天然裂隙密度的差异，压裂模型每个网格中生成的裂隙数目根据表7-2给定的裂隙密度统计结果生成。此外，每个网格裂隙的倾向和倾角随机规律一致，按照表7-2中的概率密度生成，最终整个模型共计生成随机裂隙109760条。裂隙随机生成结果及模型初始渗透率分布特征如图7-8所示。

图7-8(a)显示了储层中随机裂隙的一个实现结果，可以看到渗透主方向(x)与裂隙主方向基本一致，另外两个渗透主方向(y和z)为114°和垂直向上。

表7-2　储层随机裂隙生成参数设置

埋深/m	裂隙密度/[条/(5 米)]	倾　向　概　率			倾角概率	
		94°~134°	274°~314°	其他	45°~75°	其他
750~900	1	0.3	0.3	0.4	0.6	0.4
900~1000	3	0.3	0.3	0.4	0.6	0.4
1000~1250	1	0.3	0.3	0.4	0.6	0.4

图 7-8(b)显示了注入井附近区域(100 m×100 m)x方向渗透率分布特征。依据等效渗透张量计算结果统计得出,储层三个主方向的平均渗透率分别为1.59 mD、1.08 mD 和 1.13 mD。

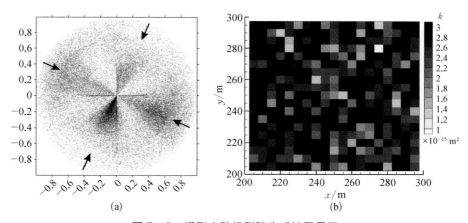

图 7-8　模型中随机裂隙生成结果显示

（a）渗透主方向平面投影,正北方向为 0°,圆半径代表倾角,中心倾角为 90°;（b）注入井附近区域(100 m×100 m)x方向渗透率分布特征

（3）压裂液进入位置温度、压力评价

水力压裂过程实际包括两个不同的过程:① 沿注入井的水-热传递;② 进入储层后的 T-H-M 耦合响应。冷水从井口到井底的流动过程中,与围岩发生热交换会使流体温度明显升高。流动过程中克服井壁的摩擦损失会使压力减小。为了获得井底的压力和温度,在进行储层 T-H-M 模拟之前,采用 T2Well 模拟器进行井筒中的传热-流动模拟以评价井底进入储层位置的压力和温度。

井筒与储层连接位置的流体温度和压力是评价压裂效果的关键参数,也是储层水力压裂 T‐H‐M 耦合模拟评价的重要输入参数。由于网格较多,井筒储层的耦合涉及两种不同的流态,计算速度较慢,加上 TOUGH2‐Biot 在计算随机裂隙系统时数据过多占用内存和 CPU 资源过高,因此本节的数值模型并不采用井筒‐储层耦合的 TOUGH2‐Biot 来进行计算,而是井筒和储层分开计算。

在采用 T2Well 进行计算时,整个储层仍然包括在模型中,但仅考虑井筒和储层的传热‐流动过程,不考虑力学过程。当然本研究仅采用第一阶段的水力压裂数据来验证井筒储层的传热‐流动模拟结果。本模型的另一个目的是初步评价储层的渗透率,为随机裂隙相关参数的确定提供参考。由于在较短的注入时间内,注入流体的影响范围较小、非均质的影响有限,因此储层概化为均质各向同性的多孔介质。井筒‐储层耦合模型具体参数见表 7‐3。

表 7‐3　井筒‐储层耦合模型主要属性参数

储层主要参数[*]	参数取值	井筒主要参数	参数取值
渗透率/m^2		井径/m	0.36
方案 1	$1.0×10^{-14}$	与围岩热传导系数/[W/(m·℃)]	2.2
方案 2	$1.0×10^{-15}$	管道粗糙度	$4.53×10^{-5}$
方案 3	$1.0×10^{-16}$	C_{max}	1.2
		井口注入压力/MPa	1.5
		井口注入温度/℃	30

*除表中列出的参数外,其他参数与表 7‐1 一致。

从图 7‐9 可以看到,渗透率由 0.1 mD 逐级增加到 10 mD,注入速率由约 0.014 kg/s 上升到约 0.14 kg/s,再到 1 kg/s,与实际注入速率(0.19~0.31 kg/s)对比,可以推断注入井附近渗透率应在 1 mD 数量级上。压裂进入位置的温度和压力是随时间变化的,当渗透率为 0.1 mD 时,压裂 10 天中进入温度基本保持在初始的 190℃,压力保持在 10.8 MPa,比初始压力大了约 1.5 MPa,说明此情况下 1.5 MPa 的井口压力基本能够全部传递到储层中;当渗透率为 1 mD 时,压裂 10 天中进入温度由开始的 190℃逐渐降低到 176℃,压力也基本在 10.8 MPa,仅在 4 天后有轻微的上升,与流体温度的降低有关;当渗透率为 10 mD 时,进入温度由开始的 190℃急剧下降到 2 天的 128℃，压力也对应增加到超过 11 MPa，与初始压力相减的差（1.7 MPa）大于井口的 1.5 MPa，这是因为温度下降，流体密度的增加贡献了对应的增加量。从以上分析结果可以得到，储层渗透率在 1 mD 数量级上，进入压差可以近似于井口注入压力，进入温度是随时间变化的，第一阶段注入完后约为 176℃。

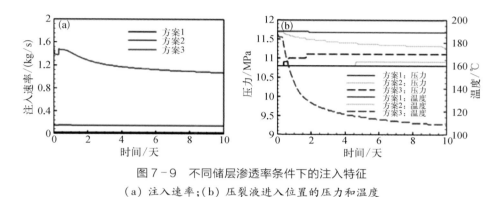

图 7 - 9　不同储层渗透率条件下的注入特征
（a）注入速率；（b）压裂液进入位置的压力和温度

7.1.4　模型校正

由于裂隙的随机性，每一次随机裂隙的实现可能产生不同的结果。为了限制这种不确定性，在模型校正时，尽量不改变随机裂隙的方向，而优先适当调整裂隙宽度。在调整过程中，严格控制注入井附近区域的渗透率在 1 mD 数量级上。井筒和储层接触位置的温度和压力直接影响水力压裂的评价结果。通过前面的分析，井口施加的压力基本能够完全传递到井底，然而流体温度从井口到井底发生了很大的变化。基于前面的参数估算，温度变化 10℃，热应力变化在 1 MPa 数量级上。可见，相对压力井底温度对水力压裂的影响更为重要。由于缺乏注入井相关参数，研究仅根据前面的模型分析结果和第三阶段结束的测井温度数据确定进入温度。第一阶段和第二阶段进入温度分别设置为 185℃和 180℃，第三阶段设置与实测温度一致为 100℃，由于第三阶结束后关井 40 天，虽然储层温度影响前缘的温度有所恢复，但外围对井筒附近的热补偿有限，因此设置井底温度为 80℃，低于第三阶段的。采用定温度来代替变化的温度会带来一定的误差，后面将通过敏感性分析进一步讨论进入温度的不确定影响。

　　第一阶段注入 2 天,主要目的是在低注入压力下获取储层的背景注入能力,通过模型校正,在调整裂隙宽度为 0.035 mm 时,从图 7 - 10 可以看到计算的注入速率稳定在 0.2 kg/s,注入能力稳定在 0.14 kg/(s · MPa),与实测的注入能力 0.13~0.21 kg/(s · MPa)非常接近。

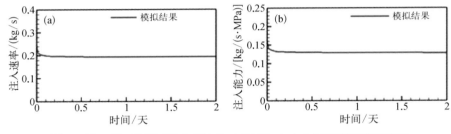

图 7 - 10　第一阶段（注入压力为 1.5 MPa）水力压裂模拟预测结果
（a）注入速率随时间演化;（b）井筒注入能力随时间演化

　　第二阶段持续注入 8 天,实测注入速率为 0.2~0.3 kg/s,注入能力为 0.1~0.15 kg/(s · MPa),与第一阶段的背景值高度一致,可见该阶段储层没有发生任何剪切破坏而引起井周储层渗透率增强。图 7 - 11 显示模拟结果与实测结果基本一致,主要差异是模拟结果较平稳,而实测值上下波动较大,推测可能是压力或流量测试精度导致。

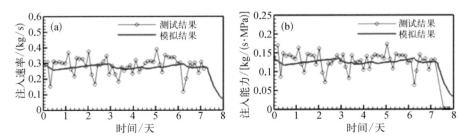

图 7 - 11　第二阶段（注入压力为 2.2 MPa）水力压裂实测和模拟预测结果对比
（a）注入速率随时间演化;（b）井筒注入能力随时间演化

　　第三阶段持续注入 40 多天,实测注入速率和注入能力在整个阶段中变化较大,可以看到该阶段储层岩石发生了明显破坏,渗透率得到增强。从图 7 - 12 可以看到,模拟和实测结果均显示在开始的 5 天左右内,注入速率维持在 0.25 kg/s,注入能力稳定在 0.1 kg/(s·MPa),略小于第二阶段的,主要原因是在第三阶段注入温度明显降低,流体进入阻力增加,但仍然可以确定在开始的 5 天内岩石还未发生剪切破坏,渗透率没有得到增强。从第 5 天开始,储层注入井附近流体压力持续上升,温度明显下降,岩石开始发生破坏,注入速率和注入能力均逐步增加,到最后第 40 天时,注入能力增加到 1 kg/(s·MPa)左右,增加了近 10 倍。渗透率增强主要发生在第 5~20 天,而后 20 天并没有得到较大的增强,主要原因是前 20 天注入压力保持在 3.1 MPa,而后 20 天发生了明显降低。后 20 天的模拟结果小于实测结果,但整体趋势完全一致,其原因是在该阶段后期注入能力受到远井区域渗透率或边界的影响。

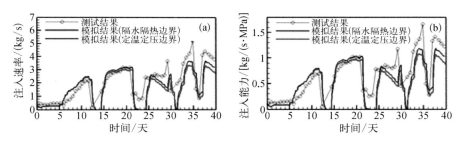

图 7 - 12　第三阶段水力压裂(变注入压力)实测和模拟预测结果对比
(a) 注入速率随时间演化;(b) 井筒注入能力随时间演化

　　为了分析模型边界对压裂结果的影响,把原来无流量边界改为一类定压力边界,其他条件均不变,对比图 7 - 12 中的模拟结果可以看到,在前期两者并没有明显的差别,但在后期(20 天之后)定压力模型计算的注入速率和注入能力大于无流量边界的注入速率和注入能力,说明无流量边界限制了高压力和低温向外传递的过程。

　　为了进一步分析注入压力对压裂效果的影响,在原模型的基础上,假设注入压力恒定在 3.1 MPa,其他条件均不变。从图 7 - 13 的结果可以看到,注入能力增强开始有所提前,主要是因为 3.1 MPa 比开始的实际压力要大。同时也可以看到注入能力增强主要发生在前 20 天,说明在这个时间内注入井附近区域渗透性增强已经达到最大限度。

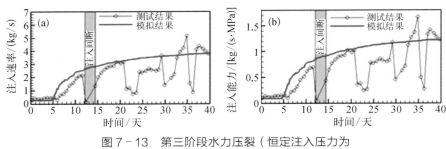

图 7‑13　第三阶段水力压裂（恒定注入压力为
3.1 MPa）实测和模拟预测结果对比
（a）注入速率随时间演化；（b）井筒注入能力随时间演化

第四阶段在第三阶段完成后关井 40 天才重新开始，在关井 40 天后，地层超孔隙水压力会向四周消散，四周的高温区域的热量会向低温区域扩散，同时低温区域会向高温区域扩散，整个储层的温度会逐渐均匀化。

以第三阶段结束时的状态（温度、压力和渗透率分布）为关井初始状态，不考虑渗透率的变化，建立关井恢复模型。从图 7‑14 和图 7‑15 可以看到，关井阶段储层中的压力能够恢复到初始状态，由于温度对流传导慢，中心区域的低温区并没有得到较大程度的恢复。上面的恢复模型没有考虑渗透率的变化，是基于 40 天的关井时间足够使压力恢复到初始状态。不考虑渗透率的变化，温度的恢复评价是相对偏高的。而实际上发生剪切破坏的裂隙的剪切位移会像弹性变形一样逐步往回缩小，但由于其并不是完全弹性变形，其恢复过程不会到原始状态，塑性变形会残留而形成永久渗透性增强。那么在第四阶段开始时这个残留渗透率大小是评价第四阶段压裂效果的关键。

通过第三阶段的分析可以得到，在压裂初期由于压力和温度的传递需要一个过程，因此存在一个阶段（比如第三阶段的前 5 天），在此阶段内储层是没有发生剪切破坏而引起渗透性增强的。这个阶段的注入速率大小反映了储层破坏前储层渗透率分布的特征。因而，第四阶段的初始注入速率和注入能力可以用来评价残留渗透率的大小。以关井 40 天温度和压力为第四阶段的初始状态，同时在第三阶段结束后渗透率分布的基础上，通过设置已经发生剪切破坏的裂隙残留渗透率的大小（比如为第三阶段结束后渗透率的 50%）来分析评价第四阶段初始时刻

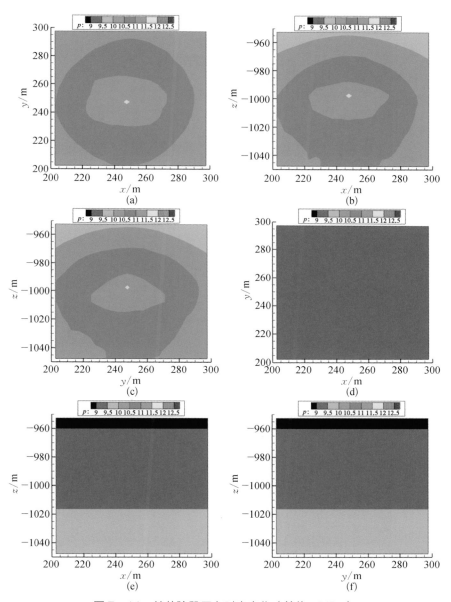

图 7-14　关井阶段压力时空变化（单位：MPa）

（a）初始压力（$z = -950$ m）；（b）初始压力（$y = 250$ m）；（c）初始压力（$x = 250$ m）；（d）关井 40 天（$z = -950$ m）；（e）关井 40 天（$y = 250$ m）；（f）关井 40 天（$x = 250$ m）

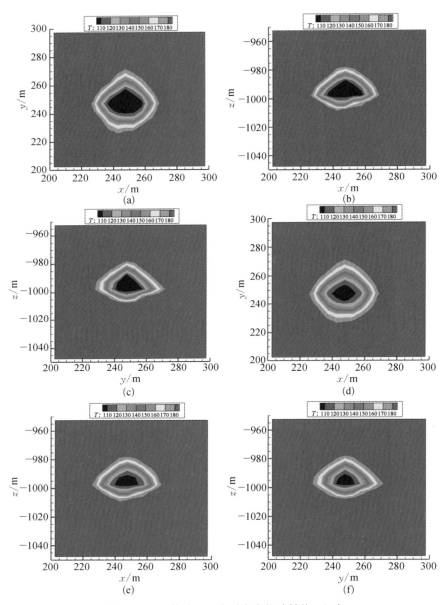

图 7-15　关井阶段温度时空变化（单位：℃）

（a）初始温度（z=-950 m）；（b）初始温度（y=250 m）；（c）初始温度（x=250 m）；（d）关井 40 天（z=-950 m）；（e）关井 40 天（y=250 m）；（f）关井 40 天（x=250 m）

的渗透率。图 7-16 给出了 100%、50%、40% 和 30% 情况下的结果,与图 7-4 开始阶段近似 3.0 kg/s 的注入速率相比,选择第三阶段结束后的渗透率 45% 作为第四阶段的初始渗透率更为合理。

第四阶段的初始温度和压力根据前面的关井恢复计算结果获取,井底注入温度设

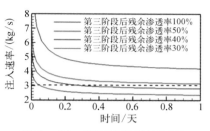

图 7-16　第四阶段初始渗透率分析(注入压力 p_{inj} = 3.09 MPa)

置为 80℃。经过第三阶段的破坏,已经发生破坏的裂隙内聚力将会大幅降低,本阶段设置为零,最大渗透率增强系数 $\Delta \kappa_{max}$ = 1.0,即最大渗透率增加 10 倍。外围未破坏的裂隙参数与表 7-1 一致。如图 7-17 所示,注入开始井周围压力上升,梯度减小,注入速率降低,在低温流体进入储层后,储层有效应力降低,发生二次剪切位移,渗透率进一步增强,注入速率和注入能力增大,但很快就达到稳定不再增加。这是因为相对第三阶段,该阶段注入井周围区域在开始时就处于低温状态,因此温度引起的有效应力降低有限。

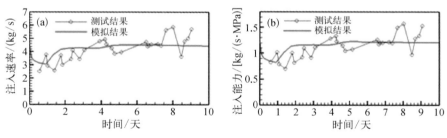

图 7-17　第四阶段(注入压力为 3.7 MPa)水力压裂实测和模拟对比
(a)注入速率随时间演化;(b)井筒注入能力随时间演化

7.1.5　模拟结果与分析

1. 温度时空变化特征

从前面的分析可以看到,渗透率明显增强发生在第三阶段,因此,后面主要针对第三阶段的水力压裂进行分析。图 7-18 显示了注入点附近加密区域

（100 m×100 m×100 m）的温度在不同时间的分布特征。从图中可以看出，随着注入天数的增加，低温影响范围逐渐由注入点向外扩展，40天时向外扩展半径接近50 m。

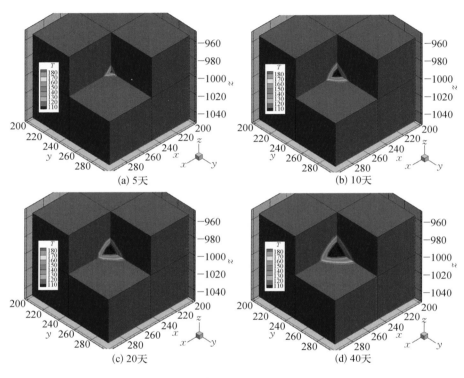

图 7－18　围绕注入井 100 m×100 m×100 m 区域
不同时间温度分布图（单位：℃）

2. 压力时空变化特征

从图 7－19 的压力分布图可以看到，压力的影响范围要远远大于低温传播距离，从开始注入直到注入 20 天，压力上升影响范围整体上是逐步向外增加的，但 40 天后注入点附近压力相对 20 天有所降低，主要是由于后 20 天注入压力降低所致。整体上，压力沿 x 方向的扩展速度要大于 y 方向，这是因为在随机裂隙生成时，设置了裂隙走向沿 x 方向的概率高于其他方向，从而导致 x 方向的渗透率高于其他方向，因此更有利于注入流体向储层中扩散。

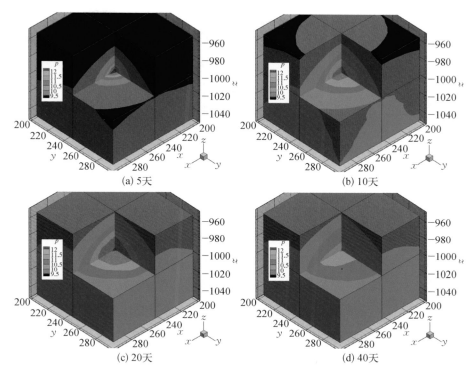

图 7-19　围绕注入井 100 m×100 m×100 m 区域
不同时间压力分布图（单位：MPa）

3. 渗透率变化时空演化特征

　　剪切水力压裂的基本机理是增加压力或降低温度使储层的有效应力降低，导致岩石中的天然裂隙发生剪切破坏，从而增加渗透率。然而，在同一位置的不同方向的裂隙并不是同时发生破坏的，那些具有优势方向的裂隙将最先发生破坏，从而导致渗透率增强出现各向异性的特征，这种方向性又将影响压力和温度的扩展方向，最终导致渗透率将沿着优势破坏方向增强。

　　图 7-20 显示了注入点附近典型计算单元中的应力状态变化。该单元中包含三条随机裂隙，方位分别为 293°∠82°（前面为倾向、后面为倾角）、168°∠3°和 307°∠69°，第三条裂隙更接近优势的破坏方向，因此最先发生破坏。该单元从初始的应力状态 $\sigma_1' = 14.9$ MPa、$\sigma_2' = 10.2$ MPa、$\sigma_3' = 5.49$ MPa 到 5 天 的 $\sigma_1' = 8.83$ MPa、$\sigma_2' = 4.05$ MPa、$\sigma_3' = -1.3$ MPa（负号表示张应力），应力

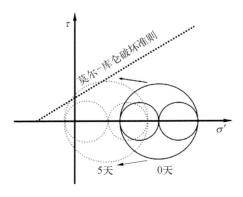

图 7 - 20   注入点附近典型位置的应力
状态变化和破坏分析

莫尔圆发生了左移,靠近优势方向的区域已经发生了破坏,第三条裂隙发生了剪切错动,单元的等效渗透率由开始的 $k_{xx} = 2.1$ mD, $k_{yy} = 0.9$ mD, $k_{zz} = 1.3$ mD 变化到 5 天的 $k_{xx} = 34.8$ mD, $k_{yy} = 6.8$ mD, $k_{zz} = 31.3$ mD,三个方向分别增加了约 15.5 倍、6.5 倍和 23 倍,x 和 z 方向的增强明显大于 y 方向的,主要是第三条裂隙的方位对 x 和 z 方向的等

效渗透率贡献较大。随着时间的推移,三条裂隙均发生剪切破坏,三个方向的渗透率增强均达到 50 倍。从图7 - 20 还可以看到,应力莫尔圆并不是等大小地向左平移,应力莫尔圆直径有所增大,增大了剪切力,这主要是因为水平方向上变形受限,而垂直方向上变形不受限的条件下,压力和温度的变化并不是同等地影响有效应力。同时,也可以看到部分区域应力由压应力变化为张应力。

如图 7 - 21 所示为 1000 m 埋深位置,与注入点同一水平切面(x, y)注入井加密区域 100 m×100 m 的储层渗透率演化图。从图中可以看到,第 5 天时注入点附近区域渗透率开始增强,以后渗透率增强区域逐渐向外扩展,40 天达到最大延伸距离 60 m。此外,渗透率增强区域沿 x 方向的扩展距离明显大于 y 方向的,这主要是因为 x 方向是最大主应力方向,即渗透率增强的优势方向,z 方向与 x 方向类似。

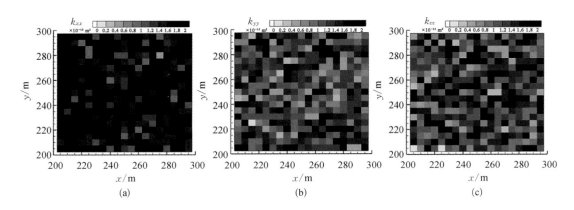

(a)   (b)   (c)

的注入速率大接近 15%,其结果在后期更接近实测数据。这表明 Desert Peak 场地在压裂过程中同样诱发了部分新裂隙的形成。

7.1.7　结论

本节研究根据美国 Desert Peak EGS 场地相关特征,建立了随机裂隙系统的水力压裂预测模型,并在通用模拟器 TOUGH2Biot 基础上,加入随机裂隙等效渗透张量计算模块、裂隙渗透率增强评价模块,使其适用于该场地储层改造过程的定量化评价。基于改进的 TOUGH2Biot 模拟器,联合井筒储层耦合模拟器数值分析了美国 Desert Peak EGS 场地水力压裂过程中的热、水动力和力学耦合过程,评价了渗透率增强的时空演化特征,主要得到以下结论:

(1) 天然情况下,Desert Peak EGS 场地井 27 – 15 附近储层裂隙等效渗透率在 1 mD 数量级上。

(2) 井 27 – 15 分阶段剪切压裂(井口压力不超过 4.7 MPa)过程中,渗透率在第一阶段和第二阶段没有任何增强,背景注入能力约为 0.13 kg/(s · MPa);而在第三阶段和第四阶段得到了显著增强,注入能力分别达到了约 1.0 kg/(s · MPa)和约 1.2 kg/(s · MPa),渗透率一次增强倍数和二次增强倍数分别为 50 倍和 10 倍。

(3) 第三阶段结束后渗透率增强影响范围在垂直方向上和水平最大主应力方向上约为 60 m,最小主应力方向上约为 40 m,表现出明显的方向性。渗透性增强主要来自温度降低导致的有效应力降低而促使裂隙发生剪切破坏,高压仅起到向外传递低温流体的作用。

(4) 关井恢复期内,渗透率在第三阶段的基础上降低了 55%,压力得到完全恢复,但温度恢复较少,因此限制了第四阶段的压裂效果。

7.2　美国 Raft River 地热田水力压裂数值模拟

为了进一步验证开发 T – H – M 耦合水力压裂模拟程序的有效性,将其发展应用于不同的 EGS 场地,为了满足模型预测结果和场地实测结果的对比,本节选择美国 Raft River 地热场地开展研究。2013 年 6 月,该场地基于地热井 RRG - 9 开始了多阶段储层刺激工作,刺激方案采用了热刺激和水力压裂结合的储层刺激工艺,刺激工作于 2015 年 5 月结束,结果使储层注入能力增加了近 20 倍。Raft River 地热场地长期的储层压裂工作获取了大量的数据,且大部分公开可用,为本次模拟研究奠定了数据基础。此外,基于验证后的 T - H - M 耦合模型,本节内容将对场地压裂效果进行定量评价。

7.2.1　Raft River EGS 示范工程概况

Raft River 地热场地位于美国西部爱达荷州与犹他州接壤地区。该地区地热资源的发现源于 20 世纪 50 年代,在 Bridge 和 Crank 两口农业灌溉用井中发现了沸腾的热水,地热温度计指示热储温度约为 149℃(Jones et al., 2011)。目前,场地共有 9 口深井,分布位置如图 7 - 26 所示,深度均大于 1500 m,其中,RRG - 1、RRG - 2、RRG - 4、RRG - 7 被用作生产井,RRG - 3、RRG - 6、RRG - 11 被用作注入井(Ayling and Moore, 2013)。总生产流速近 300 kg/s,产流温度约 140℃,地热水为 Cl - Na 型水,总溶解度在 1.465 ~ 4.059 g/L(Bradford et al., 2013)。Raft River 地热电站于 2007 年进行商业发电,装机容量为 13 MW(Ayling and Moore, 2013; Bradford et al., 2014)。

该地区泉水中 He 同位素组成没有显示岩浆的标志,但明显反映了深部地壳来源(Torgersen and Jenkins, 1982)。因此,同其他扩张性盆地地热系统(如 Desert Peak 和 Soda Lake)类似,Raft River 地热系统反映的是大气降水经深循环在深部加热后,通过断层迁移至浅表的深部循环系统(Ayling and Moore, 2013)。Raft River 盆地监测到的最大热流为 1 W/m²,位于 Jim Sage 山南端,通过地热井 RRG - 1、RRG - 2、RRG - 3 在 80 ~ 400 m 深度范围内监测到的热流为 150 ~ 545 mW/m²。已有记录井 RRG - 1、RRG - 2、RRG - 7、RRG - 11 的压力和温度曲线如图 7 - 27 所示。

水力压裂目标井 RRG - 9 位于电站西南方向约 1.61 km(图 7 - 26),钻井深度

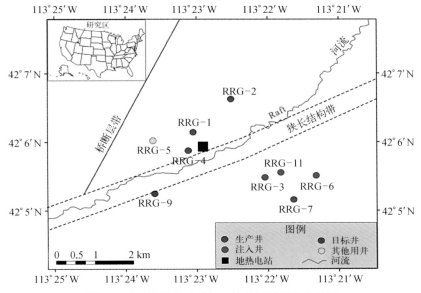

图 7 - 26　美国 Raft River 地热田深井分布位置

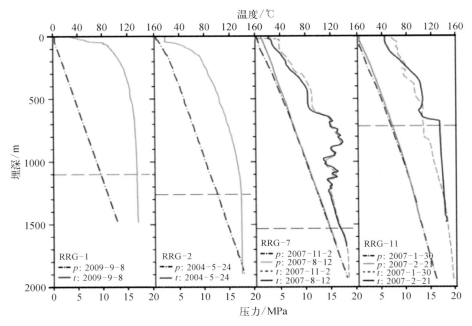

图 7 - 27　Raft River 地热场地 4 口深井（RRG - 1、 RRG - 2、 RRG - 7、
　　　　　RRG - 11）监测的静水压力和温度随埋深变化曲线（水平虚线表示井筒
　　　　　下套管位置）（Ayling and Moore， 2013）

为 1808.1 m,井底温度为 140℃(Bradford et al., 2013)。场地测试及示踪试验表明该井背景注入能力过低,未与现有地热田热储建立水力连通。为了增加 Raft River 地热电站发电能力,同时推动 EGS 相关技术的发展,美国能源部(U.S. DOE)、犹他大学、美国地热公司(U.S. Geothermal Inc.)合作,计划通过刺激已有钻井RRG-9与现有水热储层建立水力联系,从而增加 Raft River 地热储层的发电能力。

　　场地刺激工作于 2013 年 6 月 13 日开始实施,2014 年 11 月底完成。储层水力刺激过程中 RRG-9 井的注入压力、注入速率以及注入能力变化情况如图7-28 所示,从压裂监测结果可以看出储层注入能力从最初的0.3 kg/(s·MPa)增加到了近 5 kg/(s·MPa),表明井 RRG-9 周围存在的裂隙发生剪切破坏并导致储层渗透率显著增加。

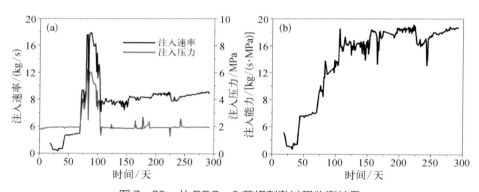

图 7-28　井 RRG-9 剪切刺激过程监测结果
(a) 注入压力和注入速率演化特征;(b) 井的注入能力演化特征

7.2.2　数值模型建立

1. 概念模型及网格剖分

　　依据场地实际条件及储层刺激深度,建立水平方向 1 km×1 km,垂直方向厚 0.5 km 的数值模拟区域,模型顶板埋深 1300 m(图 7-29)。依据现场地应力测试结果,设定最大主应力(σ_V)方向为 z 轴方向,最大水平主应力(σ_H)方向平行于

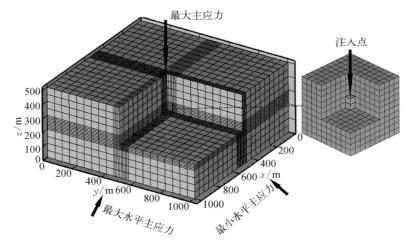

图 7‑29　水力压裂概念模型及网格剖分示意图

x 轴, 最小水平主应力(σ_h)方向平行于 y 轴。

模型剖分采用规则的正方体网格, 中心区域(100 m×100 m×100 m)网格进行细化, 剖分精度为 10 m; 为了提高计算效率, 其他区域网格精度增加为 50 m, 整个三维模型共剖分为 14112 个数值网格、15979 个单元节点。

2. 初始和边界条件

模型顶部压力为 12.28 MPa, 按照静水压力向下分布。储层初始温度为井下实测温度 140℃。初始地应力条件参考 Bradford 等(2013)的场地测试分析数据: 垂直方向应力梯度为 19.0 MPa/km; 最大水平主应力梯度为 16.5 MPa/km; 最小水平主应力梯度为 14.0 MPa/km。模型顶部水-热边界为一类边界, 四周和底部均为隔水隔热边界。对于力学边界, 模型底部为固定位移边界, 侧边界面沿法线方向为零位移边界, 顶部边界为自由移动边界。

3. 初始渗透率分布

Raft River 地区钻井资料显示目标储层为石英岩, 受构造作用控制, 天然裂隙较为发育, 可概化为裂隙介质。根据井下电视成像技术, 统计得出不同深度地层天然裂隙的分布规律(Bradford et al., 2013), 包括裂隙密度、裂隙形状、裂隙分组概率等, 见表 7‑5。

表 7-5 Raft River 地热场地储层天然裂隙分布特征

埋深/m	裂隙密度/(1/m)	倾 向 概 率			倾 角 概 率	
		70°~110°	250°~290°	其他方向	40°~60°	其他方向
1300~1400	0.2	0.3	0.3	0.4	0.6	0.4
1400~1500	0.4	0.3	0.3	0.4	0.6	0.4
1500~1600	0.9	0.3	0.3	0.4	0.6	0.4
1600~1700	0.4	0.3	0.3	0.4	0.6	0.4
1700~1800	0.2	0.3	0.3	0.4	0.6	0.4

  按照表 7-5 所示的储层天然裂隙分布特征生成整个模型初始随机裂隙分布，场地实测裂隙开度为数十微米，通过模型校正不断调整初始裂隙开度，以拟合压裂前的短期注入测试数据为目标，最终得出裂隙开度平均值为 32 μm。据此，利用裂隙介质等效渗透张量模型计算得到整个模型的初始渗透率分布，如图7-30 所示。

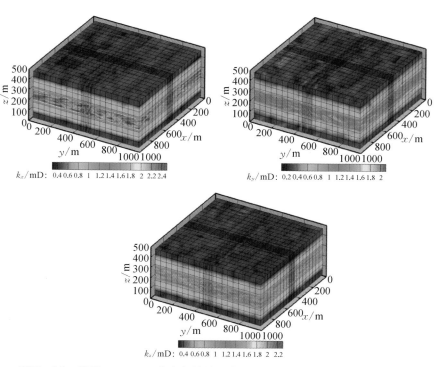

图 7-30 模型 x、y、z 方向初始渗透率非均质分布（1 mD = 10^{-15} m^2）

4. 模型参数

模型参数主要依据室内实验和场地公布的测试数据选取,具体模型参数取值见表 7-6。模拟注入压力按照场地实测注入压力进行设置,忽略井筒摩擦造成的压力降低,即认为井口的注入压力能够有效传递至射孔层段。由于压裂液从井口流向井底的过程中,将不可避免地从围岩吸收热量,从而引起压裂液在射孔层段进入储层的温度升高。本节研究中,压裂层段位置的注入温度由井筒模拟器 T2Well 进行估算,通过注入流量拟合得出压裂层段注水温度为 50℃。

表 7-6 模型中储层主要参数及裂隙破坏控制参数

储 层 参 数	取 值	裂隙破坏模型参数	取 值
密度/(kg/m^3)	2300	静态摩擦因数	0.65
孔隙度	5%	动态摩擦因数	0.55
热传导率/$[W/(m \cdot ℃)]$	4.0	内摩擦力/MPa	2.0
热焓/$[J/(kg \cdot ℃)]$	900	剪切刚度系数/(MPa/m)	500
热膨胀系数/℃	$1.65×10^{-5}$	经验裂隙渗透率关系 $\Delta\kappa_{max}$	1.7
剪切模量/GPa	24.3	d_5/mm	1.5
泊松比	0.15	d_{95}/mm	5
孔隙压缩系数/Pa	$4.0×10^{-10}$		

7.2.3 模型校正

为了确定模型参数、初始条件和边界条件设置的合理性,选取储层刺激前场地的流体注入试验测试结果进行模型验证。与场地试验一致,控制井筒中流体注入速率,监测注入压力的演化,并与实际监测数据进行对比。模拟结果和实测结果对比如图 7-31 所示,由图可知,研

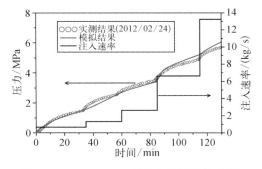

图 7-31 RRG-9 井注入测试期间实测注入压力与模拟预测结果对比

究建立的 T - H - M 耦合模型可以很好地再现场地压裂前井筒注入响应特征,因此可用于后期场地水力剪切刺激过程评价。

7.2.4 模拟结果与分析

1. 裂隙剪切破坏分析

剪切刺激的基本机理是增加压力或降低温度使储层的有效应力降低,导致岩石中的天然裂隙发生剪切破坏,从而增加储层渗透率。图 7 - 32 显示了距注入点 10 m 单元中温度、压力、有效应力以及裂隙 A 应力状态的变化。由于冷水注入,储层温度降低、孔隙压力增加,从而导致有效应力降低,应力莫尔圆发生了左移。到第 22 天时,监测单元中的裂隙 A 达到破坏状态,裂隙发生剪切错动导致单元等效渗透率增加。从图 7 - 32(b) 中可以看出,随着温度的持续降低,部分区域应力由压应力变化为张应力状态,到第 70 天时该单元内的所有裂隙均发生剪切破坏,导致储层渗透率和注入能力快速增加,如图 7 - 33 和图 7 - 34 所示。

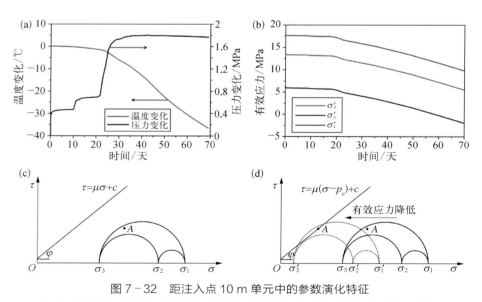

图 7 - 32 距注入点 10 m 单元中的参数演化特征

(a) 温度和压力;(b) 有效应力;(c) 初始应力状态;(d) 第 22 天时应力状态

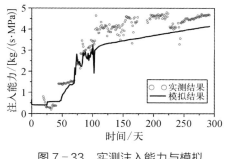
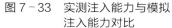

图 7-33　实测注入能力与模拟
注入能力对比

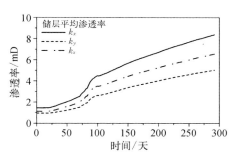

图 7-34　储层平均渗透率 k_x、k_y、
k_z 随时间演化

2. 井筒注入能力演化

模型预测注入能力与实测注入能力对比结果如图 7-33 所示。由图可知，模型预测在第 22 天时井筒周围储层中有少量裂隙发生剪切破坏，引起模拟注入能力增加。第 42 天时，场地实测注入能力迅速由 0.4 kg/(s·MPa) 增加到 1.4 kg/(s·MPa)，而模型预测注入能力逐渐由 0.5 kg/(s·MPa) 增加到 1.4 kg/(s·MPa)，表明冷水注入一段时间后，井筒周围储层中的裂隙迅速发生破坏，引起储层渗透率增加。第 70~104 天为储层高压刺激阶段，由于注入压力增大引起储层注入能力从 1.5 kg/(s·MPa) 迅速增加到近 3.0 kg/(s·MPa)。随后继续采用低压注入对储层进行热刺激，储层注入能力缓慢增加，但是这一阶段模拟注入能力明显低于场地实测。最终，场地刺激工作使得储层注入能力从 0.4 kg/(s·MPa) 增加到了近 4.5 kg/(s·MPa)，但是模型预测的注入能力增加到 4.1 kg/(s·MPa)。模拟结果与实测数据后期的差异推测可能是由于模型中依据单一测井确定的裂隙分布特征，难以有效刻画远井区域储层中的裂隙分布情况，因此在压裂后期模型预测的注入能力演化和实际场地测试结果出现偏差。因此，今后应基于多个钻孔测井结果，形成一定模拟区域内有效的天然渗透率场，以提高模型长期注入条件下的预测精度。

3. 储层渗透率演化

从图 7-33 整体对比结果可以看出，研究建立的 T-H-M 耦合模型可以较好地预测场地实测储层注入能力的变化过程，因此可用以定量评价储层的刺激改造效果。注入能力的增加表明井筒周围储层渗透性能得到了改善，图 7-34 显示了模型预测的储层平均渗透率随时间的变化过程。由图 7-34 可知,在第 22 天时储层裂隙开始发生剪切破坏引起渗透率增加,并导致注入能力开始增加。这一过程一直持续到第 70 天,使得储层平均渗透率在 x、y 和 z 方向分别增加了 1.06 mD、0.55 mD 和 0.84 mD。高压刺激阶段(70~104 天),储层平均渗透率在 x、y、z 方向分别增加了 2.02 mD、1.16 mD 和 1.59 mD,表明高压注入有利于促进裂隙发生剪切破坏,增大储层渗透率。随后的刺激过程中储层渗透率缓慢增加,最终在 x、y、z 方向渗透率达到 8.38 mD、5.04 mD 和 6.56 mD,相对初始渗透率分别增加了 5.9、5.3 和 5.8 倍。由此可以看出,平行于最大水平主应力方向为渗透率增强的优势方向,而垂直于最大水平主应力方向渗透率变化最小。因此,在 EGS 场地储层改造时,应将压裂井布置在最大水平主应力方向,这样更有利于储层刺激取得成功,并获得井和储层之间更好的水力连通。

4. 储层破坏体积预测

图 7-35 显示了建立的 T-H-M 耦合模型预测的储层剪切破坏区域。由图可知,受原位地应力条件限制,单井水力刺激导致在储层中形成一个椭球体形状的剪切破坏区域,定量预测结果显示储层压裂体积(渗透率增大区域)达 $2.2 \times 10^7 \ m^3$。平行于最大水平主应力方向,裂隙储层剪切破坏区域延伸距离最大,达到约 350 m;而在垂直于最大水平主应力方向延伸距离最小,约为 250 m。

5. 温度和压力对渗透率增强的影响

为了进一步分析温度和压力对水力剪切刺激的影响,考虑三个不同的数值模型进行对比。如图 7-36 所示,模型 a 考虑 T-H-M 耦合,注入压力为 2 MPa;模型 b 仅考虑 H-M 耦合,注入压力为 2 MPa;模型 c 考虑 T-H-M 耦合,注入压力为 0.5 MPa。模型中其他参数与前文模型中一致,关闭力学模型中热应力(T)的影响(通过设置热膨胀系数为零实现)。从图中可以看出,模型 a 中井筒周围储层在第 9 天开始发生破坏,注入速率开始增加,最终注入速率增加到 6.5 kg/s;模型 b 中储层裂隙未发生剪切破坏,且注入速率在整个注入阶段随时间逐渐降低,这主要是由于温度降低导致水的黏滞度增加;模型 c 中注入速率在第 55 天时开始增加,最终注入速率增加到 1.1 kg/s。模型 a 和 b 的结果对比表明,储层温度降低导致的有效应力降低对于裂隙发生剪切破坏至关重要;模型 a 和 c 的结果对比表

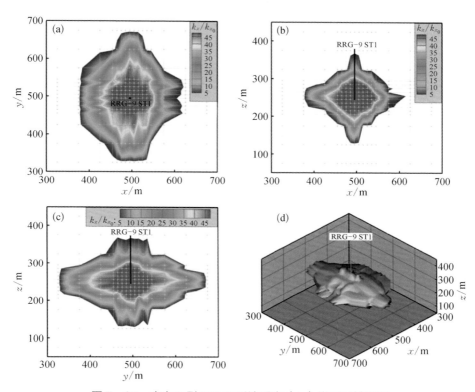

图 7-35 水力压裂 292 天后渗透率（k_x）增强区域预测

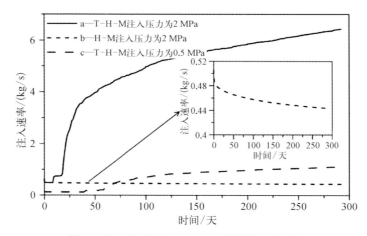

图 7-36 温度和压力对水力剪切刺激的影响

明,高压注水可以促进裂隙发生剪切破坏,且主要起到向外传递低温流体、扩大储层剪切破坏区域的作用。

7.2.5　结论

本节研究基于美国 Raft River EGS 示范工程场地的压裂测试数据,利用数值模拟方法分析了剪切刺激过程中的传热-流动-力学(T－H－M)耦合过程。通过数值模型拟合了场地实测储层注入能力演化数据,定量评价了储层渗透率增强效果,主要得到以下结论:

(1)刺激工作使得储层平均渗透率沿 x、y 和 z 方向分别增加了 5.9、5.3和 5.8 倍。平行于最大水平主应力方向为储层发生剪切破坏的优势方向,因此,场地 EGS 发展应将压裂井布置在最大水平主应力方向,这样更有利于储层刺激取得成功。

(2)受原位地应力大小差异控制,单井水力刺激在储层中形成一个椭球体形状破坏区域,且椭球体长轴平行于最大水平主应力方向,短轴垂直于最大水平主应力方向。模拟结果表明 Raft River 场地储层刺激后,破坏区域在 x、y 和 z 方向分别延伸了约 250 m、350 m 和 250 m;剪切破坏区域体积达 $2.2 \times 10^7 \mathrm{m}^3$。

(3)裂隙储层发生剪切破坏引起渗透率增加,这主要受控于储层温度降低和流体压力增加。温度降低导致的有效应力降低是促使裂隙发生剪切破坏的主要原因;高注入压力主要起到向外传递低温流体、扩大储层剪切破坏区域的作用。

参考文献

Ayling B, Moore J, 2013. Fluid geochemistry at the Raft River geothermal field, Idaho, USA: New data and hydrogeological implications[J]. Geothermics, 47: 116-126.

Bradford J, McLennan J, Moore J, et al, 2013. Recent developments at the Raft River geothermal field [C]//Proceedings, 38th Workshop on Geothermal Reservoir Engineering Stanford University, Stanford, California.

Bradford J, Ohren M, Osborn W L, et al, 2014. Thermal stimulation and injectivity testing at Raft River, ID EGS Site[C]//Proceedings, 39th Workshop on Geothermal Reservoir Engineering Stanford University, Stanford, California.

Chabora E, Zenach E, Spielman P, et al, 2012. Hydraulic stimulation of well 27 – 15, Desert Peak geothermal field, NEVADA, USA [C]//Proceedings, Thirty-Seventh Workshop on Geothermal Reservoir Engineering Stanford University, Stanford, California.

Davatzes N C, Hickman S, 2009. Fractures, stress and fluid flow prior to stimulation of well 27 – 15 Desert Peak, Nevada, EGS project[C]//Proceedings, 34th Stanford Workshop on Geothermal Reservoir Engineering.

Faulds J E, Coolbaugh M F, Benoit D, et al, 2010. Structural controls of geothermal activity in the northern Hot Springs Mountains, western Nevada: The tale of three geothermal systems (Brady's, Desert Peak and Desert Queen)[C]. GRC Transac, 34: 675 – 683.

Hickman S H, Davatzes N C, 2010. In-situ stress and fracture characterization for planning of an EGS stimulation in the Desert Peak geothermal field, Nevada[C]//Proceedings, 35th Stanford Workshop on Geothermal Reservoir Engineering.

Jones C, Moore J, Teplow W, et al, 2011. Geology and hydrothermal alteration of the Raft River geothermal system, Idaho[C]//Proceedings, 36th Workshop on Geothermal Reservoir Engineering Stanford University, Stanford, California.

Lee H S, Cho T F, 2002. Hydraulic characteristics of rough fractures in linear flow under normal and shear load[J]. Rock Mechanics and Rock Engineering, 35(4): 299 – 318.

Lutz S J, Moore J, Jones C, et al, 2009. Geology of the Desert Peak geothermal system and implications for EGS development [C]//Proceedings, 34th Stanford Workshop on Geothermal Reservoir Engineering.

Torgersen T, Jenkins W J, 1982. Helium isotopes in geothermal systems: Iceland, The Geysers, Raft River and Steamboat Springs[J]. Geochimica et Cosmochimica Acta, 46(5): 739 – 748.

Zemach E, Drakos P, Robertson-Taint A, 2009. Feasibility evaluation of an "In Field" EGS Project at Desert Peak, Nevada[C]. GRC Transac, 33: 285 – 295.

范盛金,1989. 一元三次方程的新求根公式与新判别法[J]. 海南师范学院学报(自然科学版),2(2): 91 – 98.

周志芳,2007. 裂隙介质水动力学原理[M]. 北京: 高等教育出版社.

第 8 章
未来地热能开发数值模拟技术展望

8.1 干热岩储层建造效果预测模拟技术

在干热岩开发和增强型地热系统工程的建设中,最关键和难度最大的部分就是在低孔、低渗的高温岩体中建造有效的裂隙网络储层。目前,通常采用的方式是通过水力压裂技术进行裂隙网络的建造。但水力压裂工程因其本身的不确定性和储层的复杂性,压裂效果的预测一直以来都是困扰工程界的一大难题。现今已经有很多科学家和工程技术人员对高温裂隙储层的水力压裂理论和工程实现进行了大量有意义的研究,也取得了可观的成果(许天福等,2018)。从以往的研究和实际场地测试结果来看,实现经济可行的水力压裂和压裂效果准确预测依然是现阶段限制干热岩开发的关键难题。

目前对于干热岩裂隙开裂和储层建造效果预测技术研究主要有两方面:一是裂隙岩石在高温、高应力条件下裂隙起裂的多场耦合作用理论研究,主要集中在岩石起裂强度的计算、裂隙拓展行为的预测等方面;二是如何对裂隙储层在场地规模的水力压裂工程中进行高效的数值模拟预测。

在理论研究方面,目前对裂隙岩石的描述主要有两种思路:一种思路是精确地刻画岩石内部的裂隙,利用岩石断裂力学理论逐条对裂隙的力学行为进行描述和计算。这种方法对裂隙的刻画可以达到非常高的精度,可以直接计算出每条裂隙在裂隙内部渗透压作用下裂隙尖端的拓展方向和拓展距离(李世愚,2010)。但目前对于复杂应力条件下的裂隙行为进行精准刻画仍存在一定困难,此外对于尺度较大的储层中具有的大量裂隙,对其逐一计算显然不现实,更何况在储层中的裂隙难以准确地探测到,这对理论的实际应用造成了一定的困难。现阶段如何将地球物理探测到的数据反演成储层内的裂隙数据,并将其应用到相关的理论中,这将是解决理论应用于实际问题的关键。

除岩石断裂力学理论外,对于裂隙岩石的描述也可以使用损伤力学理论进行描述,这是另一种思路。损伤力学主要研究材料在外载荷、环境等因素的作用下,由于其微观结构上的缺陷(如微细裂纹、微细孔洞等)引起的材料或结构的强度劣化过程(朱其志,2019)。易顺民和朱珍德(2005)根据岩石中裂隙的分布和裂隙相关的力学性质,研究了具有均匀裂隙分布的岩体在不同应力条件下的损伤力学行为,建立了张量形式的损伤力学方程。这种方法将岩石内部的裂隙与岩石基质在力学上分别进行考虑,而将最终的分析结果在本构张量上实现了统一表示。这在某种程度上实现了理论上对裂隙岩石中裂隙力学行为的理论计算,由于这种方法是对本构张量进行一定的修改,并没有对固体力学的基本方程做出大幅度修改,因此在计算固体力学上也具有深远的借鉴意义(肖洪天等,2000;邵保平等,2020)。

在数值分析方面,目前的计算力学方法主要可以分为两类:一种是连续介质力学的方法(如有限差分法、有限单元法等),另一种是离散单元法(如块体离散元和颗粒离散元)。此外还有一些如数值流形法(徐栋栋等,2015)、边界单元法(王鲁明等,2000)等,也有一些学者对其进行了相关的研究。

对于连续介质力学的数值方法,由于其理论建立时间较长,理论完善,目前也是在数值模拟中应用得最广的方法,现在也有一些成熟的商用软件可以直接对场地级的工程进行数值模拟,如 FLAC3D、ABAQUS、ANSYS、COMSOL Multiphysics等。但由于裂隙储层在力学性质上的特殊性,也有学者利用上述软件的二次开发功能将一些裂隙岩石力学的理论融合进去,形成了一些混合的模拟方法,如郭亮亮等(2016)基于各向同性损伤力学理论利用 FLAC3D 进行了本构模型的二次开发,在大庆徐家围子场地进行了数值模拟预测。对于 ABAQUS,其内部已经集成了适用于裂隙力学模拟的 Cohensive 单元方法和拓展有限元方法(XFEM),目前也有很多学者利用这些工具进行岩石断裂力学的数值模拟预测研究(陈港,2014)。除此之外,对于其他理论也有很多学者构建了独立的模拟程序(如 RFPA3D 等),并对于不同情况下的工程问题进行了数值模拟方面的探索(Li et al.,2012)。

8.2　干热岩裂隙网络示踪反演模拟技术

干热岩型地热资源开发需通过水力压裂等储层建造技术改善储层孔渗条件。确定干热岩体人工裂隙结构是优化开采井位、提高热能产出的关键。但由于干热岩体埋藏深度较大,受工程造价的影响,直接揭露岩体的钻孔数量及后续试验数据量有限。大多数地面地球物理监测反演解释的干热岩储层地球物理信息误差偏大,导致干热岩体人工裂隙反演解释面临诸多挑战。尽管目前参数反演技术已经成熟(如 PEST、DREAM 等),但用于干热岩裂隙结构反演时,受数据限制难以充分发挥现有反演算法功能。应对该问题可从两方面入手:一是减少复杂裂隙网络控制性(待定)参数数量;二是增加压裂过程中监测数据量。

降低水文地质控制参数数量又称参数降维处理,目前已有诸多算法,例如水文地质分带法、主成分分析法、奇异值分解法、离散小波变换以及近年来兴起的深度学习算法等。多数方法已成功用于孔隙介质参数降维处理,但裂隙结构控制参数降维处理研究目前应用得仍然较少。究其原因,裂隙结构随机性更强、尺度效应更明显,但干热岩体人工裂隙结构究竟如何,尚无定论。因此,亟须通过室内实验及复杂环境下水力压裂模拟技术准确预测和确定人工裂隙结构,在此基础上研究裂隙结构随机特征和尺度效应特征,以此为依托,探索行之有效的参数降维处理方法,并与反演技术联合,根据浅部监测数据来分析干热岩体裂隙结构。

增加压裂过程监测数据量的主要途径是实现水化学示踪和地球物理监测的有机结合,实现多元化地质信息交互验证,进而提高裂隙结构解释准确度。压裂过程中的微地震监测和定位是裂隙结构分析的重要依据,尽管目前可根据微地震点位推测裂隙发育方位,定性判断裂隙发育规模和体积,但仍缺少关于微地震信息与裂隙介质渗透属性关联的研究。可通过室内实验,确定多期微地震事件震级与裂隙张开度和长度之间的关系;此外,震源机制分析也有助于判断不同微地震事件裂隙所对应的裂隙产状。

在利用微地震事件分析裂隙结构的基础上,进一步开展水化学示踪实验,以直接反应裂隙孔渗参数;在示踪实验过程中可配合广域电磁等地球物理监测,以获取二维乃至三维裂隙结构地球物理属性;通过水化学-地球物理联合反演,约束裂隙结构参数解释的不确定性。

8.3　深度学习、机器学习与传统模拟技术相结合

现如今,人工智能技术高度发达,正推动不同领域科学认知取得新的突破,在地

热领域,人工智能技术可为中深层地热储层结构评价、热能产出预测提供新的途径。

1. 中深层地热储层结构评价

随着热储层埋深的增加,浅表地质、地球物理及地球化学等响应信息逐渐微弱,仅依托单一的地质数据,难以分析中深层地热储层结构,如温度、储层孔渗特征及地应力特征等。融合多元化地质数据,包括钻孔岩性编录、测井数据、地面地球物理剖面数据、航空放射性勘探及遥感解译数据以及三维地震等数据,确定中深层地热储层结构是地热储层评价的重要发展方向。然而,地质数据具有多维度、多尺度和多精度的特点,人为评判难以挖掘和融合多元化数据信息,而人工智能为该问题的解决提供了可能。

2. 热能产出预测

热能产出预测依托复杂热储结构中的传热-流动耦合模拟,一些高盐度地热场地,为了防止地热开采过程中的井筒堵塞问题,需要开展传热-流动-化学耦合模拟。现有的数值模拟技术所面临的重要瓶颈问题是计算效率。随着地质数据量的增加,由传统的过程驱动模型向数据驱动模型转变,通过数据挖掘和信息迁移的形式,分析预测地热开采条件下地热储层内部温度场和渗流场演化,可保障计算效率、优化布井和注采方案。

8.4 T-H-M-C多场耦合作用模拟技术

地热能开采过程中,高压注入相对冷的水会扰乱地热储层的化学、热和力学平衡,并引起储层的孔隙度、渗透率以及其他输运性质等发生改变。孔隙度、渗透率和应力场的变化在很大程度上取决于储层矿物组成、溶解-沉淀动力学、储层应力状态和外界操作条件。然而,这些物理和化学过程之间的相互作用和耦合效应往往十分复杂,且在注入、生产操作期间同时发生。对于干热岩地热资源的开采,虽然EGS的研究有近40年的历史了,但是仍然存在一些亟待解决的问题。

首先,在EGS开发前期的储层改造方面,大多数的场地研究都侧重于通过井中的压力和流量来判断储层改造的效果,不可否认这是最为直接的方法,但是从本质上看,储层改造是一个涉及储层中温度、压力、应力和地球化学共同作用的时空演化过程,现有的研究缺乏对这方面的定量分析。其次,在 EGS 热能开采时,由于大多数的场地还处于储层改造阶段,所以很少有场地真正进入商业化的热提取阶段,对于储层改造后如何有效地提取 EGS 地热能仍然存在很多的不确定性。由此可以看出,基于地热储层的物理和化学状态,进行储层规模的建模,全面考虑传热、水动力、力学和化学过程及其相互耦合效应,是准确认识地热储层时空行为的关键,这对地热资源的安全、可持续开发利用具有极其重要的意义。

对这些特定问题的研究离不开数值模拟程序,数值模拟程序开发和完善是解决问题的核心,但现有的程序在有些方面功能还不完善,特别是在 T－H－M－C 多场耦合模拟计算,以及井筒耦合储层过程模拟等方面还有较大的发展空间。地热储层及其开采系统建造、运行和维护过程中的 T－H－M－C 耦合作用机制如图 8－1 所示。可以看出,模型计算过程中需要考虑热、水动力、化学和力学之间的互相影响:温度引起地下流动系统中的流体密度、黏度、热焓、传热系数等的变化,进而影响水动力过程、孔隙应力、有效应力、地层应变和化学反应过

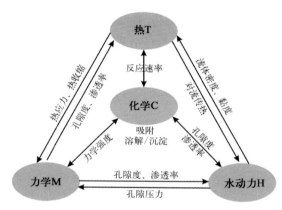

图 8－1 地热开采系统各物理化学过程之间相互耦合（T－H－M－C）作用示意图

程;水动力(压力)引起有效应力和流速的变化,进而影响地层的温度、力学和化学场;力学引起岩石介质发生变形,改变地层孔隙度、渗透率等输运参数,进而影响温度和水动力过程;化学溶解和沉淀过程改变地层孔渗条件和岩石力学强度,进而影响流体的水动力传输和岩石力学破坏。

参考文献

Li L C, Tang C A, Li G, et al, 2012. Numerical simulation of 3D hydraulic fracturing based on an improved flow-stress-damage model and a parallel FEM technique[J]. Rock

Mechanics and Rock Engineering，45(5)：801 - 818.

陈港,2014. 基于扩展有限元的岩体中裂纹扩展规律研究[D]. 重庆：重庆大学.

郭亮亮,2016. 增强型地热系统水力压裂和储层损伤演化的试验及模型研究[D]. 长春：吉林大学.

李世愚,2010. 岩石断裂力学导论[M]. 合肥：中国科学技术大学出版社.

王鲁明,赵洪先,刘军,等,2000. 地下工程裂隙围岩稳定性的边界元法分析[C]//第九届全国结构工程学术会议论文集. 成都,2000：621 - 626.

邵保平,吴阳春,王帅,等,2020. 青海共和盆地花岗岩高温热损伤力学特性试验研究[J]. 岩石力学与工程学报,39(1)：69 - 83.

肖洪天,周维垣,杨若琼,2000. 三峡永久船闸高边坡流变损伤稳定性分析[J]. 土木工程学报,33(6)：94 - 98.

徐栋栋,杨永涛,郑宏,等,2015. 线性无关高阶数值流形法在断裂力学中的应用[J]. 岩石力学与工程学报,34(12)：2463 - 2473.

许天福,胡子旭,李胜涛,等,2018. 增强型地热系统：国际研究进展与我国研究现状[J]. 地质学报,92(9)：1936 - 1947.

易顺民,朱珍德,2005. 裂隙岩体损伤力学导论[M]. 北京：科学出版社.

朱其志,2019. 多尺度岩石损伤力学[M]. 北京：科学出版社.

索 引

R

热刺激　237,238,324,331

热传导　13,37－39,51,110,117,122,
124,128,147,149,172,188－191,200,
201, 211, 215, 216, 255, 267, 306,
308,329

热辐射　39

S

三角剖分　129－131

水力压裂　17,18,117,146,205,266,
289,295,296,298,303－305,307－
312,315,317,321－324,326,333,339－
341,344

T

土酸　266,269－272,276,281－284,

286,287

X

相对渗透率　43－45,47,49,81,112,
233,283

Y

应力莫尔圆　72,73,317,318,320,
322,330

Z

增强型地热系统(EGS)　14,99,139

质量守恒　31,32,36,40－42,47,48,53,
54,86,89,115,117

正应力　66,68,73,303,304